Python
机器学习技术

模型关系管理

丁亚军◎著

電子工業出版社
Publishing House of Electronics Industry
北京·BEIJING

U0127847

内 容 简 介

本书的主体内容包括机器学习概念与特征工程、机器学习技术、模型关系管理，其中，模型关系管理部分主要介绍了弱集成学习、强集成学习和混合专家模型。

弱集成学习是指使用机器学习中的弱分类器实现模型准确度和稳定性之间的平衡。

强集成学习是指协同特征工程与强分类器形成强集成学习环境。

混合专家模型是指通过神经网络集成和网络结构设计形成深度学习框架。

本书以案例分析为主线介绍不同的集成学习方法，首先阐述弱集成学习如何解决项目痛点问题，然后以痛点为起点，集中讨论强集成学习如何解构子项目问题，最后通过深度学习分析非结构化数据。在每个案例中，归因问题是分析的核心，提供了解析归因问题的一系列方法，以作者多年的项目经验为基础，展示 Python 数据分析的强大之处。

图书在版编目（CIP）数据

Python机器学习技术：模型关系管理 / 丁亚军著. — 北京：电子工业出版社，2023.2

ISBN 978-7-121-44843-0

Ⅰ. ①P… Ⅱ. ①丁… Ⅲ. ①软件工具－程序设计②机器学习 Ⅳ. ①TP311.561②TP181

中国国家版本馆CIP数据核字（2023）第005473号

责任编辑：张慧敏　　　　　　特约编辑：田学清

印　　刷：北京瑞禾彩色印刷有限公司

装　　订：北京瑞禾彩色印刷有限公司

出版发行：电子工业出版社

　　　　　北京市海淀区万寿路173信箱　　　　　　邮编：100036

开　　本：720×1000　　1/16　　印张：17.75　　字数：477千字

版　　次：2023年2月第1版

印　　次：2023年2月第1次印刷

定　　价：109.00元

凡所购买电子工业出版社图书有缺损问题，请向购买书店调换。若书店售缺，请与本社发行部联系，联系及邮购电话：（010）88254888，88258888。

质量投诉请发邮件至zlts@phei.com.cn，盗版侵权举报请发邮件至dbqq@phei.com.cn。

本书咨询联系方式：（010）51260888-819，faq@phei.com.cn。

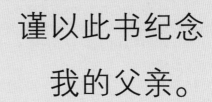

谨以此书纪念

我的父亲。

序

人之初，只有本性。那本性是什么呢？一系列的定律揭示了人的本性和行为，包括生理学、心理学、经济学等，即使是被称为自由意志的，也只不过是人类对自身所经历的历史总和的反映，从这个角度来说，人类不过是生物机器。既然人类是生物机器，那么机器也可以学习人类，只是复杂程度不同而已。

多年来，人类一直在研究能实现全部或部分人类功能的机器，它们能听、能看、能说，能像人类一样劳动和工作。人类已经在各细分领域中创造出能替代人类部分功能的机器。小度机器人、工业机器人、会下围棋的 AlphaGo、能自动驾驶的特斯拉、刷脸支付等几乎都离不开一项统计建模技术——机器学习。

机器学习在数字经济时代可以说是一项改变世界的技术，随着大数据和人工智能技术的发展，机器学习的重要性日益凸显，目前深度学习的应用都与机器学习算法有着密不可分的关系，数据、算法、算力这三个要素正在深刻地改变整个世界，三个要素缺一不可。既不能没有大数据，也不能没有承载和运算这些数据的算力，当然最终还需要优秀的算法，近年来，优秀的算法层出不穷，相关论文不断涌现，因此了解算法的原理尤其重要。

作者丁亚军近十年来一直致力于个人和企业培训实务、了解学员的种种困惑、知道如何深入浅出地教会学员。本书从机器学习的基础概念、特征工程技术、机器学习准备、统计学、神经网络模型、决策树、支持向量机、关联分析、集成学习方法、多阶段模型管理、深度学习模型、自动化机器学习方面，详细阐述了机器学习技术的基础与实践，丁亚军讲授的模型与算法课程深受学员和企业好评。这本书是丁亚军多年教学经验的总结，能使一个门外汉逐步理解和掌握机器学习这门技术，懂得各相关模型之间的关系，并学会应用和管理模型。基于丁亚军严谨的治学态度和一贯认真负责的精神，我向读者推荐这本书！

CDA Institute 理事 赵坚毅

前　言

所有模型都是错的，但我们可以重新使其变成有用的。

每个模型都有其严格的适用条件，这些条件有时过于严格，甚至不能跨界使用，就像统计学之于小数据，深度学习之于非结构化数据，很难集成到一起。因此，在进入数据分析的殿堂之前，首先需要区分不同领域的数据分析技术。

本书的知识点难度对于初次了解数据分析的读者而言，并不算友好。本书可以看作《统计分析：从小数据到大数据》的高级版本或者续作，很多模型的背景依托于此书。为了弥补这点缺陷，本书首先在第1章介绍了机器学习的基础概念，提供了数据挖掘的基础知识，然后重点介绍集成学习，集成学习需要借助模型关系管理，而模型关系管理旨在更好地利用不同模型的优、缺点，完成项目需求与集成模型功能的契合。

本书的核心框架如下。

◆ 特征工程技术。

◆ 机器学习技术。

◆ 弱集成学习：决策树。

◆ 强集成学习：特征工程+机器学习。

◆ 混合专家（或深度学习）：神经网络+网络结构。

特征工程用于数据管理和数据清理，在数据挖掘中，尤其是当数据治理不成熟时起到不可或缺的作用。此外，就机器学习而言，如果我们深入项目解决实践问题，那么会发现实际问题往往需要分解为子问题相加和子问题相乘的两种模式，前者是弱集成学习的领域，后者是强集成学习的领域，而这些算法都依托于机器学习本身。最后是深度学习，它需要借助"神经网络集成+网络结构设计"的思路才能完成，主要用于非结构化数据。

运行环境

本书使用的编程语言和库如下。

◆ Python3：语言。

◆ NumPy：高级编码库。

◆ Pandas：数据框。

◆ Matplotlib：基础绘图。

◆ Seaborn：统计绘图。

◆ Plotly：商业绘图。

◆ Missingno：缺失值可视化。

◆ Missingpy：缺失值填补。

◆ Opencv-python：图像处理。

◆ Mglearn：机器学习算法可视化。

- ◆ Mlxtend：机器学习拓展包。
- ◆ Dtreeviz：决策树可视化。
- ◆ Bnlearn：网络贝叶斯。
- ◆ Scikit-plot：机器学习评估可视化。

上述库看起来很多，但这些库大多都比较小巧，安装极为便捷，只需要花些时间运行代码"pip install 库 1 库 2……"。当然也可能会遇到不同版本库间的兼容性问题，这一点在行文中会有提示说明，也会提供常见的解决方案。

本书特点

本书以算法"消费者"为主线，以数据分析实践为中心话题展开对集成模型的讨论，并使用 Python 环境依赖包和简洁代码，进行数据分析工程实践。

- ◆ 以小数据为启程，重点阐述大数据技术的原理与流程。
- ◆ 应用常用依赖包，编写简洁代码，实现数据分析。
- ◆ 以集成学习为核心知识点，展开对相关知识的讨论。
- ◆ 借助描述性案例讲解模型配置，借助项目案例讲解数据挖掘流程。
- ◆ 以描述性挖掘、归因性探索、预测性应用并举的方式分析案例。
- ◆ 行为中涉及的数学公式大多辅以图形帮助理解，对数理知识的要求并不高。

适合读者

- ◆ 数据挖掘相关专业的高校师生，如统计学、数学、计算机、社会统计类专业等。
- ◆ 希望用数据挖掘技术赋能的业务人员，如运营人员、销售人员、产品经理、人力专员等。
- ◆ 从事数据库和数据挖掘的相关人员，如数据分析师、数据工程师、数据营销师、风控建模师等。
- ◆ 数据分析管理人员，如数据分析主管、总监、顾问，运营策略总监等。
- ◆ 对数据分析感兴趣的读者。

致谢

本书写作之时，除了宅在家里，我也经常到一个小河边创作，大量的写作都在河边完成。

很多钓友经常隔河喊话："还钓到了呀"，我总是附上一句："还行嘞"。其实姜公是直钩，我连一个鱼钩都没有，拿着鱼竿做样子，不过我也养肥了很多鱼，这附近的鱼都比较喜欢我，所以本书选择一种鱼作为封面插图，叫螭吻，是龙的第九个儿子。另外，在本书撰写期间，我家二娃也出生了，增添了许多天伦之乐，所以感谢"钓友"的陪伴，感谢妻子的辛勤劳苦。

自本书起稿之日，赵坚毅老师就给予了很多关心和支持，并且为本书作序，在此表示由衷的感谢。

本身修稿经历了半年之多，多谢张慧敏编辑及其同事的耐心指导，我也学习了很多编校知识，在此一并感谢。

此外，由于本书涵盖了概率论、数理统计、计算机工程、大数据技术、数据挖掘等多个学科的知识，所以行文中难免存在不足之处，敬请广大读者批评指正。

作者

目 录

第1部分　机器学习概念与特征工程

"特征工程与模型的关系总是'厚此薄彼'。"

第一部分 内容概要

目　　标	特　　征
数据源	数值、图像、文本
因变量	痛点与量化、分箱与稳定性
自变量	特征筛选、标签及业务解释
缺失值	中位数、线性插值、最近邻、随机森林
异常值	缩尾处理、模型残差、孤立森林、支持向量机
共线性	曲线拟合、特征组合、主成分、正则化
变换	标准化 Z 变换、Min-max 变换、稳健变换、规范化
编码	分箱、哑变量变换、独热编码
集成学习	弱集成学习、强集成学习、混合专家（深度学习）
运算性能	随机梯度下降、多线程、小批次、分布式

注：第一部分（第1、2章）主要知识点。

　　第一部分关注机器学习概念与特征工程，特征工程技术是核心内容，包括了描述和统计两大类功能，这些知识的铺垫有助于过渡到对集成学习的理解，其中，强集成学习的第一阶段模型基本涵盖了特征工程中的大多数方法。

第1章 机器学习的基础概念

本章主要介绍机器学习的基础概念，针对数据源的格式、构建模型、评估模型及常被提及的算法优势等问题展开讨论。具体内容涉及概念、操作、代码时无需刻意记忆，对具体概念的理解不作为硬性要求，但构建数据分析流的知识体系是至关重要的。

1.1 数据源

数据源可以分为结构化数据与非结构化数据两种基本形式，结构化数据表现为数值，其形状为行大于列（长数据[1]），涉及低维问题；半结构化数据表现为图像与自然语言，其形状为列大于行（宽数据[2]），涉及高维问题。机器学习如何充分利用不同形状的数据达到分析的目的是本节的重点。

1.1.1 数值：单元格

对于大数据而言，数据往往存储于数据库，一行表示一条观测值的所有信息是经典数据格式，几乎可以应用于所有的数据分析领域。然而，观测值在不同场景下的含义不尽相同，可以表示客户的喜好行为，也可以表示一笔订单、一次物流等。

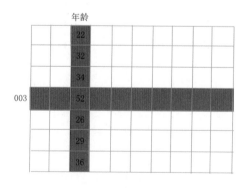

图 1-1-1 单元格示意

单元格示意如图 1-1-1 所示，从列的角度可以观察到群体特征，并使用数据分布来描述群体信息。从行的角度只能观察到一个人的信息，观察不到群体特征，如客户 003 的年龄是 52 岁。可见，单元格同时具有行、列信息，这就是数据框（Dataframe），进而可以展开相关分析（列间）与距离分析（行间），这也是构建模型的基础。

---

[1] 长数据是简单意义上的数据形状，区别于统计学中长型数据的概念。宽数据与此类似。

1.1.2　图像：像素点

图像分析中将视频、图片视为同一种图像类型，并以像素为分析的基础单元。对于机器学习而言，需要将像素平铺成一行，即一行表示一张图片，一列表示图片中的每个像素点，如图 1-1-2（a）所示，照片由 3 个维度（3968×2976×3）组成，数值 3 表示 RGB 的 3 个通道。

图像分析的重点在于图像梯度[①]，对于计算机而言，颜色对梯度的影响往往是相对的，所以通常转化为单通道，即灰色 [见图 1-1-2（b）]。因为不同图像的尺寸不同，所以需要将图像约束为相同的尺寸 [见图 1-1-2（c）]，否则平铺后的数据维度会参差不齐，存在大量缺失。此外，还需要考虑图像尺寸，尺寸太大会增加运算量，太小则容易出现马赛克，模糊不清 [见图 1-1-2（d）]。

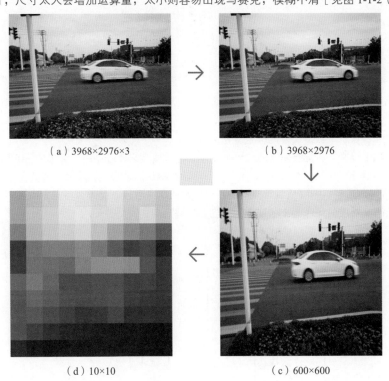

（a）3968×2976×3　　　　　　　　　　（b）3968×2976

（d）10×10　　　　　　　　　　（c）600×600

图 1-1-2　图片像素

图像数据的平铺过程如图 1-1-3 所示，图 1-1-3（a）~图 1-1-3（d）分别对应图 1-1-2（a）~图 1-1-2（d）。可见，一张图片构成了图像数据的行信息，第一个像素点对应第一个维度，即通常意义上的自变量。当前图片共有 100 个像素点（10×10），则对应 100 个维度，因此图像数据是典型的高维数据，维度达到百万级，甚至千万级都很正常。

---

① 图像梯度可以简单理解为相邻像素点间的数值差异，视觉上表现为明暗差异。

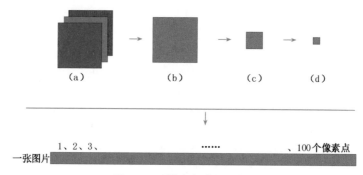

（a） （b） （c） （d）

1、2、3、 …… 、100个像素点
一张图片

图 1-1-3 图像数据的平铺过程

1.1.3 文本：词向量

1. 文本编码

文本编码首先将文本转化为数值，然后基于一定规则转化为数据向量。以数据向量的方式出现便于模型使用，适用于机器学习和深度学习。

假设文本数据是"我爱工作同样也爱家庭"。

文本编码需要文本分词技术，通过分词赋予文本数值含义，分词后的文本中，0 表示"我"、1 表示"爱"、2 表示"工"、……、8 表示"庭"[1]，数据编码后的形式为 0 我 1 爱 2 工 3 作 4 同 5 样 6 也 1 爱 7 家 8 庭，其中，"爱"是重复的，也用数值 1 来表示。此外，将文本中某个词作为 y 的取值，其上下文对应的词作为 x 的取值，得到如下编码形式：

$$
\begin{bmatrix} 我 & 工 \\ 爱 & 作 \\ 工 & 同 \\ 作 & 样 \\ 同 & 也 \\ 样 & 爱 \\ 也 & 家 \\ 爱 & 庭 \end{bmatrix} \begin{bmatrix} 爱 \\ 工 \\ 作 \\ 同 \\ 样 \\ 也 \\ 爱 \\ 家 \end{bmatrix} \rightarrow \begin{bmatrix} 0 & 2 \\ 1 & 3 \\ 2 & 4 \\ 3 & 5 \\ 4 & 6 \\ 5 & 1 \\ 6 & 7 \\ 1 & 8 \end{bmatrix} \text{ and } \begin{bmatrix} 1 \\ 2 \\ 3 \\ 4 \\ 5 \\ 6 \\ 1 \\ 7 \end{bmatrix} \rightarrow x \text{ and } y
$$

可见，单词的上下文构成了预测因素，当前值是被预测的对象。

以上是机器学习中常用的编码形式，独热编码也可以用于机器学习，但常用于深度学习。

2. 文本独热编码

数据向量 x 和 y 可以作为数据源（y 表示因变量，x 表示自变量，下同），但这种数据格式更适用于机器学习，而深度学习经常需要对 x 和 y 进行独热编码（或哑变量中的 GLM 变换），其编码形式如下：

---

[1] 本节将单个字分为一个词，不考虑组词现象。

$$\begin{bmatrix} 0 & 2 \\ 1 & 3 \\ 2 & 4 \\ 3 & 5 \\ 4 & 6 \\ 5 & 7 \\ 6 & 1 \\ 1 & 8 \end{bmatrix} \text{ and } \begin{bmatrix} 1 \\ 2 \\ 3 \\ 4 \\ 5 \\ 6 \\ 7 \end{bmatrix} \rightarrow x \text{ and } y \text{ 独热编码} \rightarrow \begin{bmatrix} [[100000000] \\ [001000000]] \\ [[010000000] \\ [000100000]] \\ [[001000000] \\ [000010000]] \\ \cdots \\ \cdots \\ \cdots \\ [[010000000] \\ [000000001]] \end{bmatrix} \text{ and } \begin{bmatrix} [010000000] \\ [001000000] \\ [000100000] \\ [000010000] \\ [000001000] \\ [000000100] \\ [010000000] \\ [000000001] \end{bmatrix}$$

转化为独热编码后，x 的行 $[0\,2]$ 对应 $[100000000]$ 和 $[001000000]$，某个词作为目标后，同样也将该词上下文对应的词作为自变量 x，因此需要 2 行 x 对应 1 行 y。若某个目标词对应上下文 6 个词（一侧 3 个词），则需要增加 6 行 x 与 1 行 y，以此类推。

若文本数据"我爱工作同样也爱家庭"对应 y 的取值为 0，并且第二行文本"我爱足球运动"对应 y 的取值为 1，则可以得到如下编码：0 我 1 爱 2 工 3 作 4 同 5 样 6 也 1 爱 7 家 8 庭、0 我 1 爱 9 足 10 球 11 运 12 动，数值编码可以顺延下去，其数据向量的形式：

$$\begin{bmatrix} 0\,1\,2\,3\,4\,5\,6\,1\,7\,8 \\ 0\,1\,9\,10\,11\,12\cdots. \end{bmatrix} \text{ and } \begin{bmatrix} 0 \\ 1 \end{bmatrix} \rightarrow x \text{ and } y$$

可见，x 的维度是 $(2,10)$，y 的维度是 $(2,1)$，尽管 x 的第二行数据不可避免地存在缺失值，但当文本序列比较长时，一般不影响文本分析。

3. 软件包与代码

统计学习和机器学习软件包（如 Statsmodels 和 Sklearn）主要以数值为分析对象，很少有非结构化数据的直接导入接口，一般需要用户手动转换，而深度学习软件包，如 Keras、Tensorflow、Torch 等，则提供了各类非结构化数据的丰富接口。

知识拓展　（重要性★★☆☆☆）

半结构化数据

区别结构化数据和非结构化数据的一个非正式的定义是数据的列是否存在意义。例如，结构化数据中，年龄是有意义的，但非结构化数据中，图像像素对应的列却很难赋予实际意义。

某个案库系统中，如果要求机台工人在机油栏中记录经验，那么机油是列标签，具有结构化数据的特征。如果发生机械震动问题，那么在震动栏中记录的所致问题是结构化数据。但是如果发生一个全新事件，可能无法编码或无法及时命名，那么此时的数据是非结构化的。如果数据同时具有结构化和非结构化的特征，那么可以视为半结构化数据。半结构化数据包括报表、账单、邮件、扫描文件等。

如果将统计学习视为结构化小数据的颠覆性算法，那么机器学习就是结构化大数据的颠覆性算法，深度学习是非结构化数据的颠覆性算法。但半结构化数据的算法中，尽管已有可加模型、强集成学习模型、混合专家模型，但仍未出现可以称为颠覆性算法的技术。

不过无需多虑，如果非结构化数据已经大到足以产生巨量价值，那么数据科学家们必将蜂拥而至，这个领域的百花齐放之日也将加速到来。

1.2 模型的基本形式：回归

机器学习的基础是回归模型，如果将机器学习的建模过程看作搭积木，那么回归模型相当于积木中不可分割的基础模块，而模块的有效组合会形成不同的模型，本节将介绍模型的基本形式。

1.2.1 文氏图：方差分解

统计学是理解机器学习的众多方式之一。

从回归开始，提出业务问题，通过测量学将其转化为因变量 y，y 具有商业价值，同时也具有获取成本高、难以预测等性质，因此需要将其分解为具有获取成本低、易于预测等性质的自变量 x。例如，客户流失具有商业价值但很难预测，但客户流失与代金券的使用有关，代金券可以通过平台发放或者客户领取的方式提前低价获取，因此可以通过 y 与 x 的关系（如回归）进行预测。y 与 x 的关系可以表示为

$$y = \beta_0 + \beta_1 x_1 + \beta_2 x_2 + \beta_3 x_3 + \beta_4 x_4 + e \tag{1-2-1}$$

这样回归问题就变成了 y 的分解问题，自变量 x 的重要性可以通过偏回归系数 β 的大小来表示，y 与 x 的关系也可以看作自变量的加权求和。文氏图与方差分解如图 1-2-1 所示，y 的方差是分解对象，如果使用圆形表示方差，那么方差分解就是将圆 y 与圆 x 间的重叠部分分解。

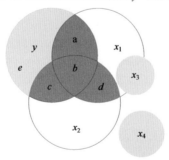

图 1-2-1 文氏图与方差分解

可见，x_1 与 y 的重叠面积是 $a+b$，但 β_1 仅表示 a，假设 β_1 的取值较小[①]；x_2 与 y 的重叠面积是 $c+b$，β_2 仅表示 c，假设 β_2 取值较大；x_3 与 y 无重叠面积，β_3 为 0；x_4 与 y 也无重叠面积，β_4 也为 0。

由此可见，重叠面积中 b 的含义令人困惑，关乎回归模型的深层含义。统计学将 b 视为被控制的部分，专业术语称为偏，可以理解为模型中引入多少自变量，则排除多少因素的干扰，因此 x_1 对 y 的影响因素中并不包括 x_2，并且因为 x_3 和 x_4 与 y 无关，没有重叠部分，所以不对 b 产生影响。

此外，如果将 x_3 向左移动与 b 重叠，那么将出现复杂的控制关系和自变量间的共线问题。

----

① β_1 值受到 x_1 的量纲影响，如果变量方差大，那么同样的重叠面积对应的数值较小，此处假设数值较小。

1.2.2　分布图：分布与随机

偏残差图是高维关系的低维近似表示，偏残差分解图如图 1-2-2 所示。图形的绘制分为三个步骤。

第一步：使用 x_2 对 x_1 进行回归并产生残差 e_1；

第二步：使用 x_2 对 y 进行回归并产生残差 e_2；

第三步：使用 e_2 对 e_1 进行回归并产生回归散点图。

至此就完成了偏残差图的制作。将原来三维空间转化为二维空间，实现了降维处理。

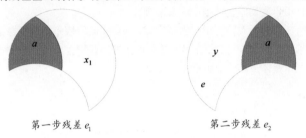

第一步残差 e_1　　　　　　第二步残差 e_2

图 1-2-2　偏残差分解图

值得一提的是，第一步中的 x_2 可以是一个自变量，也可以是多个自变量，因此可以拓展偏残差图在高维关系中的应用，业界也经常将偏残差分解作为超高维可视化的方案之一。

偏残差图与方差分解如图 1-2-3 所示，因变量包括均值部分和方差部分，将方差分解给自变量，均值分解给截距项[1]。假设 x 与 y 为线性关系，x 与 y 共享的方差越大，偏残差图呈现的椭圆形越紧凑，相反，不相关则为圆形。

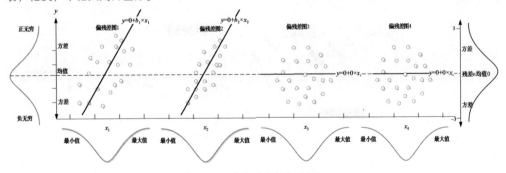

图 1-2-3　偏残差图与方差分解

理论上，分解因变量后，留下的残差肯定是随机的，因此均值中心点为 0 也不足为奇，但是残差也需要一定量的方差，因为随机方差可以表示自然界中的随机干扰现象，标准化残差后数值分布在区间[-3,3]内。此外，强相关的自变量消除了残差，而不相关的自变量却并不影响残差，要想消除这部分不相关的自变量，并不建议从残差的角度分析。

---

[1] 准确地说，截距项是条件均值。

1.2.3 角色：监督与非监督

如果对变量角色加以区分，并寻找其函数关系，那么称为监督模型，可以理解为一行数据存在对与错的监督，或者属于哪一分类的判断，因此构成监督性。监督模型的重要任务是寻找不同角色间的函数关系，并围绕函数关系展开一系列的综合性假设。机器学习经常使用监督模型的预测能力进行因变量的特征预判，使用监督模型的归因能力对自变量的特征归因。

非监督模型寻求数据的简化。如果列的维度众多，那么可以通过降维以更加简洁的维度描述数据；如果数据的行很复杂，那么可以通过分组来简化数据。降维和分组都会产生潜变量，潜变量就是数据的简化模式，用于发现原始数据中潜在的规律。

多数的数据分析任务都很难使用单一模型完成，因此多阶段模型集成是数据分析的标配，而两阶段模型集成是最常用的组合模型，即在第一阶段使用非监督模型来简化数据，并在此基础上执行第二阶段的监督模型，整体上属于监督模型的范畴。

1.2.4 模型应用：归因与预测

构建模型的最终目的是从数据中发现规律，并根据规律进行归因和预测，进而衍生出模型应用，如归因包括主次归因、规则归因、复杂归因、模糊归因、个案归因等，预测包括内延、外推、延时预测、实时预测等。

鱼骨图与模型应用如图 1-2-4 所示，鱼骨图的中间主轴表示因变量的实际取值（黑实线）与四个自变量（ $x_1 \sim x_4$ ，用绿色实线和黄色实线表示）。

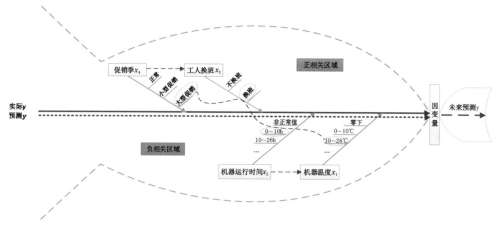

图 1-2-4　鱼骨图与模型应用

建模后自变量区分为正相关区域和负相关区域，并且越接近鱼头部分的变量越重要，这是主次归因。此外，建模后可以量化自变量的重要性，以及自变量取值的重要性。例如，如果大型促销、换班、机器运行时间（ $0 \sim 10$h）、机器温度（ $10 \sim 26$℃ ）的四个自变量取值是最重要的取值，那么其组合就是最佳组合，这就是规则归因（虚线表示的曲线部分）。复杂归因与此不同，进一步放宽了自变量之间的预测关系，即自变量也可以成为"因变量"（中介变量，自变量中虚线表示的直线部分）。模糊归因是指没有因变量，但需要从自变量上学习潜在指标，进而用作因变量。此外，个案归因在图中无法直接呈现。

　　关于预测问题，图 1-2-4 中的黑色虚线为内延，红色虚线为外推。延时预测是最基本的功能，而实时预测需要流数据的支持。

　　模型的应用总结如下。

　　（1）主次归因强调影响因素的主、次效应；

　　（2）规则归因强调主效应中影响因素的取值组合，即条件规则；

　　（3）复杂归因强调影响因素可以相互影响，但复杂路径的终端一定是因变量；

　　（4）模糊归因没有监督目标，需要从自变量中提取一个指标用于监督；

　　（5）个案归因强调数据整体对单个观测值影响的量化；

　　（6）内延也称为老客户预测，老客户行为的再预测，或动态的预测；

　　（7）外推也称为新客户预测，新客户行为的预测或再预测，因为交叉验证或多期滚动测试需要重复利用数据；

　　（8）延时预测对预测时间近似没有要求；

　　（9）实时预测需要流数据和分布式计算等技术的支持。

　　可见，模型可以用于预测和归因，由于主次归因、规则归因、内延、外推是模型的四种主要应用，因此下文将分别阐述其输出解释及可视化，而复杂归因、模糊归因、个案归因等应用将分别出现在后面的案例中。

　　1. 归因问题

　　对于机器学习而言，归因分析并不是它的主战场，但可以帮助模型更好地解释预测，这一点从机器学习库的功能分布上也能得到证明。从 Sklearn 的功能或重点分布来看，能够执行归因分析的模型比较少，但大多数模型可以通过集成完成归因分析，而集成外的归因功能主要包括统计学习类技术（逻辑回归、线性回归）、机器学习类技术（决策树）等少数方法，其他模型更强调预测能力。

　　主次归因强调自变量对因变量的影响，侧重对偏回归系数 β 的解释，主次归因示意图如图 1-2-5 所示，图形的右侧部分是自变量与转换后 y 间的关系，左侧部分是转换后 y 与疾病发生概率间的关系。如果年龄与疾病发生概率相关，那么疾病的发生年龄大约在 34 ~ 37 岁之间，风险曲线陡升，但疾病发生概率在50%以下。如果年龄接近 45 岁，那么风险曲线陡升，且疾病发生概率为 90%以上。

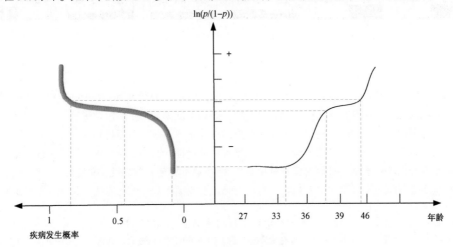

图 1-2-5　主次归因示意图

以上就是主次归因的解释，首先分析变量之间的相对重要性，然后针对某个自变量进行设计以便业务解释。涉及的业务解释往往需要结合图形进行通俗化表达，经常使用的图形包括 S 形图、多项式图、散点图等。

规则归因强调所有自变量对因变量的综合影响，可以理解为自变量取值间的组合。例如，若三个自变量的取值依次为 3、4、2，则组合数为 24（3×4×2）。

规则归因树形图如图 1-2-6 所示，因变量是机器故障，可以发现内存使用是产生机器故障的最主要原因，其次是单位投入、误操作。图 1-2-6 中的 n 表示样本量。依据模型可以得出结论：在 24 种组合中，内存使用率>0.442，并且单位投入率≤-0.394 时的机器故障率最高[1]。另外，单位投入率缺失时，机器故障率的确定性更高，由于无法解释所以忽略。

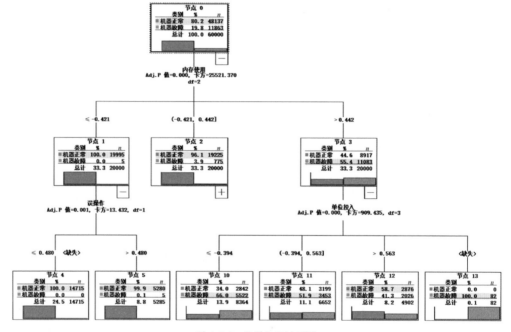

图 1-2-6　规则归因树形图

2. 预测问题

机器学习主要解决预测问题，很少展开归因分析，但不是不能归因。在项目分析中，通常需要分阶段处理数据，不同阶段强调的重点不尽相同，一般而言，项目初期侧重归因，项目后期侧重预测，这是机器学习的特点，而统计学习始终侧重归因，深度学习则始终侧重预测。

为什么模型可以预测呢？这是一个比较严肃的统计学习问题，下面将举例讨论。

绩效的潜变量测量如图 1-2-7 所示，潜变量是抽象指标，通常由可测量的指标组合而成[2]（箭头上的系数分别表示不同测量对潜变量的影响），而抽象本身具有模糊性、稳定性。模糊性决定需要系统确定性及随机不确定性的参与，只有所有确定性的指标综合变化才能引起抽象指标的变化。

---

① 图 1-2-6 中的组合数不足 24 种，因为模型学习的过程中忽略了相关性低的组合。

② 指标组合的两种形式：图 1-2-7（a）为测量形式，图 1-2-7（b）为结构形式，结构形式是统计学习中的线性回归模型。

例如，潜变量绩效由关键绩效指标的完成度、项目增益和损失等指标组成，银行客户的信用由收入、是否拥有房产、信用卡数等指标组成。

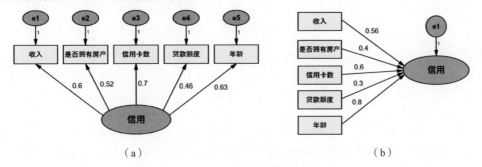

图 1-2-7　绩效的潜变量测量

由此可见，信用卡数和收入的变化是确定的、短期的，但信用在近期一段时间内相对不变，具有稳定性，可以借此预测短期未来的情况。

对于模型而言，y 与 x 的取值是既定的，首先将发生的规律模型化，并使用最小误差的 x 预测较大误差的 y，然后对已经存在的 y 值进行再预测，其实就是对一个老客户的信用再预测的过程，这个过程称为内延，而对未知客户的信用进行预测则称为外推。

关于延时预测和实时预测，在机器学习中，执行实时预测的场景实际上较少，延时预测常控制在 10h 内。因此，延时预测才是机器学习的主要对象。深度学习与实时预测堪称一对"搭档"，深度学习往往需要大数据架构，如多机器的分布式运算，这本身就提供了实时预测的底层保障。

下面将介绍用于监督运算过程的软件包与代码，使数据分析流的运算细节可视化，以调整和选择适合的机器学习算法。

3. 软件包与代码

cProfile①是 Python 的内置功能，主要用于记录运算细节，包括调用函数、处理流程、运算时间等精确记录。了解运算过程尤其是运算性能的瓶颈点可以更直观、快速地检查到问题点，并予以改进。

以下代码的第 1 ~ 6 行用于载入相应的包；第 8 ~ 13 行代码用于模拟回归数据，并通过简单的标准化直接构建随机梯度下降（SGD）回归模型；第 14 行代码是 cProfile 的输出；第 16 行代码是包 SnakeViz 的输出（安装 SnakeViz），其中，可以在 Jupyter Notebook 中直接使用 "%"，"%snakeviz"表示将 "cp.run"的内容可视化——冰状（Icicle）图和旭日（Sunburst）图。

```
1  import cProfile as cp
2  from sklearn.datasets import make_classification
3  from sklearn.model_selection import train_test_split
4  from sklearn.preprocessing import StandardScaler
5  from sklearn.linear_model import SGDRegressor
6  from sklearn.pipeline import Pipeline
7
```

① 可以在 Python 的官网中搜索 "module-cProfile"了解相关内容。

```
8  X,y=make_regression(n_samples=100000,n_features=60,noise=60)
9  X_train, X_test, y_train, y_test = train_test_split(X, y)
10 pipe = Pipeline([('scaler', StandardScaler()),
11              ('svc', SGDRegressor())]
12          )
13 pipe.fit(X_train, y_train)
14 cp.run('pipe.score(X_train, y_train)')
15
16 %snakeviz cp.run('pipe.score(X_test, y_test)')
```

SnakeViz 的输出结果如图 1-2-8 所示，SnakeViz 的输出是基于 cProfile 文本的，具有排序和搜索功能，可以监督处理流程中的时间，通过排序快速找到耗时长的内容，输出包括 ncalls（调用次数）、tottime（总耗时）、cumtime（累积时间）等指标。

ncalls	tottime ▾	percall	cumtime	percall	filename:lineno(function)
1	0.04599	0.04599	0.04599	0.04599	~:0(<method 'enable' of '_lsprof.Profiler' objects>)
1	4.39e-05	4.39e-05	0.04604	0.04604	~:0(<built-in method builtins.exec>)
1	2.7e-06	2.7e-06	0.04599	0.04599	cProfile.py:92(run)
1	2.7e-06	2.7e-06	0.04599	0.04599	cProfile.py:97(runctx)
1	2.5e-06	2.5e-06	0.046	0.046	cProfile.py:15(run)
1	1.5e-06	1.5e-06	0.046	0.046	profile.py:50(run)
1	1.2e-06	1.2e-06	1.2e-06	1.2e-06	profile.py:47(_init_)

图 1-2-8　SnakeViz 的输出结果

SnakeViz 基于同样的文本还提供了可视化功能，冰状图如图 1-2-9 所示。

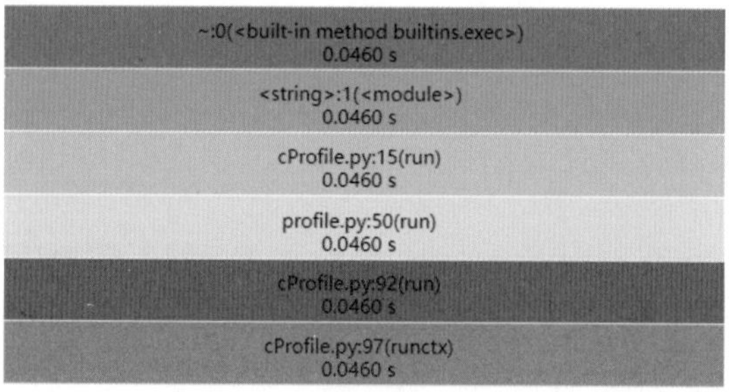

图 1-2-9　冰状图

以软件包 Sklearn 中的普通最小二乘（OLS）回归和 SGD 回归为例，使用数据"运动.xlsx"，其中，主次归因的回归系数用于说明自变量与因变量的业务关系，强调可解释性，而标准化回归系数[1]则用于评估自变量的相对重要性。

OLS 回归具有精确性和全局收敛功能，但处理的数据量受限。数据量变大时可以使用 SGD 回归，数据量变大意味着行、列可能同时增加，通常会导致内存不足、数据稀疏等大数据问题，而 SGD

---

[1]　$Z\beta = \beta S_x / S_y$，S_x、S_y 分别表示自变量的标准差、因变量的标准差，$Z\beta$ 表示标准化回归系数，β 表示回归系数。

回归提供了丰富的功能来处理这些问题。

由此可见，OLS 回归与 SGD 回归都在 linear_model 中，回归系数可以直接调用，但标准化回归系数需要根据公式计算（第 7 行代码）。此外，内延功能的预测对象是 x（第 9 行代码），表示预测对象是老样本。"[[3, 5]]"表示外推的预测对象是新样本。

```
1 from sklearn.linear_model import LinearRegression,
SGDRegressor
2 x,y=data.iloc[:,4:],data.iloc[:,0]
3 sgd_reg=SGDRegressor()
4 sgd_reg.fit(x,y)
5 print('评估模型 R2:',sgd_reg.score(x,y))
6 print('主次归因：回归系数:',sgd_reg.coef_)
7 print('主次归因：标准化回归系数:\n',
sgd_reg.coef_*x.var()**0.5/y.var()**0.5)
8 print('外推: ',sgd_reg.predict(np.array([[3, 5]])))
9 print('内延: ',sgd_reg.predict(x))
```

1.3　模型与算法

什么是"上海"？是不是东方明珠塔？是不是本地居民？是不是工厂？显然都不完全是，但它们组合在一起就是"上海"了。同理，模型强调概念范畴的整体性，而算法强调模型局部的驱动因素。例如，式（1-3-1）的回归模型由因变量、自变量和误差构成，模型的整体不仅是以上三者，还包括看不见的条件假设，如单因素假设、两两组合的假设等。算法表示估计参数（如 β）是如何计算出来的。

$$y = \beta_0 + \beta_1 x_1 + \beta_2 x_2 + e \tag{1-3-1}$$

本节并不关注技术细节，主要阐述模型的整体性从何而来，从而更充分地利用模型的优、缺点来达到数据分析的目的。

1.3.1　模型进化：从 1.0 到 4.0

推动模型进化的力量是数据采集能力和计算机技术，模型才得以升级到 4.0，但模型的不同版本间并不兼容，模型各执其职，可以近似理解为并列关系，下面将列出模型不同版本的关键词[1]。

模型 1.0：小数据、实验室、抽样、精确度、试验设计、方差分析、非参数模型。

模型 2.0：小数据、问卷设计、抽样、精确度、欠拟合、市场调查、线性回归、逻辑回归、参数模型。

模型 3.0：大数据、数据库、速度、内存、稀疏、共线、过拟合、支持向量机、随机森林、非线性模型、集成学习。

模型 4.0：大数据、云技术、速度、内存、过拟合、半结构化数据、GPU 加速、分布式架构、深度学习、超级集成。

① 丁亚军．统计分析：从小数据到大数据[M]．北京：电子工业出版社，2020.

可见，随着数据量的增加和应用场景的变化，模型的执行功能及作用也发生了变化，通常一个项目涉及多个场景，也对应多种模型，甚至需要模型的集成来解决问题。

1.3.2　算法驱动：参数与超参数

模型由参数与超参数两种基本形式组成。

参数需要模型与数据的充分拟合，算法是估计参数的驱动力量，而超参数用于定义模型的结构，与算法的驱动关系并不大，但超参数的性质也决定着算法的使用。如果把模型比作一辆汽车，那么算法就是发动机，参数是汽车发挥的功能，而超参数是构造汽车的基本零件。

参数可以用于实现模型价值，如模型的归因与预测功能。超参数包括正则化系数调整、变量标准化处理、学习率设定等内容，其作用是使模型以极其灵活的方式拟合数据，如大数据经常需要处理稀疏、共线、量纲等问题，可以使用正则化约束、标准化等功能处理这些问题。

模型 1.0 和模型 2.0 都以小而精的抽样数据为分析对象，分别对应实验室和问卷两种场景，因此可以通过 Statsmodels 库来解决此类问题，而模型 3.0 和模型 4.0 分别对应数据库和云计算这些大型数据，因此可以借助 Sklearn 和深度学习软件包（如 Keras）处理这类数据。

1.4　SMD 学习技术

SMD 是由统计、机器和深度的英文单词首字母构成的缩写。

本节主要讨论不同领域的学习框架和最小阻力的学习路径，帮助读者了解不同领域的核心问题和知识点之间的衔接关系，从而更好地分配学习精力。

1.4.1　统计学习：线性回归

广义统计学习以回归为中心，狭义统计学习以线性回归为中心[①]。早期统计学习并不关注大数据的问题，主要针对小而精的抽样数据进行数据分析，因此一个典型的统计学习的分析流程会提出问题后，通过抽样数据分析数据规律，以验证假设，进而依据推理进行因果判断。

统计学习的家族成员如图 1-4-1 所示，统计学习由以下五大家族组成。

第一个是一般线性模型（GLM）家族，是早期统计学习的典型代表，以线性回归为中心，主要处理连续型因变量的问题；

第二个是广义线性模型（GENMOD）家族，以逻辑回归为中心，主要处理分类型因变量的问题；

第三个是多变量模型（MultiVar）家族，以主成分为中心，主要处理自变量降维和抽象潜变量等问题；

第四个是结构方程模型（SEM）家族，以中介模型为中心，主要通过联立方程来处理多变量间复杂的路径关系，包括中介问题、调节问题等；

第五个是质量控制（QC）家族，以质量监控指标为中心，主要处理工业产品的质量控制问题。

---

① 此处的广义统计学习是指与统计学习相关的领域，如数据挖掘、机器学习、人工智能等领域，也包括统计学习本身；狭义统计学习是指传统的统计学习领域。下文若无提示则通指狭义统计学习。

除此之外，稳健类模型、混合模型、时间序列等应用场景特殊的家族不在本节讨论的范围内。

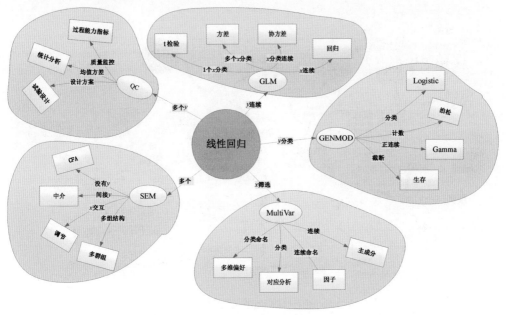

图 1-4-1　统计学习的家族成员

之所以将统计学习分为五大家族，是因为各家族的算法、功能或假设近似，又因为有些模型具有基础性作用，所以在学习时建议从基础模型开始学习，有助于触类旁通。

统计学最小阻力的学习路径包括两条：

第一，家族路径是 GLM→GENMOD→MultiVar→……"，首先要学习 GLM，进而学习 GENMOD 的基础拓展部分，然后学习 MultiVar，而 SEM 家族、QC 家族或者其他家族的学习优先级并不重要，取决于应用场景，有需要时学习即可。

第二，学习 GLM 时要把主要的精力放在线性回归模型上，把少许精力放在方差分析上，并且只要一直进行数据分析，就需要一直学习线性回归，它是最基础的模型。

1.4.2　机器学习：支持向量机

将支持向量机（Support Vector Machine，SVM）视为机器学习的中心也许会引起不同程度的争议，争议较大的是神经网络，但参照 Sklearn 的官方学习路径图，同样可以发现支持向量机的中心地位。

图 1-4-2 所示为 Sklearn 算法选择路径图，描述了机器学习的学习过程和主要模型的适用条件，可见，机器学习由四部分组成——分类、回归、聚类和降维。分类和回归分别处理分类型因变量和连续型因变量；聚类是指对数据的相似性进行度量并用于分组；降维是指对数据集中的变量尤其是自变量进行压缩。

首先把统计学习中的回归"捡"起来，然后插上机器学习的"翅膀"就可以近似为机器学习模型了。"翅膀"指典型问题，包括稀疏、共线、内存不足、运算速度慢、过拟合与高维问题。"线性回归、逻辑回归、SVM+典型问题"为推荐的学习模式。有些数据分析师存在算法偏好，作者就比较喜欢具有全功能性质的随机森林、准确度极高的神经网络、稳定性高的逻辑回归等。

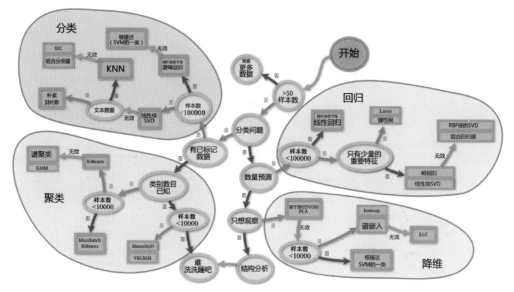

图 1-4-2　Sklearn 算法选择路径图[①]

除此之外，机器学习的学习建议还包括以下几条。

（1）每个模块都有基础算法，如降维中的主成分分析（PCA），基础算法是家族学习的起点。

（2）高维问题的处理方法包括 KNN、贝叶斯、SVM、随机森林等，需要牢记其适用条件。

（3）过拟合问题是机器学习的通病，其重要性凌驾于其他知识点之上，是所有模型都需要考虑的问题。

（4）可以尝试不同模块中算法的组合应用，如将 PCA 与 SVM 集成为一个模型来处理数据。

（5）如果运算时间很长，那么需要查看该模型是否支持高性能运算，如增量式、多线程、小批次等。

1.4.3　深度学习：神经网络

神经网络是典型的机器学习模型，神经网络也是深度学习最重要的原理，尽管很少使用但其作用不可忽视。深度学习模型的路径关系如图 1-4-3 所示，自编码器等技术可以视为特征工程技术，包括数据降噪、稀疏编码、数据增强等内容，但深度学习对特征工程的关注度在持续下降。

卷积神经网络主要处理图像问题，包括图片、视频等文件，此处的卷积是一种数学运算，将图像的像素矩阵与权重矩阵相乘，得到的全新图像具有增强局部关注、忽略不重要特征、减少数值运算等强大优势。

此外，卷积神经网络有一维卷积、二维卷积和更多维度的卷积，以二维卷积为主。一维卷积在自然语言分析中偶有使用，二维卷积主要应用于图像分析，三维卷积可以用来处理视频，理论上说，数据的维度对应卷积的维度。卷积在图像分析中几乎是最重要的技术，尽管自然语言分析可以使用

---

① 参阅博主 glanose 的汉化版 Sklearn 算法选择路径图。

一维卷积，但最好使用循环类神经网络。

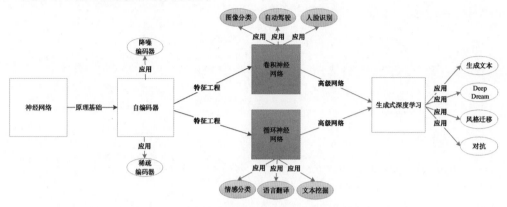

图 1-4-3 深度学习模型的路径关系

循环神经网络通过在普通神经网络中添加隐含层来实现语义关系的构建，该层由"三门、两单元"组成——"三门"包括输入门、遗忘门和输出门，"两单元"包括记忆单元和新的记忆单元。

输入门可以理解为新的信息输入，即自变量；遗忘门可以控制不重要的文本或语音，并通过丢弃的方式减少运算负担和信息冗余；输出门可以看作因变量；记忆单元继承了近邻信息，若上一句话"中午一起去吃饭吧"，下一句"现在忙完了吗？"，则记忆单元传达的信息是"现在快到中午了，如果忙完去吃饭吧"；新的记忆单元继承了综合信息，若加入新信息"马上要开会"和前一隐含层信息"领导发怒了"，则新的记忆单元传达的信息是"现在快到中午了，立刻去开会，中午要加班，估计要在公司吃盒饭了"。

生成式深度学习可以看作深度学习中的复杂模型，主要用于图像生成（如绘画、Deep Dream）、文本生成（如撰写文稿）、语音生成（如机器人对话）等。

统计学习使用 Statsmodels 构建线性回归（第 2、3 行代码）；机器学习使用 Sklearn 构建支持向量机（第 6、7 行代码）；深度学习使用 Keras 中的 Sequential 构建一个包含输入层（第 12 行代码）、两个全连接层、输出层的神经网络（注意：三层及以上的全连接层称为深度学习）。值得一提的是，深度学习通常将神经网络模型作为一部分。严格地说，神经网络是比较典型的机器学习模型，因此可以使用 Sklearn 提供更为简洁的神经网络代码（第 21 行代码）。

```
1  #-------------统计学习：线性回归-------------------
2  import statsmodels.formula.api as smf
3  result=smf.ols("y~x1+x2",data).fit()
4
5  #-------------机器学习：支持向量机-------------------
6  from sklearn.svm import SVC
7  svc_clf=SVC().fit(x,y)
8
9  #-------------深度学习：神经网络-------------------
10 from keras.layers import Input, Dense
11 from keras.models import Model
```

```
12 inputs = Input(shape=(10000,))    #输入层：10000 是图片对应的像素值
13 x = Dense(64)(inputs)             #隐含层
x = Dense(32)(x)                     #隐含层
x = Dense(16)(x)                     #隐含层
14 predictions = Dense(3)(x)         #输出层
15 model = Model(inputs=inputs, outputs=predictions)
                                     #构建神经网络模型
16 model.compile()                   #编译
17 model.fit(x,y)                    #拟合数据
18
19 #可以使用 Sklearn 提供神经网络的简洁方案
20 from sklearn.neural_network import MLPClassifier
21 mlp_clf=MLPClassifier(hidden_layer_sizes=(64,32,16)).fit(x,y)
#(64,32,16)表示 3 个隐含层，分别对应着 64、32 和 16 个单元
```

1.5 机器学习误差源

"日常生活中，我们所说的犯了错误，隐含的意思是若更加谨慎则可以避免错误"[1]。这种错误其实是一种系统性偏差，可以通过构建模型分解为模型偏差与测量方差。还有一部分误差是永远无法避免的——随机误差。梳理误差源可以发现，机器学习侧重对模型偏差和测量方差的考量，这是本节着重讨论的内容。

1.5.1 误差源

以银行业的信用概念为例，业务层面上的需求决定了概念量化的可用性。

首先，测量学认为概念的设定通常包含 2、3 个层级，每个层级由不同维度构成，最后一个层级为测量指标，更高层级则为抽象概念。从概念关系来看，测量指标存在测量误差，维度存在建构误差，层级关系则存在信效度误差。这些误差源的定位确保了指标量化的合理性。

其次，获取数据的不同难度和成本决定了数据质量的参差不齐，因此构建模型时需要准备特征工程，以帮助模型更好地拟合数据误差。

再次，完成指标的构建后，需要建立指标间的结构关系，如建立回归模型，此时则存在结构误差，即回归公式中的尾项 e。一个常见的误区是我们常常希望模型越准确越好，但是数据本身存在随机误差。如果模型准确度极高，那么其实是把误差当成有用的信息加以学习了，这将导致过拟合现象。

最后，模型的泛化能力可以通过数据分区进行近似评估，也可以使用线下数据进行滚动评估，从而更准确地判断模型的泛化能力。如果模型的准确度极高，那么其泛化能力反而会受限；如果准确度适中并且稳定性较高，那么模型的泛化能力通常较好。

---

[1] 史蒂文·奥斯德兰，霍华德·埃弗森. 项目功能差异[M]. 2 版. 上海：格致出版社，2013.

1.5.2　偏差与方差窘境

统计学习侧重归因问题，而机器学习侧重预测问题。

模型预测的泛化能力可以通过模型的结构误差、数据质量误差、测量误差、内容建构误差等误差来度量，可以将模型的泛化误差简化为

$$E_{泛化} = \text{bias}_{结构} + \text{var}_{测量} + \varepsilon_{噪声} \tag{1-5-1}$$

式中，E 表示泛化能力；bias 表示模型偏差；var 表示测量方差；ε 表示随机噪声。

可见，无论三个误差中的哪一项增加都将导致整体泛化能力降低。一般来说，偏差与模型结构有关，是模型复杂度与准确度的度量，主要用于判断模型是否欠拟合；方差与数据本身的测量有关，是数据质量的度量；随机误差代表现实随机性，是所有不确定因素的综合体，体现了问题本身的难度。偏差和方差是分解的对象，如果能够将它们充分分解，那么噪声会呈现出一定的规律性，如正态分布、符合预期假设或具有预期形状等。

（1）偏差问题可以通过模型的选择和超参数的设定来控制，从而增强模型的拟合能力。

（2）方差问题可以通过特征工程技术来控制数据质量，如缺失值填补、异常值清理等。

（3）噪声问题来自于数据源的误差，需要遵循科学的数据分析思路，控制各环节的误差。

偏差与方差之间存在重要的数理性质可以更好地指导实践工作。偏差与方差的平衡如图 1-5-1 所示，若圆点集中在靶心，则偏差较低；若圆点间距较小，则方差较低。可见，方差强调模型的稳定性，而偏差强调构建模型与真实模型的差距。偏差与方差都低是最理想的场景，但两者通常不可兼顾，在实际操作中更是难以平衡。

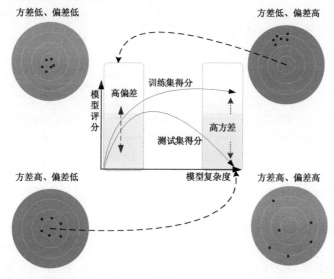

图 1-5-1　偏差与方差的平衡

偏差与方差都低是理想场景，现实并不存在，只能无限近似，而两者取值都高则预示着模型无用。当然，若强调准确度，则可以使用方差高、偏差低的模型，如希望营销响应率高，短期内可以大幅提高业绩；若强调稳定性，则可以使用方差低、偏差高的模型，如业务发生变化、但模型依然持续稳定。

图 1-5-1 的中间部分展示了数据分区的评估效果。模型复杂度直接导致了高偏差的欠拟合现

象，但随着模型复杂度的提升，训练集得分倾向于单调递增，而测试集得分先增加后降低，并且其与训练集评分的差异也逐渐增大，导致了高方差的过拟合现象。

常用的规则如下。

（1）增加样本量可以降低方差，如果样本量有限，那么可以优先使用随机森林模型控制方差的波动。

（2）如果发现训练集的拟合不足，那么为高偏差的欠拟合问题。机器学习的欠拟合问题可以通过特征工程和调整模型假设来解决。

（3）如果"训练集拟合接近 100%""训练集拟合充分+测试集拟合不足""训练集拟合充分+验证集无法收敛"三个条件满足其一，那么很可能为过拟合问题。机器学习的过拟合问题可以使用特征工程和模型超参数优化。

（4）偏差低的模型可以增加复杂度、降低偏差，建议优先使用如 AdaBoost、XGBoost 等提升树模型。

多数场景都在平衡偏差与方差，涉及实际操作时，需要考虑的因素还包括超参数的设定、数据源质量、特征工程技术、数据分区、评估指标的选择等。

1.6　模型拟合诊断

数据与模型拟合的过程中会产生两类指标：一是正面的拟合系数，二是反面的误差。如果建模的目的是对算法进行优化或更新，那么需要反面误差的监督；如果建模的目的是评估最终模型的优劣，那么需要正面拟合系数的监督。

本节将介绍模型拟合与模型的评估指标。

1.6.1　模型拟合

我们不希望模型"一事无成"，也不希望模型只会机械式的记忆。模型与数据的拟合如图 1-6-1 所示，如果模型无法学习有用的信息，那么会导致欠拟合现象；如果模型能记忆原始数据中的所有信息，并产生零误差，那么模型只能机械式地调用记忆进行预测，同时也将随机误差视为有价值的信息，因此模型的泛化能力必然受限。

模型拟合适中是理想状态，但首先需要尝试欠拟合，并逐渐过渡到过拟合，然后慢慢调整为适中的拟合状态。

通常而言，模型欠拟合的主要问题在于自变量的选择，而机器学习领域具有丰富的后备自变量，很容易改善这类问题，因此模型终将得到性能提升，只是时间问题而已。但因为机器学习模型具有复杂的超参数功能，其指数级的组合数不可避免地导致过拟合，甚至可以说遍及数据分析流的每个环节，而"祸不单行"的是改善过拟合的方法并不单一，因此过拟合现象是机器学习中的关键问题。

需要时刻牢记模型处于何种状态，如模型的评估指标，与数据分区息息相关。鉴于此，接下来将首先阐述模型的评估指标，然后在 1.7 节中描述数据分区技术。

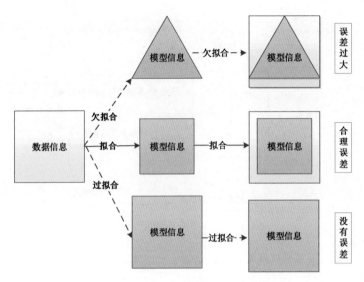

图 1-6-1　模型与数据的拟合

1.6.2　模型的评估指标

模型的评估指标用于反映模型的准确度。如果因变量是连续型变量，那么通常使用判定系数（ R^2 ）和均方误差（RMSE）作为评估指标；如果因变量是分类型变量，那么通常使用正确率（Accuracy）、错误率（Error）、精准度（Precision）、召回率（Recall）、 f_1 、ROC 等指标。

1. 回归问题

模型可以简化为三部分：因变量、自变量和残差。

判定系数的计算是因变量 y 与因变量估计 $\hat{y}$ 的相关并取平方，以将其约束为 $0 \sim 1$ [①]。可以绘制 y 与 $\hat{y}$ 的散点图来观察是否存在数据稀疏、非线性、异常等问题。均方误差[②]本质上是误差的累计汇总，通常用于模型的相对性比较、算法评估、迭代监控等场景，同样，如果希望观察误差的细节，那么可以绘制 $\hat{y}$ 与残差的散点图。

2. 分类问题

如果将回归问题类比为论述题，那么分类问题就是选择题，更难排除随机性（可以类比为猜测因素）的干扰，因此分类预测问题通常需要结合和权衡多个指标的优劣，才能完成项目准确度的评估。混淆矩阵示意图如图 1-6-2 所示，二分类问题中的 1 相对比较重要，例如，营销中关心产生购买行为的 1，而不是未购买的 0。从图中很容易发现，关注 1 的指标是精准度和召回率，而特异性则强调 0 的重要性，正确率和错误率并不区分 1 和 0。

---

① 经验上认为，$0 \sim 0.1$ 表示不相关、$0.1 \sim 0.35$ 表示低相关、$0.35 \sim 0.5$ 表示中等弱相关、$0.5 \sim 0.7$ 表示中等强相关、$0.7 \sim 0.9$ 表示高相关、0.9 以上表示高危相关，刻度划分称为相关效应。

② $\mathrm{RMSE} = \sqrt{\dfrac{1}{N} \times \sum \left(y - \hat{y} \right)^2}$

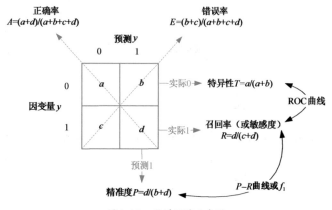

图 1-6-2　混淆矩阵示意图

1）1 的重要性

精准度和召回率也是鱼和熊掌不可兼得，在既定总体正确率的情况下，提高两者中其一取值的代价就是另一取值的降低。

精准度强调准确，召回率强调不能出错。

可见，精准度强调预测 1 的重要性，相当于把"网"收得很小，以确保"捕获目标"不出错。而召回率强调实际 1 的重要性，相当于把"网"撒得很大，以确保目标不被遗漏。一个通俗的理解是精准度指"一个都不能出错"，召回率指"一个都不能漏掉"。

以下例子可以更好地帮助我们理解精准度和召回率的应用场景。

（1）电商

VIP 营销场景比较强调预测的精准度（1 指代 VIP 客户），不能出错，使客户免于打扰，但符合条件的人群必然更少，因为"网"收得很小，这样一来，不出错误可以确保精准度，但也会拉低整体业绩指标。

（2）金融

银行中的客户欺诈分析（1 表示欺诈行为发生）需要检查出欺诈客户，以免造成坏账，此时召回率需要很高，以保证不会错过一个"坏人"，而此时满足条件的客户必然很多，因为"网"撒得很大，又因为精准度不可兼顾，所以需要大量的人力参与，鉴别错误目标。

（3）互联网

在网络舆情分析中，将违反社会道德的言论视为 1，并根据言论的轻重程度设置监控指标，如果言论被视为情节严重，那么需要召回率很高，确保"一个都不能漏掉"；如果言论被视为情节较轻，那么此时可以精准度较高，以减少人力的参与。

可见，精准度和召回率在大多数场景中的区分都是必要的，但有些问题并不区分两者孰轻孰重，此时可以将两个指标进行合并得到 f_1 指标[①]：

$$f_1 = \frac{2}{\dfrac{1}{P} + \dfrac{1}{R}}$$

（1-6-1）

---

① 从公式可以看出，若需要 f_1 变大，则需要 P 和 R 同时变大，也就是"一个不能落下"，具有调和的性质，所以该指标称为调和平均值。

当然，f_1 是整体综合指标，如果想要关注细节，那么可以绘制 *P-R* 曲线，观察局部趋势变化或调和状态。

召回率在统计学和工程学领域又称为敏感度，与此相匹配的是重心在 0 处的特异性。如果将精准度和召回率视为预测和实际之间的折中，那么召回率和特异性就是实际信号与预测信号之间的折中，其综合指标是 AUC 值，如式 1-6-2 所示。

$$\text{AUC} = \frac{\sum \text{rank} - \dfrac{|P| \times (|P| + 1)}{2}}{|P| \times |N|} \qquad (1\text{-}6\text{-}2)$$

式中，rank 表示样本排序的位置；$|P|$ 表示正样本数；$|N|$ 表示负样本数。局部状态可以使用 ROC 曲线表示。

2）不区分 1 和 0

正确率和错误率的计算比较简单，分别使用正确的和错误的预测值除以总数，因此其数值之和为 1。正确率是通用指标，但缺点是存在随机性干扰问题，所以需要对指标进行修正，如将正确率除以概率的全距值（最大概率减去最小概率）。而错误率是模型修正的必备工具，如特征选择时，工具变量法的设计就需要用到错误率的简易性质。

在使用这些指标时，一般遵循以下规则。

（1）将概率值约束至 0~1，有效利用相关效应的经验。

（2）正确率与错误率通常搭配使用。错误率在特征工程中起到特征筛选的作用，评估模型可以使用正确率，但是正确率存在一个局限，即假定因变量的分类取值是平衡的。

（3）如果因变量的分类取值不平衡，那么可以使用 f_1。

（4）如果强调实际与预测间的区别，即错误类别带来的业务损失程度不同，那么可以在精准度和召回率之间权衡，以其中一个指标为准。

（5）如果模型以预测概率的方式呈现，那么概率转化到 1 或 0 时增加一个超参数概率界值，模型多出一个超参数意味着超参数及组合数的增加势必会增加运算量，而召回率和特异性在同类问题中可以避免这个超参数。

（6）召回率和特异性主要用于 ROC 曲线的绘制，其功能还包括多模型的可视化筛选，甚至是自变量的可视化筛选，可见，ROC 曲线的功能主要体现为可视化。

3. 软件包与代码

sklearn.metrics 中的 confusion_matrix 和 classification_report 可以分别绘制预测分类表（借助绘图包 seaborn）和计算评估指标，其中，宏平均和加权平均仍然忽略 1 的重要性，将 1 和 0 的指标进行综合，这类问题与 ROC 曲线的功能存在替代关系。

第 3 行代码用于保存预测值，第 8 行代码分别载入混淆矩阵、分类报告、混淆矩阵展示和 ROC 曲线图，并通过银行贷款数据产生输出，其中格式 "\033[1m" 指为文本输出加粗字体（下文类似处，不再赘述）。

```
1  from sklearn.linear_model import LogisticRegression
2  log=LogisticRegression().fit(xtrain,ytrain)
3  y_log=log.predict(xtest)              #获取因变量的估计值 y_log
4
5  #-----------混淆矩阵与预测-----------
```

```
6  import seaborn as sns
7  import matplotlib.pyplot as plt
8  from sklearn.metrics import  confusion_matrix,
                                 classification_report,
                                 ConfusionMatrixDisplay,
                                 plot_roc_curve
9
10 cm=confusion_matrix(ytest,y_log)
11 print('\033[1m',
         classification_report(ytest,
                   y_log,
                   target_names=['非违约','违约']))
12 ConfusionMatrixDisplay(cm).plot()                #混淆矩阵可视化
13 plot_roc_curve(log,xtest,ytest)                  #ROC 曲线可视化
```

输出结果：分类报告输出如表 1-6-1 所示，混淆矩阵和 ROC 曲线如图 1-6-3 所示。

表 1-6-1 分类报告输出

	精准度	召回率	f_1	支持度
非违约	0.82	8.94	0.88	745
违约	0.69	0.42	0.52	255
正确率	—	—	0.80	1000
宏平均	0.76	0.68	0.70	1000
加权平均	0.79	0.80	0.78	1000

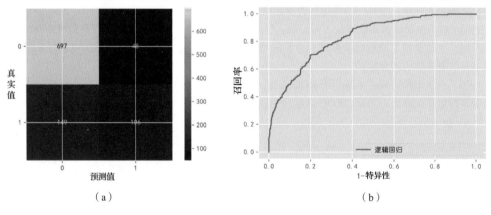

（a）   （b）

图 1-6-3 混淆矩阵和 ROC 曲线

1.7 数据分区技术

机器学习拥有的众多超参数及其组合功能，使得模型复杂度大幅提升，在面向大型数据分析的场景中，这种复杂度很容易导致模型过拟合。数据分区是判断和处理过拟合的最主要的技术之一。

CDA Become Certain

心中有数

当然，由于数据分区技术存在抽样上的弊端，通常需要借助交叉验证技术来弥补这一弊端。在计算资源充足的情况下，可以综合使用这两类技术。

1.7.1　数据分区：训练与评估

将数据拆分为四个集合：训练（Train）集、测试（Test）集、验证（Valid）集和得分（Score）集。数据分区示意图如图 1-7-1 所示。

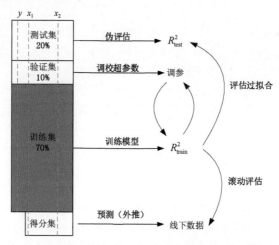

图 1-7-1　数据分区示意图

1. 训练集：模型拟合

训练集是模型拟合的"大本营"数据，因为承担了模型参数的全部估计，因此建议这部分数据的占比较高，如设置为 50%～70% 较为合理。此外，针对过拟合问题，存在两个判断标准：训练集的准确度超过 95%（ $R_{\text{train}}^2 > 0.95$ ）[①]、训练集与测试集的准确度相差（ $R_{\text{train}}^2 - R_{\text{test}}^2$ ）15% 以上。

需要注意的是，时间序列数据并不适合随机抽样或直接分区，需要特殊抽样，如 pd.resample("3D")，也可以直接使用分区数据，如从 2019 年 1 月到 2020 年 1 月的数据作为训练集，并将最近一个月（2 月）的数据作为测试集。

2. 测试集：伪评估

测试集的目的是评估模型的优劣，之所以称为伪评估，是因为数据仍然存在监督，只是模型"假装看不见"而已。通常该数据不参与系数估计，测试集的比例太大会浪费数据资源，因此建议在 20% 左右，即小于训练集、大于验证集。

测试集的作用还体现在与训练集的差异（ $R_{\text{train}}^2 - R_{\text{test}}^2$ ）上，用于评估模型是否过拟合，模型的最终准确度通常使用 R_{test}^2 指标。如果测试集的准确度也大于 95%，那么模型会不会过拟合呢？答案是否定的，这个指标越高越好。

---

① 此处的 R^2 用于指代不同模型的拟合指标，下同。

3．验证集：超参数调校

测试集用于判断过拟合，验证集则用于处理过拟合。当然，因为影响过拟合的因素很多，因此处理方法也很多，但是这些方法中最简便的方法当属验证集的调参法。

为了保证测试数据不为模型所见，验证集需要从训练集中抽取大约 10% 的数据（10% 是运算量与精准度之间的折中），专门用于超参数的优化，具有该功能的方法已有集成，使用起来极为方便。例如，Sklearn 提供了 SGDClassifier、MLPClassifier 等方法中的 validation_fraction。

4．得分集：外推

得分集是真正需要预测的数据，不存在监督且具有时效滞后性。可以通过实时评估 R_{test}^2 来评估模型的优劣，但模型真正的泛化能力需要检测得分集的结果，而得分集不存在真正意义上的监督，因此无法直接评估，这就需要线下数据和线上数据两套系统的滚动评估。

简言之，实时评估模型并通过检验只是模型评估的一部分，需要配合使用线下的业务数据再评估。当然，如果需要进一步强调模型的稳定性，那么需要多次重复以上过程，直至达到业务的预期或标准。

知识拓展 （重要性 ★ ★ ☆ ☆ ☆）

得分集

遗憾的是，得分集数据的比例并不固定。经验上认为，如果得分集的数据量远小于已有的数据量，那么可以使用普通模型进行预测；如果得分集的数据量与训练集的数据量相当，或大于训练集的数据量，那么可以使用半监督模型进行预测；只有得分集的数据量小到不足以支持任何有效模型时，才会动用非监督模型。

1.7.2　交叉验证：分区的升级

在数据过拟合的问题上数据分区的优势尽显，但也无法掩饰其在抽样问题上的短板。

统计上的伪随机若遇到小数据或时间关联数据，则无疑会凸显这种短板效应。例如，深度学习软件 Keras 在分批次运行数据时，为了避免小数据等数据性质的影响，经常将数据的固定区域视为测试集或验证集（注意：不同软件验证集的预留规则不同）。而交叉验证技术可以克服这类问题，相应的代价是运算量的增加。

交叉验证示意图如图 1-7-2 所示，将数据均分为五份（也称为五折），每份占 20%，第一次运行模型时，预留第一份数据为测试集，其他数据为训练集；第二次运行模型时将第二份数据视为测试集，其他数据视为训练集，直到完成五份数据的运行，即五折交叉验证。值得一提的是，训练集的目的是寻找合适的参数，而测试集主要用于评估模型优劣。K 折交叉验证也存在于现实中的应用，若 K 等于样本数 N，则称为留一验证（LOOCV）。若分区样本数取 50%，则相当于重复两次数据分区功能。

由此可见，交叉验证可以保证每份数据既作为训练集的数据，也作为测试集的数据，有利于避免随机抽样的缺陷。然而，模型需要重复运算多次，因此运算量可想而知，所以该方法应用于大数据时需要谨慎，而该方法的应用场景多为小样本数据分析、抽样样本的算法测试、数据内部结构探索、时间关联数据处理等。

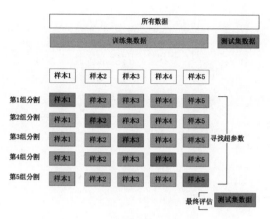

图 1-7-2　交叉验证示意图[1]

　　Sklearn 的模型选择 model_selection 提供了数据分区和交叉验证的功能，具体应用场景中使用单一方法的情况极为少见，往往需要各种方法的集合，如对模型超参数进行交叉验证和评估时，往往使用 train_test_split 和 GridSearchCV 的功能组合。

　　可能令人疑惑的是，train_test_split 并不包括验证集的分组，一个简单的解释是训练集与测试集这两种分区最为常用。此外，在不存在过拟合的情况下，验证集的处理效率不高，并且验证集的预留规则和运算规则复杂，实现起来也并不方便。当然，如果迫切需要使用验证集优化超参数，那么一方面可以运行两次 train_test_split，另一方面可以选择提供验证集超参数功能的类来实现，如 SGDClassifier 中的 validation_fraction 功能。

　　尽管 cross_val_score 专门用于交叉验证分析，但使用起来还是感觉形式大于内容，比较常见的反而是交叉验证和网格搜索的结合（第 4 行代码和第 13 行代码）。当然，该领域的特殊需求也能帮上不少忙。如果需要留一验证法规避抽样的影响，那么可以使用 LeaveOneOut；如果需要探索数据内部结构或跨区域研究问题，那么 GroupKFold 可以派上用场；如果遇到时间性质的数据，那么 TimeSeriesSplit 估计是常见的选择（第 10 行代码）。

```
1  #-------------数据分区--------------
2  from sklearn.model_selection import train_test_split
3  df=pd.read_excel(r'path.......\data\bankloan_binning.xlsx')
4  xtrain,xtest,ytrain,ytest=train_test_split(
                                        df.iloc[:,[*range(2,10)]],
                                        df.iloc[:,-1],
                                        test_size=0.2)
5  from sklearn.linear_model import LogisticRegression
6  log=LogisticRegression().fit(xtrain,ytrain)
7  log.score(xtest,ytest)
8
9  #----------网格搜索+交叉验证----------
10 from sklearn.model_selection import (GridSearchCV,
```

[1] Sklearn 用户手册中的 cross_val_score。

```
                                    cross_val_score,
                                    LeaveOneOut,
                                    GroupKFold,
                                    TimeSeriesSplit)
12 parameters={'solver':['lbfgs', 'liblinear','sag']}
                                                        #定义超参数 solver
13 grid_search=GridSearchCV(log,parameters,cv=3)        #3 折交叉验证
14 grid_search.fit(xtrain,ytrain)
15 print("测试得分: %s" %grid_search.score(xtest,ytest))
```

知识拓展 （重要性★☆☆☆☆）

分区功能

train_test_split 的另一有用的功能是支持多组数据的同时分组。例如，Sklearn 中的代码是 triand1x, triand1y, triand2x, triand2y, triand3x, triand3y=train_test_split（data1,data2,data3, train_size= 0.8），其中，data1、data2、data3 分别表示三组数据，每组数据分区为训练集和测试集两份数据（如 triand1x 和 triand1y），如果不需要拆分后的某份数据，那么可以使用 "_" 抑制输出。

注意：同时批量拆分的数据框的行数可以不同。

1.8 集成学习方法

集成学习关注模型的两个方面，一是如何训练多个学习器（或模型），二是如何结合学习器，即如何将模型组装起来，图 1-8-1 描述了集成学习的框架，x 代表原始数据，y 代表最终的输出，通过模型与模型的集成、特征工程与模型的集成等方式完成建模。集成学习需要回答的问题：如何选择模型或特征工程？如何实现模型间的集成？如何聚合模型结果？

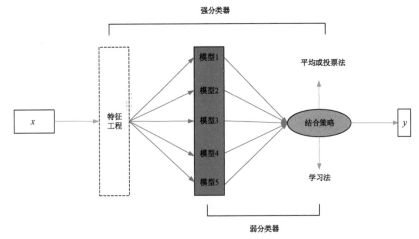

图 1-8-1　集成学习的框架

集成学习的早期研究[①]可以分为强分类器、弱分类器和混合专家（Mixture-of-Experts），这是集成学习的主要应用领域，也是后面内容的行文框架。

1.8.1　强分类器：特征工程+模型

传统的数据挖掘领域的早期存在数据存储质量参差不齐的现象，因此需要部分分类器优先保证数据质量，这样间接地促进了特征工程技术的进步，因此衍生出一套特征工程技术，如主成分的数据压缩、判别分析的监督降维、流形学习的可视化、编码器的降噪等技术。

特征工程可以保证数据质量，分类器可以保证拟合数据的准确性，将特征工程与分类器组合进行预测，通过组件组合的方式形成更强大的强分类器功能。详情见第 10 章的多阶段模型管理强分类器。

1.8.2　弱分类器：模型+模型

弱分类器强调使用简单模型，模型的准确度建议只比随机性高出一点，并通过数量优势，联合多个弱分类器，实现强分类器的功能。这种模式也是经典的集成学习模式，代表性算法有随机森林、提升树等。

弱分类器集成引入了两项随机性技术，即自抽样技术和特征随机性选择技术。自抽样技术可以使多个弱分类器提供数据源的多样性增强，特征随机性选择技术可以作为高维特征筛选的方法。两项随机性的参与使得集成学习既可以用于构建主模型，也可以用于特征工程，极大地拓展了应用空间。详情见第 9 章的集成学习方法：弱分类器。

1.8.3　混合专家：神经网络

混合专家强调不同侧面的专家解释。

在机器学习领域中存在两类专家系统：其一，对人类专家的建议进行组合，形成最终的决策方案；其二，首先使用神经网络拆分原始数据，迫使原始数据"支离破碎"，然后从不同层面切入，形成对数据的叠加认识，最后形成决策。

算法层面的专家系统过于抽象，可以理解为如果关注一本书中某小节的主题，那么神经网络首先会将整本书拆分为多个独立的用词单元，在小节层面上进行词组合形成小节主题；如果关注整本书的主题，那么需要在整本书层面上抽象主题或进行主题建模，进而形成解释。详情见第 11 章的深度学习模型：混合专家。

1.9　运算加速度

加速度这一物理学概念可能会逐渐成为机器学习工作者的重要工具。随着数据量的增加，软件和硬件的压力增加，传统机器学习工作者也压力倍增。因此，需要了解目前面对的运算挑战及常见的解决方法。

---

① 周志华. 集成学习：基础与算法[M]. 北京：电子工业出版社，2020.

1.9.1 大数据挑战

为不失一般性，仍然以标准数据的格式为例，标准数据的格式实际上由三部分组成：数据行、数据列和单元格。

目前，最可能制约数据行的因素是数据存储的边际成本而不是技术，如果忽略这一前提，那么无限增加数据的直接可见结果是运算速度降低和内存不足，姑且将这种现象视为大数据 1.0 时代。

大数据 2.0 的关键在于数据的列维。目前依靠单个行业的数据实际上很难支撑起大数据这个叫法，因此需要打通各行业的数据孤岛实现数据共享，数据列的规模也将呈数量级的增加。这种共享不是行业的数据库共享，而是指如银行采用电商的模式，电商采用银行的模式，进而融通行业壁垒。数据列的规模级增加的直接可见结果是数据稀疏、共线问题、内存不足。

大数据 3.0 的到来也许需要底层数据质量的优化和非结构化数据的存储，还需要更多的讨论，但考虑到底层数据的安全提升、质量提升、高维性等特点，势必也会导致运算内存不足、带宽压力大等问题。

1.9.2 数据的高效运算

算法的复杂度取决于输入数据的大小，以及软、硬件的配置等因素，实践中经常通过分布式功能调用更多的 CPU 或 GPU 运算数据。大 O 表示法是模型复杂度的综合表示，如线性——$O(n)$、对数——$O\left[\log(n)\right]$ 等。大 O 表示法遍历算法的每个步骤，并能够计算最差条件的复杂度[1]。通常软件手册针对运算性能会有相应的说明，这里不再赘述。

1. 速度

基于 Hadoop 的大数据生态圈愈发成为主流框架，如以 HDFS 为代表的海量存储功能、以 Spark 为代表的离线批处理功能、以 Storm 为代表的实时计算框架，分别提供了存储、运算和即时运算功能。

对于超大体数据而言，机器学习算法的运算和存储能力经常遇到天花板，尤其是内存出现极大压力的情况下，在线学习算法特别实用。可以通过批次（如小批次技术）读取数据来缓解这一问题，同时通过设置高的学习率，算法也将快速"吞吐"数据，快速更新数据。另外，集成学习中，尤其是随机森林模型特别适合进行分布式运算。

2. 内存

神经网络需要将大量的权重参数和运算中的数据存储在内存中，当流经 GPU 总线的数据矩阵或张量超过限制时，总线带宽也会出现瓶颈。

计算机使用 64 位或 32 位的实数表示，有利于降低误差，32 位意味着 64 位的一半存储、计算成本的大幅下降、内存使用率的提高和总带宽压力的下降等。因为深度学习或某些神经网络使用 16 位半精度仍然可以顺利地进行模型训练，因此应优先选择更低位数的存储，甚至有专家提出，以 1 位的精度训练模型仍然可以无损学习[2]。

以软件 Keras 为例，语法 astype("float32") 可以方便地设置浮点表示，并可以借助多 GPU 的高

---

① Sibanjan Das，Umit Mert Cakmak. 自动机器学习入门与实践：使用 Python[M]. 武汉：华中科技大学，2019.

② 斋藤康毅. 深度学习入门：基于 Python 的理论与实现[M]. 北京：人民邮电出版社，2020.

维张量运算优势，加速数值运算，如 tf.distribute.MirroredStrategy 功能。

3. 稀疏或共线

处理数据稀疏或共线问题是机器学习库的优势所在，如 Sklearn 软件提供了大量丰富的处理方案。

稀疏问题的处理方法包括特征选择、数据降维、稀疏编码等，数据降维和稀疏编码功能最为常见。机器学习多使用数据降维功能，而稀疏编码经常用于深度学习。此外，因为商业或工业数据流的存在令共线问题不可避免，可以通过数据合并、数据删除、数据降维、正则化约束等技术规避此类问题。

4. 特征工程

模型运算中的特征数量是影响运算时间的最重要因素之一，特征数量往往与运算时间是线性倍数关系，某些模型甚至达到指数级关系，因此降维有助于缓解运算压力。

除此之外，特征编码尤其是巨量取值的大规模架构中，往往能看到哈希编码的身影，哈希函数变换或哈希技巧可以有效解决诸如大型文本的词编码、百亿级别的用户 IP 编码等带来的内存压力大和运算效率低的问题，通常用于线性规划的模型和技术方案中。

5. 软件包与代码

以下代码通过 batch_size 提供神经网络的小批次学习，通常建议将批次设置为 8、16、32、64、128、……，具体设置需要根据运算时间和准确度来权衡，也就是取值越大，需要的运算时间就越短[①]，相应的准确度就越低。需要注意的是，并不是 Sklearn 的所有类都能实现批次处理，但主要模型均提供近似的替代方案——增量学习。详情见 12.3.4 节的增量式运算。

```
1 from sklearn.neural_network import MLPClassifier
2 mlp_clf=MLPClassifier(hidden_layer_sizes=(100,100),
3                       validation_fraction=0.2,      #验证集比例，用于控制过拟合
4                       alpha=0.0001,                 #正则化系数，表示稀疏等问题的约束强度
5                       batch_size=32,                #将批次设置为 32
6                       learning_rate_init=0.9,
                                                      #建议学习率设置为偏大的初始值
7 mlp_clf.fit(xtrain,ytrain)
8 mlp_clf.score(xtest,ytest)
```

---

① 运算时间也有可能更长，因为大的批次设置意味着梯度值更新缓慢，这种情况在复杂梯度模式下并不乐观。

第 2 章　特征工程技术

特征工程是模型准备的必要不充分前提。

数据的质量参差不齐是常态，任何数据都有价值，而这种价值通常具有业务层次性，需要从不同层面进行审视。不同层次的误差控制是层次的基础，但控制误差不等于消除误差，因为自然界的随机现象表现为误差，有价值的东西也"包裹"其中，而特征工程的目的是消除随机误差之外的误差，如缺失值带来的干扰问题，同时将随机误差交给模型处理，分工明确，以确保数据价值的有效发生。

2.1　数据变换

相对于未变换的数据，数据变换往往影响着一个常数因子的运算时间。

在机器学习模型中，变换后的数据收敛速度更快、更容易收敛于全局最小，这主要得益于算法在映射上的优势。数据变换如图 2-1-1 所示，对比原始数据与经过标准化、稳健变换等的数据后发现，变换后的数据无论在坐标刻度，还是在数据的疏密、形状等性质上均发生了不同程度的变化。

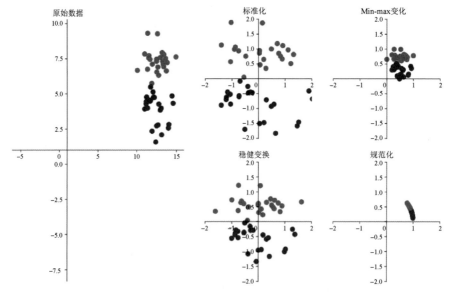

图 2-1-1　数据变换

具体而言,标准化后的数据更好地控制了数据标准差的范围,有利于神经网络的便捷的数值映射,提高运算效率;稳健变换的好处是缓解异常值对数据变换的影响,数据更加稠密和紧凑,因此多用于对异常值敏感的模型;Min-max 变换可以将数值控制在一定范围内,便于商业标签的制作和解释,因此多应用于需要业务解释的场景;规范化多用于数据样本的规范化处理,有助于消除数据稀疏和空间离散等问题。

2.1.1 特征规范化:对中处理

对中处理的对象可以是均值、中位数等集中统计量,具体取决于规范化的目的。

1. Z 变换

Z 变换[①]表示为原始数据减去均值除以标准差,减去均值意味着数据以 0 做对中处理,分布的形状不发生变化,在某些情况下可以缓解共线性对模型的危害。除以标准差时被除的对象即为单位,意味着新数据一个单位的变化就是一个标准差的变化,这样大部分的数据将被规范到正、负 3 个标准差之内,并且以 0 为中心,有利于消除数据量纲的影响。

图 2-1-2 所示为模型的数值映射关系,左侧是标准化的自变量,右侧是两种激活函数——logistic(取值范围为 0~1)、tanh(取值范围为-1~1)。模型的映射关系体现为对称映射和非对称映射两种情况。

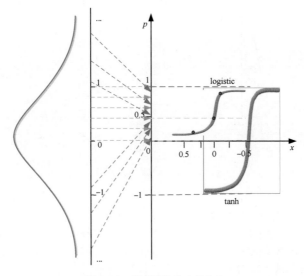

图 2-1-2 模型的数值映射关系

从黄色虚线来看,如果自变量的取值范围为 0~1 并且映射函数 logistic 的取值范围也对应为 0~1,那么视为对称映射;如果向 tanh 函数进行映射,那么为非对称映射。同理,更大范围的自变量取值,如-3~3,向 tanh 函数映射也是对称的(绿色虚线的对称特性)。可见这个对称点往往以某个值为中心,因此需要借助标准化对中的性质进行变换。

---

① $Z_x = \dfrac{x - \bar{x}}{s_x}$,其中,$Z_x$ 为标准化后的变量,s_x 为变量的标准差。

从应用的角度来看，除了决策树类和贝叶斯类的技术之外，大部分机器学习模型首选的特征变换方式就是标准化，尤其是神经网络和支持向量机。此外，具有统计性质的机器学习技术，如 SGD 逻辑回归和 SGD 线性回归，如果不强调特征的可解释性，那么也同样建议使用标准化。

2. 稳健变换

标准化存在的问题是只能用于正态分布的情况，如果数据出现偏态甚至严重偏态，此时均值与标准差的稳定性被破坏的程度与偏态的严重程度是对应的，那么可以使用中位数（50%）和四分位距（25%~75%）取而代之。中位数是稳健统计量，具有接近 50% 异常时仍稳定的性质，所以可以代表异常数据的集中趋势，而四分位距可以表示数据的离散性。

尽管机器学习并不像统计学习那样关注离散性，但比较关注异常值。

稳健变换的目的是缓解异常值的影响。变换后的数据可以保证数据以 0 对中，并规范数据以分位距为单位，但原始数据的尺寸修正有限，至少不具有 Z 分数标准化的优良性质，因此变换后的数据的量纲与分布形状改变甚微。

稳健变换示意图如图 2-1-3 所示，如果数据出现严重偏态，那么分布一侧可能呈现截尾状，另一侧呈现拖尾状，而稳健变换的重点在分母，分母由两个数值相减而来，意味着可以根据分布形状的特点修改分母对应的两个值。例如，如果左侧截尾严重，那么可以将下分位点控制在 5% 左右，同样，修正方法是右侧的上分位点与分布形状相对应[1]。综合来看，稳健变换的主要应用场景包括两类：对异常值敏感的线性类模型、异常值被认为是干扰模型稳定的主因的模型。

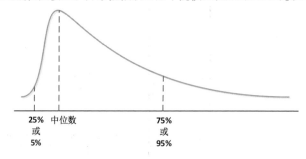

图 2-1-3　稳健变换示意图

3. Min-max 变换

Min-max 变换可以将数值控制在任意数值范围内。例如，在年龄对疾病的预测中，噪声的影响使年龄的数值跨越不正常区间 [-2,109)，显然无法解释，这就需要缩放数值。Min-max 变换不但可以将数值控制在任意的数值范围内，还可以对局部数据进行操控。Min-max 变换既可以表示为式（2-1-1），也可以表示为式（2-1-2）。

$$\frac{x - min}{max - min} \tag{2-1-1}$$

$$(b - a)\frac{x - min}{max - min} + a \tag{2-1-2}$$

式中，max、min 分别表示原始数据中的最大值、最小值；b、a 分别表示缩放后数据的最大值、最小值。

---

[1] 上分位点和下分位点可以不对称，如 2% 与 90%，对数值分布或数值性质的影响很小。

式（2-1-1）可以将任意数据控制在[0,1]的区间内，目的之一是将数据转化为百分制，进而消除量纲的度量尺度，在统一的尺度上就可以进行多指标的比较。式（2-1-2）实际上是式（2-1-1）的线性变换。如果式（2-1-1）取值为 0，那么式（2-1-2）只剩下加号后的 a；如果式（2-1-1）取值为 1，那么式（2-1-2）变为 $(b-a)+a=b$。由此可以将原始数据转化为区间为 $[a,b]$ 的数值。

此外，对于分类问题而言，二分类的概率最小值 min 为 1/2、五分类的概率 min 为 1/5，多分类依此类推。与连续型变量的区别在于，分类概率的起点不同，所以可以尝试将式（2-1-1）修改为二分类的场景，如式（2-1-3）所示。

$$\frac{x-0.5}{1-0.5} \tag{2-1-3}$$

数值实际上被规范化在区间[0.5,1]。

在分类预测问题中，很多评估指标的取值区间并不一定为[0.5, 1]，这就需要变换后才能比较。例如，规范化 f_1 的公式就是将 x 变换为 f_1 分数即可，其他指标如正确率、交叉熵等的规范化也是如此。

2.1.2 样本规范化：距离相似度

相信你已经了解了变量对中处理的目的，对中处理使用的具体形式是减法，在机器学习中同样也使用这一策略，但正如前文所述，机器学习对分布的关心程度远远不及统计学习，这一机制会影响或决定统计学习和机器学习之间的核心区别。

特征与样本规范化如表 2-1-1 所示，平方项的特征和样本规范化的共同之处是相同的平方项、取根号变换、数值求和，但它们的核心区别是减号两侧的取值。特征规范化中，x_i 和 $\bar{x}$ 的性质完全不同，$\bar{x}$ 的性质可以理解为期望，同时为分布的形状提供集中性，与离散性共同影响分布的形状。但在样本规范化中，x_i 和 y_i 的性质完全相同，它们只是分别代表数据表中的两行数据而已。

表 2-1-1 特征与样本规范化

说　明	特征规范化	样本规范化
平方项	$\sqrt{\Sigma\left(x_i-\bar{x}\right)^2}$，方差[①]	$\sqrt{\Sigma\left(x_i-y_i\right)^2}$，欧式距离
p 次方项	$\sqrt{\Sigma\left(x_i-\bar{x}\right)^p}$	$\sqrt{\Sigma\left(x_i-y_i\right)^p}$
$p=1$	偏差值	城市距离
$p=3$	偏度	闵可夫斯基距离
$p=4$	峰度	闵可夫斯基距离

特征规范化中 p 的取值从 1 到 4 分别对应偏差、方差、偏度和峰度；样本规范化中 p 的取值从 1 到 4 分别对应城市距离、欧式距离、闵可夫斯基距离、闵可夫斯基距离。

样本规范化的重点是数据行，主要用于客户分组等市场细分模型中，常用聚类等方法实现，通常在建模中的使用模式：

（1）客户分组（聚类）+客户动机归因与预测（回归）。

---

① 这是简化后的方差，忽略了样本量。

（2）客户价值判断（价值模型）+客户分组（聚类）+客户动机归因与预测（回归）。

（3）数据二次聚合（聚类）+模型。

（4）异常诊断（聚类）+主次归因（模型）+规则归因（模型）。

知识拓展 （重要性★★★☆☆）

统计学习与机器学习

数据收集成本的前数据库时代是统计学习的主战场，以假设检验技术为载体，支撑着小而精的抽样数据，以实现由小及大的数据推理过程，更加关注数据描述的底层逻辑，即方差及分布问题。机器学习摒弃了统计学习中的假设检验及分布等功能，转而关注个案、频率问题，当然也借用了其成熟的技术，如线性回归、逻辑回归等，从而升级为大数据的机器学习模型。

---

sklearn.preprocessing 提供了丰富的线性变换与非线性变换，没有提供一些特殊的函数变换，如对数变换、秩变换等，可以在 Pandas 中轻易实现，也可以通过灵活的自定义转换函数功能 FunctionTransformer 来实现个性化的定制（第 11、12 行代码）。

```
1  from sklearn.preprocessing import *
2  raw=data_bank.iloc[:,4:10]                              #原始数据
3  #-------------特征规范化--------------
4  zraw1=StandardScaler(with_mean=True, with_std=True)\
                        .fit_transform(raw)        #Z 变换
5  zraw2=RobustScaler(quantile_range=(25.0, 75.0))\
                        ..fit_transform(raw)       #稳健变换
6  zraw3=MinMaxScaler(feature_range=(7,21))\
                        ..fit_transform(raw)       #缩放至(7,21)
7  zraw4=np.log(raw)                                #NumPy 中的 log 函数
8  #-------------样本规范化--------------
9  zraw5=normalize(raw,norm='l1',axis=1)           #L1 表示城市距离，L2 是欧式距离
10 #-------------自定义转换函数--------------
11 from sklearn.preprocessing import FunctionTransformer
12 trans_log=FunctionTransformer(np.log).transform(raw)
                                                   #自定义 log 函数
```

2.2 数据编码

数据编码针对两种数据：分类型和连续型。

针对分类型变量而言，如果变量是有序的，并且数据量较大，那么往往可以将其视为连续型变量，也就是不做任何处理，但若需要解释取值的业务意义，则需要相应的分箱编码；如果变量是无序的，那么需要进行独热编码，否则会存在过度使用数据的嫌疑。当然，如果取值巨大，那么可以通过分组、聚类、哈希技巧等进行编码处理。

针对连续型变量而言，如果该变量比较重要，那么需要将其业务标签化，而标签化最主要的技术是分箱。

2.2.1　独热编码：无序性

1. 理解独热编码

独热编码[①]是特征工程中用于编码名义变量的常用手法。常用的机器学习算法假设数据具有量的大小或至少具有序的含义，但名义变量的无序性会导致算法在利用数据时遇到超出数据本身所提供的信息，所以需要提供一种算法可以识别的变换技术。

图 2-2-1（a）中的名义变量 x 有四个取值，可以变换为前缀为"x"的四个变量，并且每个变量的取值只能是两个，即 1 和 0，也可以是 1 和 -1［见图 2-2-1（b）］。尽管两个取值可以是任意的，但需要对应于不同的统计需求。

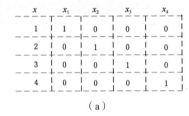

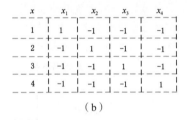

x	x_1	x_2	x_3	x_4
1	1	0	0	0
2	0	1	0	0
3	0	0	1	0
4	0	0	0	1

（a）

x	x_1	x_2	x_3	x_4
1	1	-1	-1	-1
2	-1	1	-1	-1
3	-1	-1	1	-1
4	-1	-1	-1	1

（b）

图 2-2-1　独热编码示意图

从行的角度来看，取值 1 对应编码 1000，2 对应编码 0100，以此类推。可见，每种编码是唯一的，这保证了信息量的对等。另外，从列的角度来看，x_3 其实表示取值 1[②]是否会发生，0 表示其他情况。汇总行和列的信息同样具有编码的唯一性和信息量的对等性[③]。

可以借助式（2-2-1）进一步理解列信息。

$$y = f(x) + \lambda_1 x_1 + \lambda_2 x_2 + \lambda_3 x_3 + \lambda_4 x_4 \tag{2-2-1}$$

如果我们希望删除图 2-2-1（a）中的 x_3，那么取值 3 对应的编码是 000，编码仍然具有唯一性和对等性，这种情况称为虚拟变量变换（统计学的叫法）。

代入第 1 行数据：$y_1 = f(x) + \lambda_1 \times 1 + \lambda_2 \times 0 + \lambda_4 \times 0 = f(x) + \lambda_1$。

代入第 2 行数据：$y_2 = f(x) + \lambda_1 \times 0 + \lambda_2 \times 1 + \lambda_4 \times 0 = f(x) + \lambda_2$。

代入第 3 行数据：$y_3 = f(x) + \lambda_1 \times 0 + \lambda_2 \times 0 + \lambda_4 \times 0 = f(x)$。

代入第 4 行数据：$y_4 = f(x) + \lambda_1 \times 0 + \lambda_2 \times 0 + \lambda_4 \times 1 = f(x) + \lambda_4$。

x_1 前的偏回归系数 λ_1 的含义为 $\lambda_1 = y_1 - y_3$，因此 λ_1 表示 y_1 相对于 y_3 的信息量变化。

2. 应用独热编码

机器学习算法经常需要同时对 y 和 x 进行编码。如果神经网络对分类型变量 y 进行了 1 或 0 的

---

① 独热编码与哑变量中的 GLM 编码其实是同一技术，独热编码源于工程学领域，而哑变量经常用于统计学领域，因此本书沿用机器学习的工程学叫法。

② 1 表示是否发生，也表示哑变量中"哑"的含义，同样表示独热中"热"的意义。

③ x 的信息量等于 x_1、x_2、x_3、x_4 的综合信息量。

编码，那么习惯性地将 x 也编码为 1 或 0 的形式。与此相似的是支持向量机，对 y 进行 1 或-1 的编码，同样也需要将 x 编码为 1 或-1 的对称形式（Z 变换）。其他算法也有类似的归一化技术的考虑。

此外，因为虚拟变量变换比独热编码少一列数据，提高了运算效率并提供了有效的业务解释，因此很快就得到了机器学习众多算法的偏爱。

2.2.2 数据分箱：业务标签

机器学习倾向于数值预测，但往往进行了复杂的黑箱运行。黑箱运行的困境是归因，重大问题的归因是业务决策的先决条件，而归因问题是机器学习的软肋，不过统计模型正好弥补了这个缺点。统计模型是业务解释的"主力军"，因此在使用线性回归、逻辑回归等方法时，数据分箱几乎是模型特征工程的标准动作。

分类型变量天然具有业务标签的作用，而对连续型变量进行业务解释需要变量离散化，即数据分箱。数据分箱与标签制作如图 2-2-2 所示，在业务解释中，我们感兴趣的往往并不是一个单位的变化，而是特定数值的变化，如机器持续运行 3h 带来的机器故障率，业务上感兴趣（即根据行业知识选择）的数值点构成了解释和判断的依据。

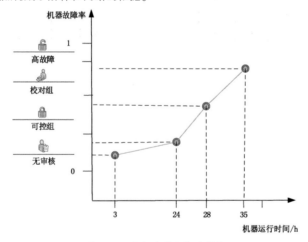

图 2-2-2　数据分箱与标签制作

可见，图 2-2-2 中的机器运行时间与机器故障率并不是线性关系，如机器运行时间为 3~24h 时，机器故障率变化甚微，整体上可控，但当机器运行时间为 28h 左右时，风险会上升一个台阶，尤其是接近 35h 处机器故障率陡增。可以将自变量的每个分箱取值与机器故障率的业务标签对应，方便业务人员查询接下来的操作流程。

sklearn.preprocessing 提供的 OneHotEncoder、OrdinalEncoder 分别用于实现独热编码（第 5、6 行代码）和有序编码，KBinsDiscretizer 用于实现数据的分箱处理。其中，KBinsDiscretizer 的实例化功能 n_bins 控制着分箱数（第 9 行代码），3~6 组是常用的设置选项，需要与 strategy 功能结合使用，该超参数的设置包括适用于均匀分布的等距分箱、适用于偏态分布的百分比分箱、擅长检查数据的局部区域和数据拐点的单维聚类模型。另外，encode 功能可以实现独热编码的两种形式：稀疏和稠密，用于控制运算性能和内存管理。

```
1  from sklearn.preprocessing import OneHotEncoder, #独热编码
```

```
2                                        OrdinalEncoder,        #有序编码
3                                        KBinsDiscretizer       #分箱化
4   #-----------独热编码-----------
5   onehot= OneHotEncoder(drop='first')                        #实例化：删除第一列
6   onehot.fit_transform(raw_class)
7
8   #-----------分箱处理-----------
9   kbin=KBinsDiscretizer(n_bins=6,
                          encode='onehot',
                          strategy='quantile')                 #实例化：分位数分箱
10  kbin.fit_transform(raw_continue)
```

2.3　缺失值填补

缺失值填补技术可以粗略地分为三类：

第一类为业务填补技术，以丰富的业务经验为基础，通常适用于缺失值比例较大的情况，如80%以上，可以结合缺失分类指示或直接删除等功能；

第二类为描述统计的填补技术，以统计量为基础，通常适用于缺失值比例较小的情况，如5%左右，代表性算法有均值填补、中位数填补、稳健均值填补等；

第三类为模型填补技术，以训练模型为基础，通常适用于缺失值比例适中的情况，如5%~50%，代表性算法有随机森林填补法、最近邻填补法、回归填补法等。

考虑到缺失值填补的复杂性，下面将介绍三种主要的缺失值填补技术——稳健填补、最近邻填补和随机森林填补。

2.3.1　中位数填补：稳健

在描述性统计中，均值、中位数和众数是常见的统计量，可以用于数据填补，但考虑到机器学习的大数据性质、数据分布的偏态特征，所以均值不够稳健。又因为噪声遍布数据收集的各个环节，所以最频繁的取值并不一定能够代表数据的集中性，因此中位数和稳健均值（缩尾和截尾）在机器学习中被广泛应用。

统计量填补的功能其实不仅限于此，往往大数据填充首先需要考虑的问题是即时性。例如，客户正在浏览商品，需要实时向客户推荐感兴趣的购物篮项目。即时建模问题的缺失值填补或特征工程部分，尽量避免使用模型填补，此时中位数填补是不错的选择。

如果数据的时间性质比较明显（如工业数据、仿真数据、瞬时预测数据等），表现为整体上的趋势和局部聚类现象，那么使用总体统计量很可能有较大偏差。不妨使用插值方法（interpolate 中的 linear 方法），它兼顾了时序、聚类和运算效率。

2.3.2　最近邻填补：高维

最近邻模型是机器学习的 "Hello world"。公平地说，它在准确度上不及神经网络，在归因分析上不及逻辑回归，在运算效率上不及集成学习，在高维问题上不及支持向量机，在保存模型上不及监督类模型的"勤奋"，但在算法简易性上值得称赞，也许高中生的知识储备就够了。

如果数据源是图像或文本，那么经过转化后，数据列往往比行大几个量级，此时大多数机器学习模型无法解决列大于行的问题，但可以使用备选方法，如最近邻模型，当然还包括支持向量机、贝叶斯、随机森林等技术。在算法层面上，贝叶斯适用于文本，机器学习在应对半结构化数据时大多选择支持向量机和随机森林，所以最近邻模型倾向于解决个案取向的问题。

1. 最近邻模型的理解

最近邻模型（K-Nearest Neighbors，KNN）既是一种惰性模型也是一种非参数模型，集训练与预测于一体，因此预测新样本时，需要调动整个数据集，这一点在变量取向的分析中显得不够灵巧。为了说明 KNN 算法，我们设置最近邻数为 1、2、5、7 的最近邻模型，查看其预测效果。不同最近邻数对应的决策图如图 2-3-1 所示，星号表示需要预测的点，三角形和圆形表示普通样本点。

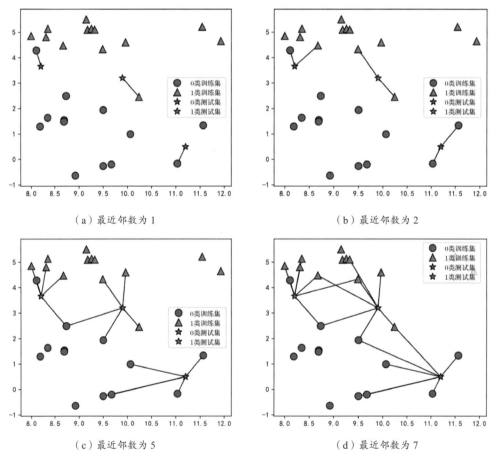

（a）最近邻数为 1　　　　　　　　　　　　　（b）最近邻数为 2

（c）最近邻数为 5　　　　　　　　　　　　　（d）最近邻数为 7

图 2-3-1　不同最近邻数对应的决策图[①]

① 注：mglearn.plots.plot_knn_classification(n_neighbors=n)，n=[1,2,5,7].

如果最近邻数为 1，那么距离星号最近的样本特征将决定预测点的特征，这样会导致误差增加或不稳定。如果最近邻数为 2，如图 2-3-1（b）所示，那么预测点可能被随机分配为近邻特征的一类，显然预测稳定性是不足的，但是如果将最近邻数设置为 5 甚至更多，那么预测点将不可避免地受到来自远样本点的干扰。可见，最近邻模型需要选择合适的距离度量方法和最近邻数，这都是超参数。

2. KNN 模型的运算

模拟数据对应的变量分别为 x_1、x_2、y。

现在需要预测新的样本点（2，5），则需要分别计算 2 与 x_1 的欧式距离、5 与 x_2 的欧式距离，最后汇总数据。如果将最近邻数 k 设置为 3，那么 1.000、1.414、2.236 是预测点（2，5）的三个最小距离（近邻），对应 y 的取值分别为 0、1、0，所以根据少数服从多数原则，将点（2，5）预测为 0 组。

如果一个变量存在缺失值，那么将它视为因变量，并使用已有的样本点计算相似性，从而判断缺失样本的归属问题（KNN 分类）或预测数值（KNN 回归）。

	x_1	x_2	y	欧式距离
0	1	6	1	1.414214
1	3	3	0	2.236068
2	4	2	1	3.605551
3	2	1	1	4.000000
4	5	8	0	4.242641
5	9	2	0	7.615773
6	1	5	0	1.000000
7	1	1	1	4.123106
8	5	2	0	4.242641

图 2-3-2　KNN 的数值运算

3. 最近邻模型的应用

一般不建议使用 KNN 处理十万级别的数据，特征因素的个数也建议在 100 以内，最近邻数在 2~21 中择优选择，但通常为 6 左右。

最近邻使用欧式距离作为相似性度量，欧式距离强调测量类型的一致性，如连续型测量，而城市距离适用于测量类型不一致的情况，如连续型测量与分类型测量混合在一起，特征变换通常是必要的，尤其是 0～1 的规范化处理使得模型在准确度和速度上均得到提升。此外，KNN 主要用于高效的数据存储、日常数据更新、集成学习算法的基分类器、缺失值填补等任务。

2.3.3　随机森林填补："贤内助"

随机森林填补是模型的"贤内助"，原因是随机森林在特征工程上具有强大功能，缺失值填补就是其中之一。

其一，随机森林是基于树的模型，而树模型是缺失值的稳健模型；

其二，随机森林算法中集成了特征选择技术，因此可以省去特征筛选的环节；

其三，树模型的聚类特性可以消除多变量的异常值。

缺失值、异常值、特征筛选几乎构成了特征工程最主要的技术环节，因此"贤内助"这一称呼实至名归，优化后的预处理工作量也将大幅减少。

在实践中，随机森林丰富的超参数功能可以平衡模型的运算时间与精度问题。形式上，不论是以超参数组合的方式，还是以算法集成的方式，这些灵活的功能可以帮助我们应对各种复杂场景。通过对比，可以发现随机森林模型在"特征+模型"集成和"模型+模型"集成中具有其他模型不可替代的优势——超参数共享、数据（或设备）并行、预分析与模型的双重结论一致（无须重复运行）。读者或许在其他领域中还能发现更多协调上的一致性和便利性。

中位数填补可以使用 sklearn.impute.SimpleImputer 功能实现（第 6、7 行代码），但缩尾均值填补功能需要借助 scipy.stats.mstats.winsorize 才能完成（第 11～14 行代码）。此外，因为在本书写作之时，sklearn.impute 提供了 KNNImputer 等功能，但并未提供随机森林填补功能，所以推荐使用一个功能近似的包 missingpy（第 17 ~ 19 行代码）。

随机森林填补中有 2 个超参数，实践上 n_estimators 建议设置为 10~20，min_samples_leaf 用于设定样本量，可以控制在总样本量的 5% ~ 10%。KNN 填补中也有 2 个常见的超参数，n_neighbors 建议设置为 6 ~ 12，如果 n_neighbors 的设置偏小，那么建议结合 weights='uniform'功能，即不考虑样本点的距离，反之则建议结合 weights='distance'功能，即根据距离进行反向加权。

```
1   from sklearn.impute import SimpleImputer         #简单填补
2   from scipy.stats.mstats import (winsorize,       #缩尾均值
3                        trimboth)                    #截尾均值
4
5   #-----------中位数填补-----------
6   median=SimpleImputer(missing_values=np.nan,
7                    strategy='median')               #填补策略：均值、中位数等
8
9   #-----------缩尾均值填补-----------
10  dt=np.array([[20,80,5],
            [2,3,1],
            [2,np.nan,3],
            [5,1,np.nan]])                            #模拟数据
11  data_winsor=winsorize(dt,limits=[0.1,0.3],nan_policy='omit')
12         # limits 限制上缩尾10%,下缩尾 30%, nan_policy 忽略缺失值
13  win_mean=SimpleImputer(missing_values=np.nan,strategy='mean')
#-----------缩尾均值填补-----------
14  win_mean.fit_transform(data_winsor)
15
16  #-----------随机森林填补-----------
17  from missingpy import (KNNImputer,                #最近邻模型
18                   MissForest)                      #随机森林模型
19  imput=MissForest(n_estimators=6,min_samples_leaf=500)
20  data_forest=imput.fit_transform(data)            #data 为原始数据
21
22  #-----------最近邻模型填补-----------
23  imput=KNNImputer(n_neighbors=5,
                weights='uniform',
                col_max_missing=0.8)                 #控制缺失值的比例在 80%以内
```

知识拓展 （重要性 ★ ★ ★ ☆ ☆）

缺失值描述

missingno 的缺失值描述可以通过可视化的方式更加直观地呈现，并且能进一步了解缺失值的影响因素，这在大数据场景下尤其重要。缺失值填补的困扰之一来自于复杂的列维，如果使用 KNN 模型填补，那么将导致运算时间过久，因此需要对列进行选择，随机森林正好可以避免这个问题。

```
1  from missingno import (bar,                          #描述缺失值的比例
2                         heatmap,                      #描述缺失值间的相关性
3                         dendrogram)                   #缺失变量的聚类
4
5  missingno.bar(data_residual,
6              color=(0.99,0.5,0),
              figsize=(11,5),fontsize=8)               #条形图
6
7  missingno.heatmap(data_residual,                      #缺失值间的相关性
8                  figsize=(11, 6),fontsize=9,          #字体大小
9                  cmap='twilight'                       #图像格式
10                 )
11
12 missingno.dendrogram(data_residual,
                      figsize=(10, 5),fontsize=9)       #缺失变量的聚类
```

缺失值的条形图描述如图 2-3-3 所示，missingno.bar 条形图用于描述每个变量的缺失比例，条形图的高度表示完整数据的比例，观察数据可以发现，大多数变量的缺失值比例控制在 20% 以内，大比例缺失（如 50% 以上）的变量并不多。例如，变量 v 残耗的缺失值比例在 20% 左右，其他变量（如检查点位）的缺失值比例超过一半，消耗烟脂和钾元素的缺失值比例接近 40%。

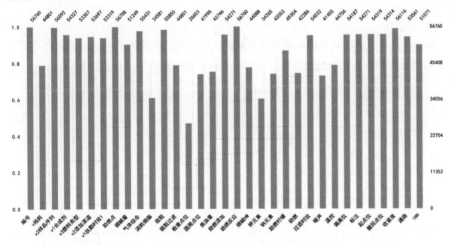

图 2-3-3 缺失值的条形图描述

缺失值的热图描述如图 2-3-4 所示，missingno.heatmap 底层借助了 Seaborn 的绘图功能，并将所有缺失值转化为指示变量，确定变量缺失值与其他变量的相关程度，进而确定缺失值填补时需要的自变量，可见热图对 KNN 或回归类的填补技术特别有用。

缺失值的树形图描述如图 2-3-5 所示，missingno.dendrogram 底层借助了 SciPy 的绘图功能。树形图与热图除了计算方式不同之外，表达的内容和意义基本相同，最主要的区别是树形图提供整体视角，而热图侧重局部。例如，观察树形图容易发现，如果将参考线设

在 50 附近，那么变量群可分为三个小类；如果将参考线设在 100 附近，那么变量群可分为两个大类。而类的数量意味着填补缺失值时模型运行的次数，分类越多显然会带来越重的运算负担。实际的做法是重点检查因变量①的缺失值及影响因素，而自变量的缺失值及影响因素可以粗略对待。

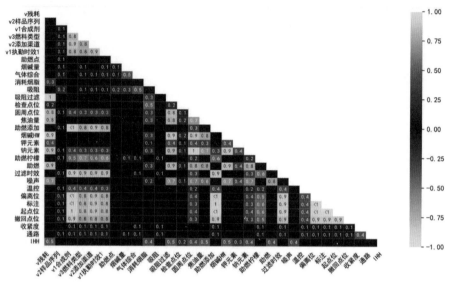

图 2-3-4 缺失值的热图描述

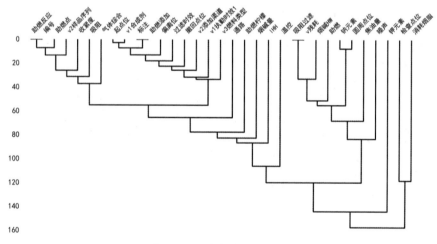

图 2-3-5 缺失值的树形图描述

---

① 此处的因变量是指业务层面上的定义。

2.4　异常值诊断

异常值在不同维度中的表现不同，异常值示意图如图 2-4-1 所示，红色的点在单变量的情况下，因变量的方向上存在异常值，但在自变量的方向上不存在异常值，从二维空间来看，对回归线而言存在异常值。同理，绿色的点在单变量的情况下，因变量的方向上不存在异常值，但在自变量的方向上存在异常值，对模型误差而言，因为距离回归的垂直偏差较小，因此不存在异常值。

可见，不同维度异常值的结论不具有跨维度的一致性，所以高维的异常值检测就变得尤其困难，但有个突破口，即模型残差（统计学习）或残差的数理结构（机器学习）。

单变量异常值因不涉及模型，所以没有残差问题，但可以将异常值视为误差，并通过观察数据分布的侧尾来判断异常值，观察数据是对称分布还是偏态分布，偏态分布的异常值较为常见。

对多变量异常值而言，尽管模型整体不可见，但模型残差可见，可以分析残差来完成异常值诊断。统计模型喜欢从残差入手，计算异常值指标，如库克值（Cook）、标准化残差、杠杆值（Leverage）等指标。而机器学习更喜欢从数理结构的规则入手，如随机森林使用结构树，根据决策路径的长短来诊断异常值。非监督学习常使用聚类分析，通过样本相似性产生分组，如果聚类组较小或者距离中心点较远，那么可能存在异常值。

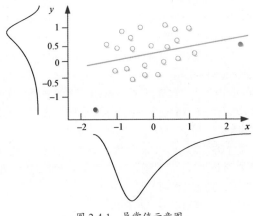

图 2-4-1　异常值示意图

2.4.1　单变量异常值：描述

既然存在多变量异常值，那么为什么分析单变量异常值呢？

多变量异常值可以考虑多维异常值，看起来更可信，但前提是需要构建模型，而强异常值本身对模型的影响又很大，那么模型构建与异常建模的先后问题就无解了，因此，建议构建模型前加入单变量的强异常值清理功能，也就是通过预分析分步解决不同程度的异常值。

稳健统计量，如中位数、Huber 均值、截尾均值等指标，可以归纳为分位数和样本权重控制的两类稳健指标。一般来说，不管哪一类指标，都可以用于单变量分析，样本权重控制可以对异常值进行精准控制，但代价是大量的运算，因此用于大型数据时需要考虑运算性能。而通过分位数控制的异常值却是机器学习的常用手法，主要原因是它兼顾了运算效率和精度。

单变量异常值的处理方法还包括用于强异常值处理的分箱技术、变换技术（如对数变换、秩变换）、密度估计等，这些方法在其他章节有相应介绍，此处不再赘述。

2.4.2 多变量异常值：监督

监督模型的显著特点是区别对待因变量与自变量。

因变量异常值带来的敏感性更为突出，分析时格外重要，作者喜欢使用简易残差来近似监控异常值：如果是连续型变量，那么可以直接使用修正后的残差值；如果是分类型变量，那么可以使用因变量与预测概率相减来获得异常值。此处为近似，也可以计算更专业的监控指标，如学生化残差、偏离残差、库克值、杠杆值等[①]，但简易指标与专业指标间的相关度高达 95% 以上，且简易方法减少了很多计算。

统计学习库 Statsmodels 提供了丰富的专业指标，如 stats.outliers_influence，但是 Sklearn 中并没有提供杠杆值等指标。注意，不管使用哪类库都需要关注数据量的大小。另外，如果数据异常是首要问题，那么可以使用稳健回归模型，具体参见小数据的 linear_model.HuberRegressor 中的超参数 epsilon 的设置和大数据的 SGDRegressor 中的 loss='huber' 功能。

2.4.3 多变量异常值：非监督

非监督模型并不强调因变量为中心的模型架构，而是观察所有变量在整个数据结构中的表现，这类异常值诊断的方法在 Sklearn 中拥有数量众多且功能强大的基础包支持，如孤立森林（ensemble.IsolationForest）、支持向量机（svm.OneClassSVM）、聚类（cluster.DBSCAN）、局部异常因子算法（neighbors.LocalOutlierFactor）。

判断使用何种方法的依据有很多，如奇异点（Novelty）和离群点（Outlier）检测、模型集成关系、算法本身的性能及其假设等，无论假设条件是什么，这些方法的使用都大同小异，出于便利的考虑，建议使用孤立森林模型。

孤立森林是一种集丰富的超参数（灵活的非线性）、分布式部署（加速）、特征选择（处理高维）、树模型（缺失值与异常值的稳健性）的优势于一身的高效的离群点检测算法，算法实现上更接近 tree.ExtraTreeRegressor，具体的算法过程如下[②]。

第一步：随机选择数据集的子集作为单棵树的根结点；

第二步：随机选择特征；

第三步：在已选择的特征上随机选择取值作为分割点；

第四步：重复第一步、第二步直到树的深度为 $\log(2n)$；

第五步：重复第一步~第四步直到树的个数达到上限；

第六步：经常距离根结点较近的点是异常点。

下面使用"银行贷款"数据介绍相关的软件包与代码。

孤立森林可以很方便地通过超参数 contamination 控制异常值的比例，同时可以分别对数据样本和变量（max_samples 和 max_features）进行抽样，因此对于大型的数据是稳健的。孤立森林的独特优势还体现在并行运算上，可以对超大型数据进行加速。

① 乔治·H·邓特曼，何满镐. 广义线性模型导论[M]. 上海：格致出版社，2012.

② Liu F, Ting K, Zhou Z. Isolation Forest[C]. IEEE International Conference on Data Mining, 2008.

　　另外，在具体实践上，如果关注异常值，那么可以直接删除取值为-1 的预测值；如果关注异常值的归因分析，那么可以通过 score_samples 预测异常值的得分，并利用该数据进行后期的集成应用。

```
1  from sklearn.ensemble import IsolationForest
2  Is_forest=IsolationForest(n_estimators=6,        #决策树的数量
                             contamination=.1,       #异常值的比例
                             max_samples=0.5,        #抽取的样本量的比例
                             max_features=0.6)       #抽取的特征的比例
3  Is_forest.fit(xtrain,ytrain)
4  # xtrain['outlter']=Is_forest.predict(xtrain)    #-1 表示异常
5  # xtrain['outlter'].value_counts()               #计算异常值的频数
6  xtrain['scores']=Is_forest.score_samples(xtrain) #取值越小越异常
7
8  fig, ax = plt.subplots()                          #刻度、背景的颜色设置
9  xtrain['scores'].plot.kde(alpha=0.9,
                             color='orange',
                             bw_method=0.1)
                              #异常值得分的核密度图（近似分布图）
10 ax.axvline(-0.58,color='tab:orange',linestyle='--')  #分布拐点参考线
11 ax.set_xlabel('scores')
```

　　输出结果：得分的界值判断如图 2-4-2 所示，如果需要删除异常值或对异常值进行归因，分布图的拐点处往往是最优决策处，可见异常值的界值为-0.58 左右，因此小于-0.58 的数值多为研究对象，并观察对应的生产数据或商业数据是否存在异常值。

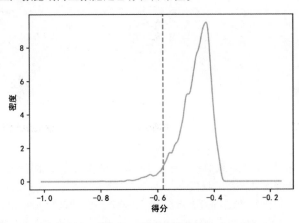

图 2-4-2　得分的界值判断

2.4.4　非结构式异常值：自编码器

　　非结构化数据包括图像与自然语言，以图像为例，观察一幅图像时，其实我们的关注点是图中的某个焦点，如人物或车辆，但焦点外往往隐藏着大量的噪声，如背景下的天空、树木等，因此需

要对数据进行降噪处理。传统的机器学习方法提供了一套半结构化数据的降噪技术，如梯度直方图（HOG）等，但深度学习方法的自编码器独具优势——集成性、通用性、向量化编程，传统方法无法比拟。

1. 自编码器模型

自编码器是一种非监督性质的神经网络模型，通过对输入信息的压缩来实现数据的特征编码，编码过程包括两个阶段——编码阶段和解码阶段。

自编码器的网络结构如图 2-4-3 所示，变量 x 表示原始数据的输入，w 是网络权重，b 是偏置项，h 表示中间层的压缩过程。通常 $n < m$，以便于提取数据的主要特征，但在解码阶段需要重新完成数据的还原，可见自编码器[①]仍然可以表示为感知器的形式：

$$h = f\left(wx + b\right) \tag{2-4-1}$$

其中，$f(\cdot)$ 表示编码阶段的激活函数。解码阶段的感知器形式：

$$x'' = f''\left(w''h + b''\right) \tag{2-4-2}$$

其中，$f''(\cdot)$ 表示解码阶段的激活函数。如果将式（2-4-1）与式（2-4-2）合并，那么可以得到

$$x'' = f''\left(w''f\left(wx + b\right) + b''\right)$$

自编码器的数据训练过程就是学习编码阶段和解码阶段参数（w、b、w''、b''）的过程。

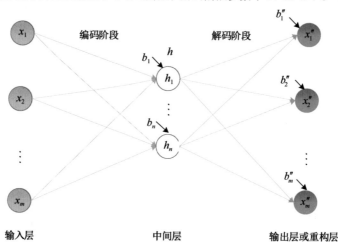

图 2-4-3　自编码器的网络结构

第一阶段为编码阶段，首先获取输入信息，并将其"破碎化"，分散于输入层，然后通过构建较少的单元实现数据的降维或压缩，这样就可以以简易的形式表示特征，同时也有利于稀疏数据的密集表示（需要引入正则化）；第二阶段为解码阶段，将压缩形式的数据重新展开，并通过构建与输入层数量相同的单元实现原始数据主要特征的还原，有利于保持网络结构的形状，而多出的数据则通过随机化的原则进行填补。

自编码器的优势：

（1）特征编码其实是一种特征工程，有利于将诸多功能进行集成，如将稀疏编码功能与数据降

---

① 山下隆义. 图解深度学习[M]. 北京：人民邮电出版社，2018.

维功能集成。

（2）压缩后的数据既可以表示为线性，也可以表示为非线性，为后续的深度学习算法提供更灵活的数据表示方式。

（3）自编码器能实现更真实的噪声模拟，并将本属于噪声的部分替换为随机噪声，数据更加光滑，大幅改善运行性能。

（4）深度学习的网络经常是纵深复杂的结构，自编码器可以有效减少数据的复杂度，进一步简化深度学习网络。

（5）自编码器的层结构灵活多样，可以使用多层自编码器，也可以使用卷积自编码器，以适应不同的深度学习。

2. 软件包与代码

图像处理软件包（如 Skimage 与 CV2①）常用于辅助图像处理，集成了图像变换、HOG、尺寸修改、人脸识别等基本功能，此次案例主要使用其特征工程功能。

这里使用循环来读取图像数据，首先通过 listdir 遍历所有文件，开展必要的特征工程，然后将图像数据修改为二维格式（第 15 行代码）。

```
1  #-----------导入包-----------
2  import numpy as np
3  import pandas as pd
4  from skimage import io                        #读取图像文件
5  from skimage.transform import resize          #修改图像尺寸
6  import cv2                                     #图像格式转换
7  import os
8  #-----------导入数据-----------
9  path='……\\data\\data recognition\\exist\\'
10 sample=[]
11 reSize=(600,700)
12 inputshape=420000
13 for pathfile in os.listdir(path):
      filename='%s%s' %(path,pathfile)           #遍历文件中的所有图片
      samplePlus=io.imread(filename)             #读取所有图片
      imgGray= cv2.cvtColor(samplePlus,cv2.COLOR_BGR2GRAY)
                                                 #将图片转化为灰度
      imgSize= resize(imgGray,reSize)            #尺寸修改
      sample.append(imgSize)
14 x=np.array(sample,dtype=np.float32)
15 image=x.reshape((-1,inputshape))      #三维图片转化为二维图片（图片数，维数）
```

自编码器的编码阶段通过 Input 对应图像的输入维度（600 像素×700 像素）。在解码阶段，通常需要压缩输入维度至 256 或 128 等常用的超低维设置。在解码阶段中，输出维度和输入维度需要约束为相等。最后的编译、训练等操作与深度学习全连接网络层的规则完全一致。

---

① CV2 需要安装 opencv-python 包，其中，CV 是 opencv 之意，2 表示基层语言 C++。

前 3 幅图像经过模型预测（image[:3]）后，首先需要通过编码和解码逐层还原图像格式（第 17、18 行代码），然后以可视化的方式输出。

自编码器网络首先将 42 万个像素维度压缩至 256 列，然后通过解码器进行反向变换，使用了 6 轮的迭代，最终将损失函数控制在 0.6 左右。

通常而言，原始图像的维度较高，但相应会带来计算冗余问题，所以数据图像的视觉识别度是判断维度的主要依据。另外，为什么要压缩至 256 列？这个数值据说可以改善底层张量的运算负担，同样 1024、128 等也是常用的数值。最后，运算周期随样本量的稳定性增强而缩短，尤其对小样本而言，如果周期数设置得更大，那么误差进一步降低的可能性仍然很大，运算时间也会更长。

```python
1  from keras.models import Model
2  from keras.layers import Input,Dense                     #输入维度和全连接层的设置
3
4  #-----------自编码器的网络结构-----------
5  input_layer=Input(shape=(inputshape,))                   #输入维度与输入层单元保持相同
6  encoding_stage=Dense(256,activation='relu')(input_layer)
                                                            #编码阶段:将输入维度压缩至 256 列
7  decoding_stage=Dense(inputshape,activation='sigmoid')
              (encoding_stage)                              #解码阶段: 输出维度=输入维度
8  autoencoder=Model(input_layer,decoding_stage)           #构建网络
9  autoencoder.compile(loss='binary_crossentropy',optimizer='Adam')
                                                            #设置代价函数与优化器
10 autoencoder.fit(image,image,epochs=200)                 #中间层执行非监督任务
11 autoencoder.summary()
12
13 #-----------编码器与解码器预测：绘图-----------
14 encoding_output=Model(input_layer,encoding_stage).predict(image[:3])
                                                            #编码阶段：执行预测
15 coder_output=autoencoder.predict(image[:3])             #解码阶段：执行预测
16
17 encoding_output1=encoding_output.reshape((-1,16,16))
                                                            #还原图像格式：16×16=256
18 coder_output1=coder_output.reshape((-1,600,700))
                                                            #还原图像维度：600×700=420000
19 image1=image.reshape((-1,600,700))
20
21 plt.figure(figsize=(12,10))
22 for i in range(3):
       plt.subplot(3,3,i+1)
       plt.imshow(image1[i])                               #原图像
       plt.subplot(3,3,i+4)
       plt.imshow(encoding_output1[i])                     #编码图像
       plt.subplot(3,3,i+7)
       plt.imshow(coder_output1[i])                        #解码图像
```

一般来说，保留图像的主要轮廓、忽略次要特征是判断算法优劣的标准。

出于讲解案例的需要，上文代码中仅仅使用了单层自编码器的网络结构，并且设置轮次为 6（epochs=6，见图 2-4-4），这极大限制了自编码器网络的解构过程。

最终输出自编码器的图像编码（见图 2-4-5），可见图形的主要特征形成的曲线路径（左上角→右上角→右上角向左下角的连线）。最后的三幅解码图可以呈现图像中的主要梯度，但唯一的缺陷是没有凸显汽车的轮廓。

```
Epoch 1/6
1/1 [==============================] - 1s 977ms/step - loss: 0.6932
Epoch 2/6
1/1 [==============================] - 1s 566ms/step - loss: 0.6905
Epoch 3/6
1/1 [==============================] - 1s 559ms/step - loss: 0.6427
Epoch 4/6
1/1 [==============================] - 1s 552ms/step - loss: 0.6070
Epoch 5/6
1/1 [==============================] - 1s 543ms/step - loss: 0.5871
Epoch 6/6
1/1 [==============================] - 1s 547ms/step - loss: 0.6023
<keras.callbacks.History object at 0x0000022CE1238940>
Model: "model_6"
_____
 Layer (type)            Output Shape            Param #
================================================================
 input_5 (InputLayer)    [(None, 420000)]        0

 dense_8 (Dense)         (None, 256)             107520256

 dense_9 (Dense)         (None, 420000)          107940000

================================================================
Total params: 215,460,256
Trainable params: 215,460,256
Non-trainable params: 0
```

图 2-4-4　自编码器运行汇总

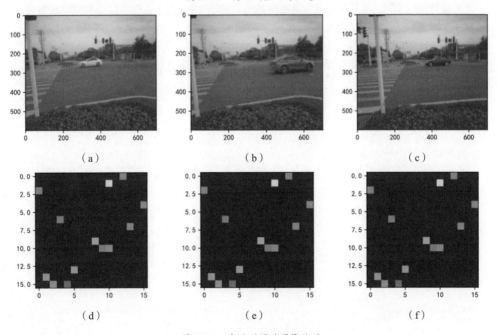

图 2-4-5　自编码器的图像编码

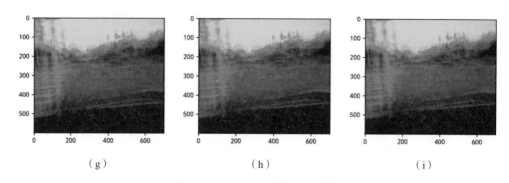

图 2-4-5　自编码器的图像编码（续）

注：（a）~（c）为原始图像，（d）~（f）为编码图像，（g）~（i）为解码图像。

作者发现，对于提供的图像，如果将自编码器设计为 6 层结构，并且确保像素在 800~1000 之间，那么 CPU 的运算时间为 8h，GPU 的运算时间超过 40min。在这种情况下，图像轮廓，尤其是汽车轮廓较为凸显。

总体而言，数据的主要成分与轮廓的分离程度不足，因此需要更多的数据源和更长的运算时间，甚至需要将自编码器改为多层结构，以增加模型运算的复杂度，才能更好地解码数据。

知识拓展　（重要性★★★★☆）

多层自编码器

自编码器是一种非监督式网络结构，向输入层输入数据，中间层在编码的过程中执行了非监督模型学习，并且通过重构层进行输出。值得一提的是，在输入层与中间层之间可以任意增加网络结构的复杂度，也可以在中间层与重构层之间增加同样的任务，这样自编码器则执行多层自编码器的功能。

网络架构和遵循的超参数设置原理与 2.4.4 节的自编码器网络设置相同。

```
1 input_layer=Input(shape=(inputshape,))
2 hidden_layer1=Dense(1024,activation='relu')(input_layer)
                                                   #添加隐含层1
encoding_stage=Dense(256,activation='sigmoid')
                              (hidden_layer1)
4 hidden_layer2=Dense(64,activation='relu')(encoding_stage)
                                                   #添加隐含层2
5 decoding_stage=Dense(inputshape,activation='sigmoid')
                              (hidden_layer2)
6 autoencoder=Model(input_layer,decoding_stage)      #搭建自编码器网络
7 autoencoder.compile(loss='binary_crossentropy',optimizer='Adam')
8 autoencoder.fit(image,image,epochs=5)
9 autoencoder.summary()
```

2.5　共线性的危害

共线性通常是指自变量间的高度相关，可以理解为变量可以被另外一个或多个变量解释，因此没有共同存在的必要。

从数学的角度来看，共线性会导致矩阵不正定，这也是统计学关注的误差倍数增加的问题。而从业务的角度来看，共线性会导致回归系数不可解释，因此需要妥善处理。

机器学习的多维分析和数据库的业务链中，数据间的共线性问题成为常态，这种共线性在低维空间中表现为双变量间的高度相关，相关系数可达 0.9 以上，而在高维空间中表现为多变量间的相关，尤其是主成分的第一特征值与第二特征值之比大于 3 或主成分的第一特征值解释超过 50%的场景。

2.5.1　双变量共线：新特征

变量之间的高度相关可以表现为线性关系，也可以表现为非线性关系，对这类问题的处理可能还要回到老问题上——业务驱动还是数据驱动？当然，业务驱动具有优先权，但并不能指望每位数据分析师都有较高的业务水平，因此需要借助数据驱动的方法，尤其是探索性的数据挖掘。

业务驱动的实际意义还体现为业务逻辑的指导作用：

电商行业中的订单金额与代金券高度相关；购物金、代金券、物流券、团购券间也高度相关；

银行业中的收入与贷款高度相关，3 月末的存额、6 月末的存额、12 月末的存额间也经常高度相关；

医药行业中用于药物治疗的钾元素与钠元素高度相关，体检类的大众指标，如血脂与胆固醇往往高度相关。

业务驱动中的相关是新特征创建的关键，尤其是如何赋予新特征业务意义。

实践表明，订单金额和代金券往往高度相关，实际上，两者相减产生的新特征（即实际支出金额）在各类模型中都有不俗的表现，如客户流失、客户转换等模型。此外，对于客户而言，购物金、代金券、物流券等优惠券都是账户中的一笔资产，因此资产汇总往往对客户的行为动机存在显著贡献，求和后的指标往往叫作优惠总额。

在银行业中，收入和贷款高度相关是再常见不过的一对指标了。如果研究目的是客户的购买力（如基金、存额），那么可以将两者相减表示实际可用的资金；如果研究目的是判断客户的还贷能力，那么收入和贷款相除产生的收入贷款比是比较好的指标。另外，账户中每月都有月末存额，这些指标高度相关，如果客户借了一笔钱，年底才需要归还本金，那么 12 月末的存额是比较好的预测指标，因此可以删除其他指标。

在医药行业中，一个典型案例是测试五种药品对疾病的疗效，使用了钠元素和钾元素两个风险因子，它们单独放在模型中对模型的预测效果不佳，根据医生的建议，钠钾比例才是风险因子，因此需要两者相除。另外，血脂和胆固醇指标有时候会出现高度相关，因为部分病人同时具有心血管疾病和高血压（当然也可能是其他病症），那么也需要对这两项指标进行处理。

从业务渠道的典型案例中可见，合并后的特征往往都是比较重要的变量，这也恰恰构成了进入模型的第一批影响因素。而数据驱动的实际意义体现在业务逻辑的执行上，也就是在数理层面上业务逻辑是否成立，如钠、钾关系中为什么通过相除来完成合并？这是因为钾元素构成了一个分母因子所具有的共享性，即钾元素的绝对分量可以衡量钠元素的医理。

库 scipy 提供了 optimize.curve_fit 曲线拟合功能，具体操作步骤如下。

（1）首先根据散点图判断原始变量之间可能存在的函数关系（第 2 行代码），然后选择合适的函数拟合变量；

（2）定义函数 f（第 5、6 行代码）；

（3）利用函数关系计算预测值，即整合新字段（第 10 行代码）。通常该步骤需要赋予新字段业务意义，并尝试判断其重要性（第 11 行代码）。

```
1  #--------曲线拟合功能--------------
2  plt.scatter(data['体重'],data['运动时间'])  #通过散点图判断可能存在的函数关系
3
4  from scipy.optimize import curve_fit        #拟合曲线或非线性关系
5  def f(x,b0,b1,b2):
6      return b0+b1*x+b2*x*x                    #定义 x 与 y 的任意函数关系
7  popt,_=curve_fit(f,data["运动时间"],data["体重"])    #超参数：f、x、y
8  b0,b1,b2=popt
9
10 data["y 预测值"]=b0+\
                  b1*data["运动时间"]+\
                  b2*data["运动时间"]**2        #整合并创建新字段
11 print("r =",(data["y 预测值"].corr(data["体重"])))   #r 用于判断模型的优劣
```

自定义的函数选择了二次多项式函数，读者可以根据散点图观察其形状。最终输出的相关系数为 0.7，表示整合值是因变量的重要预测因素。

请注意，曲线拟合的好坏是所有判断的基础，如果读者放弃新字段业务含义的解释，那么其实也就放弃了该变量，示例中的整合值在项目中表示"肌肉活跃度"。可见，曲线拟合为复杂关系提供了尽可能灵活的模型框架，因此，可以根据下面的自定义函数来判断数据结构（第 11～15 行代码）。

```
1  #--------常见函数关系--------------
2  plt.subplots(2,3,figsize=(16,8));                  #2 行、3 列的图形布局
3
4  plt.subplot(231);                                  #将图置于第 1 行、第 1 列
5  b0=1;b1=2;                                          #定义初始值
6  x=np.random.randint(-5,5,100);                     #随机数模拟
7  y=1/(1+np.exp((-b0-b1*x)))                         #定义函数关系
8  plt.scatter(x,y,label='logistic 函数',color='orange');  #绘制散点图
9  plt.legend()
10
11 #对数函数：y=b0 + (b1 × np.log(x))
12 #指数函数：y=b0 × (np.exp((b1 × x)))
13 #逆函数：y=b0 + (b1 / x)
14 #幂函数：y=b0 × (x**b1)
15 #S 函数：y=np.exp(b0 + (b1/x))
```

输出结果：函数关系图如图 2-5-1 所示，常用的函数关系主要是线性、U 型和 S 型三种函数。

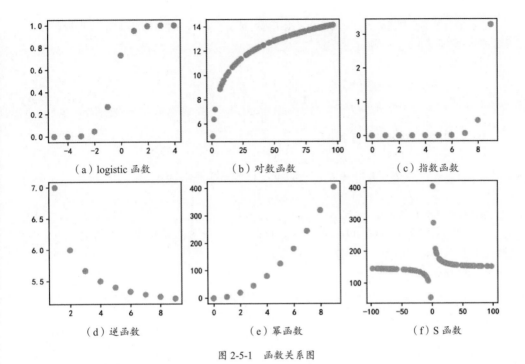

（a）logistic 函数　　　　（b）对数函数　　　　（c）指数函数

（d）逆函数　　　　（e）幂函数　　　　（f）S 函数

图 2-5-1　函数关系图

2.5.2　多变量共线：特征分解

多变量相关构成了多变量降维或数据压缩的基础。降维方法常分为线性降维和非线性降维。考虑知识点的继承关系，此处介绍线性降维，将在后续章节介绍非线性降维。

线性降维的主要方法是主成分模型，其好处是可以忽略降维后变量的命名问题。基于命名依据和应用场景的考虑，机器学习认为命名只会带来不必要的麻烦，通常利用低维的便利性来缓解运算问题。

下面将从图示和矩阵运算的角度介绍主成分的运算过程。

主成分分析（Principal Component Analysis，PCA）是一种数据降维算法，通过寻求数据的低维表示来达到学习的便利性，如在二维的建筑图纸上操作总比在三维的建筑工地上操作更为简便，而统计学中实际意义上的便利性还包括缓解维数灾难的压力、减少数据稀疏、提高运算效率、消除共线性、易于数据可视化等。

协方差矩阵的特征值与特征向量的计算主要有两种方法——基于特征值分解、基于奇异值分解。基于综合应用场景，Sklearn 同时具有这两类技术，用于控制和缓解运算压力等问题。

1. 特征值分解

对于矩阵 A，特征值分解可以表示为

$$A = Q\Sigma Q^{-1} \tag{2-5-1}$$

式中，Q ——矩阵 A 是特征向量组成的矩阵；

　　　Σ ——对角线上的元素按顺序排列的特征值对应的对角阵；

　　　Q^{-1} —— Q 矩阵的逆矩阵。

特征值分解的步骤：第一，使用特征方程求解特征值；第二，解线性方程组求特征向量；第三，求解 Q、Σ 和 Q^{-1}。

已知矩阵：

$$A = \begin{pmatrix} -1 & 1 & 0 \\ -4 & 3 & 0 \\ 1 & 0 & 2 \end{pmatrix} \tag{2-5-2}$$

首先，根据矩阵的特征方程求出特征值：

$$|\lambda E - A| = \begin{vmatrix} -1-\lambda & 1 & 0 \\ -4 & 3-\lambda & 0 \\ 1 & 0 & 2-\lambda \end{vmatrix} = (2-\lambda)(\lambda-1)^2 = 0 \tag{2-5-3}$$

解出特征值分别为 $\lambda=2$、$\lambda=1$。

当 $\lambda=2$ 时，解线性方程组 $(A-2E)x=0$，依次代入 λ 值，解线性方程组 $(A-2E)x=0$，即求得特征向量，进而求解 Q、Σ 和 Q^{-1}。

2. 奇异值分解

特征值的分解对矩阵的形状有特殊要求，而奇异值的分解放宽了这些限定条件，尤其是针对大数据宽、高比悬殊的场景。

$$A = U\Sigma V^{\mathrm{T}} \tag{2-5-4}$$

式中，A——$m \times n$ 矩阵；

U——$m \times m$ 方阵，称为左奇异矩阵；

Σ——$m \times n$ 矩阵，除对角线外，其他元素都是 0，对角线上的元素称为奇异值；

V^{T}——$n \times n$ 矩阵为转置矩阵，也称为右奇异矩阵。

奇异值分解的步骤：第一，求 $A^{\mathrm{T}}A$ 的特征值和特征向量，用单位化的特征向量构成 U；第二，求 AA^{T} 的特征值和特征向量，用单位化的特征向量构成 V；第三，求 AA^{T} 或 $A^{\mathrm{T}}A$ 的特征值的平方根，构成 Σ。

3. 软件包与代码

特征值分解可以使用 np.linalg.eig 方法，将矩阵（以协方差矩阵、方阵为主）分解为特征值和特征向量，并通过 np.dot(v, np.dot(np.diag(w),np.linalg.inv(v))) 完成对公式 $A=Q\Sigma Q^{-1}$ 的校验。

同样，np.linalg.svd 方法将矩阵分解为左奇异矩阵、奇异值和右奇异矩阵，并通过 np.dot(u, np.dot(smat,vh)) 完成对公式 $A=U\Sigma V^{\mathrm{T}}$ 的校验。

示例代码对应于奇异值的分解过程（第 11～30 行代码）：

第一步：计算 $A^{\mathrm{T}}A$、AA^{T}；

第二步：分别计算 $A^{\mathrm{T}}A$、AA^{T} 的特征值和特征向量；

第三步：利用特征值矩阵等于奇异值矩阵的平方直接求出奇异值。

```
1  #=========特征值分解=============
2  mat=np.array([[3,3,2],
                 [3,5,1],
                 [2,1,6]])                  #原始矩阵（如协方差矩阵、方阵）
3  w,v=np.linalg.eig(mat)                    #特征值分解
```

```
4  print('特征值分解:特征值%s,特征向量%s' %(w,v))
5  np.dot(v, np.dot(np.diag(w),np.linalg.inv(v)))
                              #校验:原始矩阵=特征向量矩阵×对称阵×特征向量逆矩阵
6
7  u, s, vh = np.linalg.svd(mat)    #奇异值分解
8  print('奇异值分解:\n 左奇异矩阵\n%s, \n 对称阵%s, \n 右奇异矩阵\n%s'
                                                %(u,  s,  vh))
9
10
11 #=========奇异值分解=============
12 np.set_printoptions(suppress=True)
13 a=np.array([[0,1],
         [1,1],
         [1,0]])                #原始矩阵
14 #-------第一步-----------
15 ata=np.dot(a.T,a)               #矩阵点积运算
16 aat=np.dot(a,a.T)
17 print(ata,aat)
18 #-------第二步-----------
19 ataW,ataV=np.linalg.eig(ata)        #计算特征值和特征向量
20 print(ataW,ataV)
21 aatW,aatV=np.linalg.eig(aat)
22 print(aatW,aatV)
23 #-------第三步-----------
24 print(np.sqrt(ataW))            #特征值矩阵等于奇异值矩阵的平方
25
26 u, s, vh = np.linalg.svd(a)
27 smat = np.zeros((3, 2))          #矩阵形状转换
28 smat[:2, :2] = np.diag(s)
29
30 np.dot(u, np.dot(smat,vh))        #校验:原始矩阵=左奇异矩阵×对称阵×右奇异矩阵
```

知识拓展 （重要性★★★☆☆）

数据白化

你可能很奇怪，在特征工程中经常需要令变量减去或除以某个数，以完成数据变换。这类方法包括标准化、规范化、稳健化等，而数据白化其实也是一种数据变换现象。

经过主成分降维后对变量进行对中处理（减去均值），即零阶白化，该方法主要应用于图像识别的领域。通俗点的理解是，可以凸显图像的梯度轮廓，减少运算量。而除以奇异值就是方差白化，准确地说，在 Sklearn 中 decomposition.PCA(whiten=True)功能是指 components_先乘以样本量的平方根，再除以转换矩阵的奇异值，用于控制整体分布形状

的均衡化，以达到提升运算性能的作用。

2.5.3　特征组合技术

在解释模型时使用变量的一阶特性，有时很难发现变量的重要性。如果两个变量在其数值组合上产生了预测作用，并以相乘的方式合并（交互效应），那么称为高阶。更典型的场景是，如果变量 a 和 b 存在二阶高阶项，那么分别对应 a^2 和 b^2。注意，a^2 可以理解为 $a \times a$，所以 $a \times b$ 是 a 和 b 的共同高阶项也就不难理解了。

交互意味着数据拟合程度的提高，也意味着解释信息时变得更加困难，而且两者不可兼得。读者可以参阅交互效应图对交互可视化的解释。statsmodels 包提供了该功能，参阅 graphics.factorplots. interaction_plot 功能。

如果读者经常进行特征组合，那么会发现不管是组合前还是组合后，都与共线性有关。在组合前发生的共线性往往预示特征组合的有效性，在组合后发生的共线性往往需要技术处理。这一点与前面的阐述相符。

以多项式特征生成器为例，使用"运动"数据集。

在 Sklearn 中使用多项式特征生成器功能 preprocessing.PolynomialFeatures 来实现特征的组合。

第 1 行代码设置了高阶项为 2，不包括截距项，进而将输出数组转换为数据框。其中，PolynomialFeatures 中提供的 get_feature_names() 函数可以直接修改输出的变量名（第 3 行代码）。第 5 行代码用于合并数据，第 6 行代码用于汇总变量间的热图。

```
1 polyD = PolynomialFeatures(degree=2,include_bias=False)
2 polyX=polyD.fit_transform(data[['运动时间','骑行时间']])
3 pd.DataFrame(polyX,columns=polyD.get_feature_names(
                              ['运动时间','骑行时间']))
4
5 conData=pd.concat([data.iloc[:,[0]],polyData],axis=1)
6 sns.heatmap(conData.corr(),annot=True)
```

输出结果：高阶特征间的相关如图 2-5-2 所示，因变量与所有变量均存在一定程度的相关（如图中第一列的相关系数），尤其是骑行时间的高阶项达到 0.7。不仅如此，中间部分显示高阶特征与低阶特征也存在高度相关，如由运动时间、骑行时间构成的交互项与运动时间的相关系数为 0.91。因此后面在构建模型时须警惕共线性问题。减少共线性危害的方法为对高阶项进行对中处理，或者直接使用模型正则化来消除共线性。

进一步使用 SGDRegressor(penalty='l2') 来完成建模工作。可以发现，不加入高阶项时回归 R^2 的准确度是 50%，加入高阶项时的准确度为 60%。这个结论提示高阶项增加了模型的拟合度。在模型有意义的条件下，复杂模型往往提供了更多的数据拟合信息。

特征组合涉及的技术环节较多，而有效的特征工程更多依赖于经验指导，在已有知识框架下提出设想至关重要。如果读者希望实现完全自动化，那么可以尝试学习特征工具[1]（Featuretools）库，自动执行特征生成、特征组合、特征筛选等功能。

----

[1] 可以搜索 Featuretools 官网，在用户指南中查看相关功能。

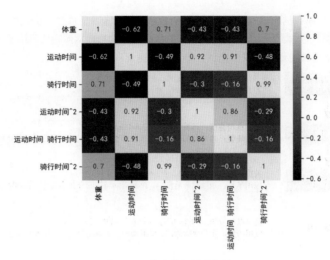

图 2-5-2　高阶特征间的相关

2.6　特征筛选技术

机器学习最烦琐的任务是数据清理，最容易出错的功能是特征选择。统计学习和深度学习的重点都在模型本身，而机器学习的重点却在模型外的特征工程。

特征工程功能汇总如表 2-6-1 所示，从 Sklearn 特征工程的功能部署来看，特征筛选技术涉及方差法、相关法、模型法等不同方法的区别。初看有些凌乱，但从强集成学习的角度就能看出方法之间的内在逻辑。

表 2-6-1　特征工程功能汇总

序　号	类　功　能	特　　点
1	feature_selection.GenericUnivariateSelect	单变量特征选择器 配置丰富
2	feature_selection.SelectPercentile feature_selection.SelectKBest	特征评分选择器 相关性判断
3	feature_selection.SelectFromModel feature_selection.RFE	模型选择 模型判断
4	feature_selection.SequentialFeatureSelector	向前/向后法模型 模型判断
5	feature_selection.SelectFpr feature_selection.SelectFdr feature_selection.SelectFwe	显著性筛选 小数据
6	feature_selection.VarianceThreshold	方差法 数据驱动

特征筛选功能如图 2-6-1 所示，强集成学习倾向于通过组建模型来完成与项目需求的契合。可以将强集成学习分为数据清理、相关分析和模型筛选三个阶段。数据清理主要结合业务经验控制数

据范围，从而达到保障数据质量的目的；相关分析要求数据对象是低质量数据，通过简单算法快速实现大规模的特征筛选；模型筛选是对层层清理后的数据进行建模，从而完成高质量的特征筛选功能。

此外，小数据方法主要用于数据测试，特点为快速反应[1]。

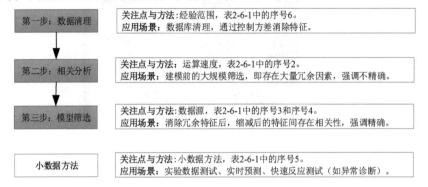

图 2-6-1　特征筛选功能

特征筛选可以分成三大类：进入法、排除法和综合法。当然这种分类不是绝对的，也可以分为过滤法（基于熵或相关系数的特征筛选）、封装法（基于模型准确率的特征筛选）、嵌入法（模型构建过程中的嵌入式特征筛选），不过作者认为第一种分类方法更易于理解。

下面以工业案例来阐述特征筛选在强集成学习中的应用。

特征筛选技术如图 2-6-2 所示，烟草生产的数据库中存储了约 1 万个相互影响的因素，从部门来看，这些因素分布在人力、机械、物料、环境、测量等部门，因变量是次品率。

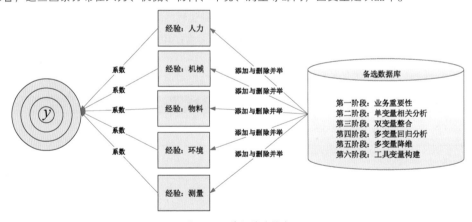

图 2-6-2　特征筛选技术

第一阶段：根据经验判断合适的影响因素，可以按部门分别选择 2 或 3 个变量——纳入。

第二阶段：判断 y 与 x 的相关性，根据相关系数删除 30% 的变量——排除。

第三阶段：判断 x 与 x 的相关性，根据相关系数删除或合并变量——纳入。

第四阶段：建立 y 与多个 x 的回归，根据回归系数删除 50% 的变量——排除。

---

[1] 表 2-6-1 中序号 1 的功能覆盖了其他多种方法（Mode 选项的 "percentile"、"k_best"、"fpr"、"fdr"、" fwe"），将多个功能集成，便于使用。

第五阶段：建立主成分模型，压缩剩余的变量——纳入。

第六阶段：针对误差构建工具变量，寻找被删除的或备选的变量——纳入。

2.6.1　经验："站在谁的肩膀上"

业务价值的合理性是数据发生的依据，没有经验的数据分析会造成诸多困扰：

（1）模糊决策：数据分析建模前的模糊判断；

（2）空中楼阁：业务逻辑是基础，统计逻辑是归纳；

（3）无法合理解释业务关系：特征是否符合经验；

（4）失去创新的业务基础：创新无法凭空产生，需要在原有经验的基础上迈出一小步；

（5）业务逻辑混乱：业务逻辑与统计逻辑无法协调一致。

2.6.2　相关：相关系数

相关系数主要用于建模前的准备工作，在数据挖掘中可以作为数据预分析的一部分。在数据挖掘中，皮尔逊卡方系数、斯皮尔曼相关系数、互信息指数等方法常用于判断变量间的相关性，一方面考虑了指标的测量适用性，另一方面也考虑了运算性能。值得一提的是，此处并未使用 feature_selection.SelectPercentile 中的相关性判断，主要还是考虑便利性。

```
1 import matplotlib.cm as cm
2 dataVar=data_mbd.columns[1:-1].tolist()          #提取数据中的变量名
3 Spearman=data_mbd[dataVar].corrwith(data_mbd['交换故障'],
                                method='spearman')
                                                 #计算与因变量的斯皮尔曼相关系数
4
5 colors = cm.rainbow(np.linspace(0,3,num=35))
6 Spearman.sort_values().plot.bar(color=colors);
                                                 #绘制变量相关图
```

变量相关图如图 2-6-3 所示，可以快速对因变量与自变量的关系进行诊断，去除相关性极低的指标，如相关系数低于 0.06 的指标，保留剩余的变量。

此外，读者可以关注 sklearn.feature_selection 中的卡方（chi2）、互信息（存在分类与连续之分，如 mutual_info）等指标，这些指标可以实现类似的数据过滤功能。

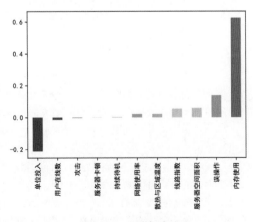

图 2-6-3　变量相关图

2.6.3　回归：特征筛选

软件包 Sklearn 的 feature_selection 功能提供了单变量与多变量的特征筛选算法，尤其是多变量试错性算法及特征筛选组合算法，种类齐全。

（1）类 SequentialFeatureSelector：提供向前法和向后法的特征筛选功能，尽管目前运行性能有待优化，但在特征数量众多（适用向前法）、算力优化（适用向后法）方面提供了更多的开发前景；

（2）类 SelectFromModel 与类 RFE：提供了两种模型的整体方案，Sklearn 中带有 coef_和 feature_importances_属性的模型均可以作为估计器[1]。与 RFE 相比，SelectFromModel 的可靠性稍显逊色，但速度上普遍快于 RFE。

（3）类 SelectFdr 与类 SelectFpr：提供了监控错误率的算法，适用场景是小数据、快速反应测试，以及特征筛选的前阶段准备工作等。

机器学习的特征筛选技术不同于统计学习和深度学习，它更依托于传统模型和集成技术，因此具有较强色彩的集成特性，而多变量特征筛选主要用于集成模型的后阶段筛选。

2.6.4　降维：线性与非线性

降维技术可分为线性降维与非线性降维，线性降维以主成分（PCA）、线性判别分析等拓展算法为主，而非线性降维以流形学习（Manifold Learning）及其他拓展算法为主。

数据分为结构化数据与非结构化数据[2]，PCA 侧重对线性形状建模，借助线性模型寻找投影方差的最大化，而流形建模的对象是曲面或不规则形状，寻找与邻近点组成的几何形状。图 2-6-4（a）为 PCA 建模，其特点是忽略了曲面的非线性特征，而图 2-6-4（b）为流形建模，更好地捕获了非线性特征。

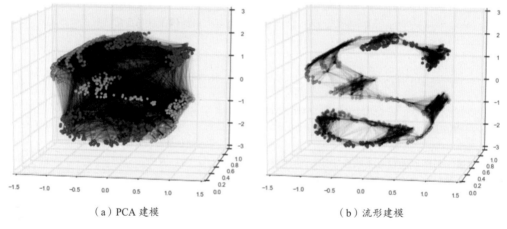

（a）PCA 建模　　　　　　　　　　　　　　　　（b）流形建模

图 2-6-4　曲面形状建模[3]

流形学习是一种无监督模型，也是降维模型，主要适用场景：

（1）半结构化数据：图像、自然语言等半结构化数据的特征学习；

（2）数据可视化：将数据压缩至低维，在低维空间里展示数据；

---

[1] 统计类模型如线性回归、逻辑回归等，树类的模型如决策树、随机森林、提升树等，常规建议是随机森林和支持向量机是多变量特征筛选的优秀算法。

[2] 数据集的列是否有明确的定义——结构化数据的列存在有意义的业务定义，如性别，订单等，非结构化数据的列无有意义的业务定义，如图像、语言、文本等。

[3] 可以关注人工智能遇见磐创的博客，并搜索"流形学习 t-SNE，LLE，Isomap"文章。

（3）非线性建模：流形学习可用于模型集成，先通过数据宏观层的非线性建模，再进行微观层面的局部线性建模。

sklearn.metrics 提供的流形学习方法包括局部线性嵌入（LLE）、等距特征映射（Isomap）、多维标度（MDS）、t-分布随机邻域嵌入（t-SNE）、谱嵌入（Spectral Embedding）。

LLE 通过测量每个训练实例预期最近邻间的线性关系来实现局部线性关系的低维表示。

Isomap 首先将每个实例连接到最近邻的实例来构建图形，然后尝试保持实例间的测地距离的同时降维，不过运算性能较差。

MDS 方法尝试量化实例间的距离，同时进行降维。实例间的匹配距离是其主要的数据源，相比于其他流形算法，sklearn.manifold.MDS 中没有参数 n_neighbors。

t-SNE 可以用于降维，强调数据的缩减过程，特别适用于非结构化数据的高维可视化场景。

```
1  #------------图 2-6-5（a）------------------
2  from skimage import io
3  from skimage.transform import rotate,resize
4  import cv2
5
6  image=io.imread(r'……\data\圆形.jpg')
7  img= cv2.cvtColor(image,cv2.COLOR_BGR2GRAY)        #图片灰度转换
8  img= resize(img,(200,200))                        #图片尺寸修改为（200，200）
9  plt.imshow(-img, zorder=2, cmap='Oranges', interpolation='nearest')
10 plt.colorbar();
11
12 #------------图 2-6-5（b）------------------
13 from sklearn.metrics import pairwise_distances     #计算数据的匹配距离
14 D = pairwise_distances(-img)                       #流形学习的数据源
15 plt.imshow(D, zorder=2,cmap='Oranges', interpolation='nearest')
16 plt.colorbar()
17
18 #------------图 2-6-5（c）------------------
19 from sklearn.manifold import MDS
20 modelMDS = MDS(n_components=3, dissimilarity='precomputed')
21 outMDS = modelMDS.fit_transform(D)
22 ax = plt.figure().add_subplot(projection='3d')
23 x,y,z=outMDS[:, 0],outMDS[:, 1],outMDS[:, 2]
24 ax.plot(x, y, z);
25
26 #------------图 2-6-5（d）------------------
27 from sklearn.manifold import LocallyLinearEmbedding
28 modelLLE = LocallyLinearEmbedding( n_neighbors=6,      #最近邻数设为 6
29                                    n_components=3,      #维度降低为 3
30                                    method='modified',
31                                    eigen_solver='dense')
                                                          #奇异矩阵处理
```

```
32 outLLE = modelLLE.fit_transform(img)
33 ax = plt.figure().add_subplot(projection='3d')          #绘制 3D 图形
34 x,y,z=outLLE[:, 0],outLLE[:, 1],outLLE[:, 2]
35 ax.plot(x, y, z);
36
37 #------------图 2-6-5（e）----------------
38 from sklearn.manifold import Isomap
39 modelIs = Isomap(n_neighbors=6, n_components=3, eigen_solver='dense')
40 outIs= modelIs.fit_transform(img)
41 ax = plt.figure().add_subplot(projection='3d')
42 x,y,z=outIs[:, 0],outIs[:, 1],outIs[:, 2]
43 ax.plot(x, y, z);
```

输出结果：流形学习输出图如图 2-6-5 所示，图 2-6-5（a）为原始图形，为减少维度和运算负担，进行了尺度变换和灰度变换。原始数据经过 pairwise_distances 距离的匹配计算产生数据矩阵，并绘制图 2-6-5（b），图 2-6-5（c）~（e）分别为算法 MDS、LLE、Isomap 最终学习到的流形曲线。

从 2-6-5（c）~（e）来看，它们的形状各有差异，但算法都捕捉到了数据原有的形状——由两个圆形构成的流形曲线（两条近似平行线），这是算法的共同特征。如果进一步搜索最近邻的数量，那么流形曲线也会发生变化，一般我们认为线条的空间间距是图像特征成分得以保留的证据。

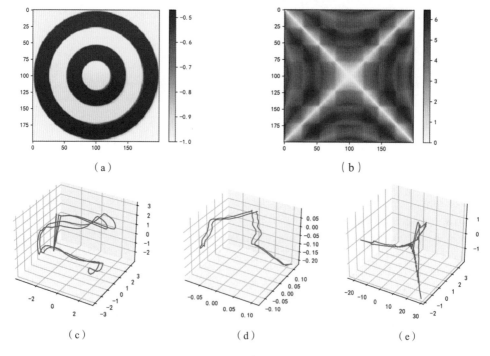

（a）　　　　　　　　　　　　　　　　（b）

（c）　　　　　　　　（d）　　　　　　　　（e）

图 2-6-5　流形学习输出图

使用流形学习的建议：

（1）如果存在矩阵奇异问题，可以通过提供超参数 solver='dense'来缓解问题，但运算性能不高，具体取决于样本量。n_neighbors 也是控制和缓解奇异问题的辅助手段，可以将其视为优化的对象。

（2）数据可视化问题上，t-SNE 往往是优选的算法。相比于 MDS 算法，其运算速度存在优势，并且擅长处理非结构化数据。此外，MDS 也可以用于可视化，但小数据、不太复杂的非线性特征是其主要的应用领域，而这些应用领域与 PCA 有所重叠。

（3）Isomap 的运算速度普遍低于其他流形学习算法，但可以在更大范围里搜索最近邻的数量，这样并不会带来算法性能的同比例下降，甚至不是线性的关系。在大多数场景下，优先建议使用网格搜索判断超参数。

2.6.5 工具：“指南针”

工具变量法是特征筛选的主要方法之一，其思路是首先构建模型并获得残差，根据残差设计工具变量，然后通过与工具变量的相关性来筛选变量。

工具变量法的步骤如下。

第一步：构建模型，评估模型优劣，通常模型是欠拟合的；

第二步：评估项目优先级。获取残差后，因变量若是分类型变量则需要讨论混淆矩阵的项目优先级，若是连续型变量则需要检查残差图。

工具变量法如图 2-6-6 所示，从混淆矩阵来看，图 2-6-6（a）（2×2）存在两处分类错误，如果认为 1 被预测为 0 的代价大于 0 被预测为 1 的代价，那么可以用临时变量将前者标注，并以其为基础寻找其他相关变量，这就是工具变量。图 2-6-6（b）（4×4）类似，4 种场景预测正确，12 种场景预测错误，因此需要评估 12 种场景的业务优先级问题。

连续型变量分析残差图的方法如下。如果将图 2-6-6（c）中橘黄色的点标注为变量，那么工具变量分析的是线性主效应外的异常值诊断，如果将图 2-6-6（d）中橘黄色的点标注为变量（满足 4 个业务条件对应 4 条虚线），那么工具变量分析的是破坏模型的业务规则是否合理。

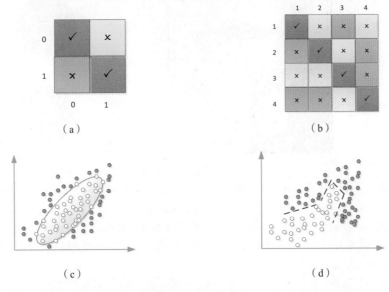

图 2-6-6　工具变量法

第三步：建立工具变量与所有备选变量的相关分析，建议使用 pd.corr(method=spearman)，如果变量 x_{26} 的相关系数在 0.9 以上，那么 x_{26} 就是工具变量寻找的对象。

第四步：建立包含变量 x_{26} 的模型，使用 sklearn.metrics 重新评估模型的 R^2 或混淆矩阵，通常模型的准确度可以大幅提高，如提高 5%。

第五步：工具变量可以没有意义，但变量 x_{26} 需要业务解释，因此需要分箱化处理，可以使用 pd.cut（bins,labels）功能制作业务标签。

2.7 聚类技术：市场细分

市场细分中的细分概念需要从两方面介绍，分别是数据的行和列。数据行的分组可以产生更多的细分市场，通常使用聚类，如 kmeans 等；数据列的分组可以产生变量聚类，通常使用主成分，尤其是线性类的方法，如 PCA 等。聚类技术主要的应用场景包括客户画像、特征筛选、市场细分、二次数据、异常评分、降噪、数据压缩等场景。

聚类功能示意图如图 2-7-1 所示，用于描述聚类的主要应用。

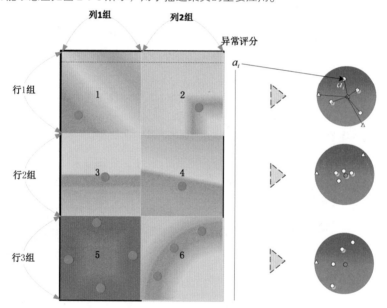

图 2-7-1 聚类功能示意图

客户画像——聚类通过距离的相似性度量将数据的行分为三组，进而对每组对应的变量进行标签化处理，分箱化和方差分析是客户画像的主要辅助技术。

特征筛选——通过主成分或方差分析完成列聚类及重要性判断，若用于市场细分则侧重于变量的标签作用。若大型的数据特征具有结构性，则可以用于前一阶段的特征筛选，如分部门的数据，部门是聚类维度的抽象标记。

市场细分——3 组行与 2 组列共构成 6 个细分市场，可以将 6 个区域作为独立的数据源进行二次数据分析，一般而言，在更深化的细分条件下，数据的线性结构更加明显，这也是"非线性+线性"集成的主要形式。

二次数据——图 2-7-1 中的 6 个区域中，深橘黄色表示数据密集区，如果将密集区的数据浓缩汇总为指标，那么指标就是二次数据获取的原始数据，其中左侧青色小圆表示汇总指标。二次数据的主要应用场景包括图像数据的特征提取、数据降噪、多阶段数据集成等场景。

异常评分——通过模型计算出每个样本对应的异常评分，模型是非监督的，如图 2-7-1 中右侧青色大圆表示聚类的二维平面图，每个点到中心点（黄色小圆）的距离区分了正常点（白色小圆）和异常点（白色三角）。距离的长短和统计标准构成了异常评分。一般可以将异常评分作为监督变量来构建模型，从而可以构建归因模型和预测模型。

综上所述，不管是客户画像、特征筛选还是其他应用，这些功能在多阶段模型中充当了预分析的角色，集中体现了数据细分的能力，而多阶段模型可以理解为"数据细分+模型"的模式，恰好满足多阶段模型管理的第一阶段的预分析需求。

第 2 部分　机器学习技术

"如果你还在学习统计学，那么回归需要一直学下去"

第二部分 内容概要

分 类 器	特 点
神经网络	准确度高、大数据与特征工程辅助、LIME 白箱与黑箱的平衡
支持向量机	准确度高、列数大于行数、适用于小数据、经验核技巧汇总
随机森林	列数大于行数、缺失值填补、异常诊断、特征筛选、分布式运算
提升树	准确度高、超参数丰富、更少的特征工程
决策树	规则归因、规则可视化、弱分类器
逻辑回归	主次归因、S 形图可视化
线性回归	主次归因、强集成组件
主成分	降维、强集成组件
非监督模型	聚类与市场细分、强集成组件
关联分析	关联规则、强集成组件
贝叶斯	文本分析、复杂路径可视化
半监督模型	大量人工标注数据，标签传播算法

注：第二部分（第 3~8 章）的主要知识点。

在多阶段模型管理中，"特征工程+机器学习"的第二阶段模型常用机器学习模型，如弱集成学习使用树类的方法。对于强集成学习而言，理论上，每个机器学习模型都可以充当其第二阶段的模型。而对于混合专家（深度学习）而言，一般只使用神经网络。

第二部分在介绍机器学习时，除了对算法、运算等内容进行常规介绍外，重点介绍归因问题，尤其是案例解析，介绍了多种归因场景——个案归因、特征归因、复杂归因、模糊归因等，它们对应着不同需求，包括复杂的"偏执性"需求。

第 3 章　机器学习准备

机器学习是集成学习的核心算法部分，从这一章开始，我们将集中精力讲解集成机器学习的一般性规律，包括机器学习的数学基础、机器学习理解（如机器学习三要素，即方程式、损失函数、更新函数）和机器学习算法（最小二乘法、最大似然函数、随机梯度下降法）。

3.1　机器学习的数学基础

理解机器学习的方式众多，可以选择统计学、数学、业务等不同角度，业务角度更通俗易懂，因此本书中多处使用比喻来描述复杂模型。除了易于理解的知识点之外，如支持向量机，笔者目前没有看到过不使用任何公式就能将机器学习讲解得一清二楚的书籍。当然，笔者并非故弄玄虚，实际上多数场景中的机器学习需要从多个角度来理解，至少两、三个角度是必须的，而数学的角度必不可少。

3.1.1　微积分基础

1. 导数的定义

函数 $y = f(x)$ 的导函数 $f'(x)$ 可以定义为

$$f'(x) = \lim_{\Delta x \to 0} \frac{f(x + \Delta x) - f(x)}{\Delta x} \tag{3-1-1}$$

式中，Δ 表示增量；$\lim\limits_{\Delta x \to 0}$ 表示 Δx 无限接近 0。若 $f'(x)$ 值存在，则称函数 $f(x)$ 可导。导函数也可以表示为 $f'(x) = \dfrac{\mathrm{d}y}{\mathrm{d}x}$。

原函数与导函数的关系可以表述为相邻阶的降阶关系如图 3-1-1 所示，原函数一次方（x^1）线性降阶后为零次方（x^0），即常数。

此外，将原函数二次方（x^2）非线性降阶为一次方（x^1），如 $f(x) = 6x^2$，降阶后可以表示为

$$f'(x) = \lim_{\Delta x \to 0} \frac{f(x + \Delta x) - f(x)}{\Delta x} \tag{3-1-2 a}$$

$$= \lim_{\Delta x \to 0} \frac{6(x + \Delta x)^2 - 6x^2}{\Delta x} \qquad (3\text{-}1\text{-}2\,b)$$

$$= \lim_{\Delta x \to 0} \frac{12x\Delta x + 6(\Delta x)^2}{\Delta x} \qquad (3\text{-}1\text{-}2\,c)$$

$$= \lim_{\Delta x \to 0} (12x + 6\Delta x) \qquad (3\text{-}1\text{-}2\,d)$$

$$= 12x \qquad (3\text{-}1\text{-}2\,e)$$

升阶和降阶可以灵活地管控凸优化问题，机器学习常用一阶和二阶的数学性质来实现优化、异常值处理、收敛等目的。

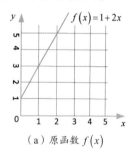
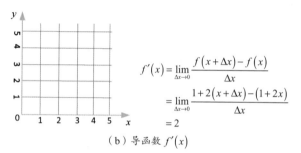

（a）原函数 $f(x)$ 　　　　　　　（b）导函数 $f'(x)$

图 3-1-1　原函数与导函数的关系

2. 导数的含义

光滑曲线通常是可导的，导数的几何意义如图 3-1-2 所示，从横坐标来看，改变任意小的距离 Δx 对应的变化量为 $f(x + \Delta x) - f(x)$。其中，绿线表示导函数，可以理解为 P 点切线的斜率。如果 P 与 Q 无限接近，即 Δx 趋于零，那么黄线的斜率约等于绿线的斜率。

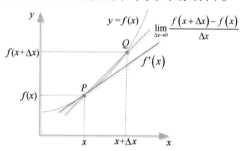

图 3-1-2　导数的几何意义

导数的三种应用场景：

第一，因变量 y 对自变量 x 求导，通过偏微分计算自变量与因变量的边际变化量，即参数估计值；

第二，误差对参数或（回归）系数进行求导，判断模型的"短板"在哪，优先计算或更新参数以减小误差，最终计算参数的估计值；

第三，链式法则，首先将多个求导方程组合成复合函数，然后通过链式求导计算多个方程式间的误差传递，主要应用于神经网络中的反向传播技术。

3. 机器学习的常用导数

常见的导函数形式：$e' = 0$、$x' = 1$、$\left(x^2\right)' = 2x$、$\left(e^x\right)' = e^x$、$\left(e^{-x}\right)' = -e^{-x}$。

若 $y = \mathrm{logit}(x) = \dfrac{1}{1 + e^{-x}}$，则 $y' = y(1 - y)$；

若 $y = \tanh(x) = \dfrac{e^x - e^{-x}}{e^x + e^{-x}}$，则 $y' = 1 - y^2$。

在机器学习中，logit 函数经常用于构建逻辑回归模型、非线性激活函数、S 形图可视化、数据变换等，但 tanh 函数的功能比较单一，主要用于非线性激活函数的场景。

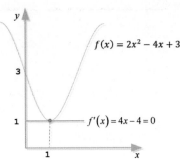

4. 二次函数与最小值

最小值的条件如图 3-1-3 所示，假设计算 $f(x) = 2x^2 - 4x + 3$ 的最小值，首先求解该函数的导函数 $f'(x) = 4x - 4$，然后可以制作函数增减表，用于说明 x 的取值与函数（包括导函数）的取值变化情况。

从图 3-1-3 和表 3-1-1 可以看出，x 的取值不同时，原函数与导函数对应的取值有所变化。导函数的取值由递减变为递增，由于原函数呈 U 形，所以一定存在底部最小值（或顶部最大值），底部最小值就是导函数取值为 0 的位置。

图 3-1-3　最小值的条件

表 3-1-1　导函数的取值变化

函　数	迭 代 1	迭 代 2	迭 代 3	迭 代 4	迭 代 5
x	0	0.5	1	2	4
$f(x)$	3	1.5	1	3	19
$f'(x)$	−4（↘）	−2（↘）	0（最小）	4（↗）	12（↗）

复杂的函数形式如图 3-1-4 所示，若函数比较复杂，则会存在多个极值，进而存在局部最小值和全局最小值，为解决该问题，机器学习提供的方案是经验法和随机化初始值。

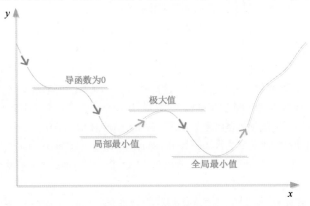

图 3-1-4　复杂的函数形式

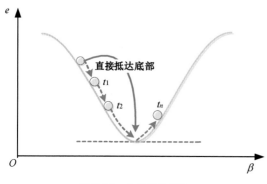

图 3-1-5　凸函数示意图

5. 凸函数问题

凸函数示意图如图 3-1-5 所示，直接抵达底部存在的问题是将偏导数设置为零来寻求最小值时，需要存储整个数据集，会导致内存不足、上帝视角（遍历整个数据集）、运算性能差[①]等问题。

是否可以逐步抵达底部呢？答案是可以的，但此时我们将失去方向（没有上帝视角），某种程度上依赖于运气，但小批次、随机性、动量等方法可以有效缓解机器学习中的"方向感"问题。

3.1.2　向量运算：相关分析

在介绍向量之前，有必要统一相关概念。

张量是向量概念的推广，是由谷歌人工智能系统 Tensorflow 命名的数学术语，来自于物理学中的张力——向固体施加力时在其表面产生的应力，而机器学习将张量视为应力的数学抽象，用于表示高维矩阵。相关概念如下。

标量为 0 维张量，属于算术领域，侧重术的规则；

向量为 1 维张量，属于代数领域，表示数值的线性关系，以方程组关系为代表；

矩阵为 2 维张量，属于高等数学领域，引入误差项，用于结构化数值分析，以统计学习和机器学习代表；

n 维矩阵为 n 维张量，属于高等数学领域，以算法或模型集成为特点，以深度学习为代表。

1. 0 维张量：标量及运算

标量是固定的量，也称为常量，没有方差，因此无法进行方差分析，经常用于阐述四则运算法则，如 3+2=5，1×6=6。

四则运算与机器学习的关系如下。

加、减法——意味着线性模型，表示常量倍数的等值性；

乘法——意味着非线性模型，区别于除法，表示相关、重叠、权重；

除法——意味着非线性模型，消除误差的影响，表示单位。

2. 1 维张量：向量及运算

行向量和列向量是数据集的两个视角，从统计学的角度来看，列强调群体行为，关注的是大众而不是个体，主要通过分布来判断数据的相关性；行强调个体行为，常用距离来度量其相关性。

例如，行向量[0,1,2,3]对应构建向量的代码为 a=np.array([[0,1,2,3]])；

列向量[0,1,1,2]对应构建向量的代码为 b=np.array([[0,1,1,2]]).reshape(-1,1)。

在图 3-1-6（a）中，常数与向量的各元素相乘（NumPy 的广播功能），标量其实可以理解为权

---

① 此处指随机梯度下降算法，即读取全部数据后更新一次梯度和每读取一行数据就更新梯度，后者更新次数多，能够更快地抵达最优值。

重，如 $W \cdot x$ ，可以将 W 视为权重来判断向量的重要性。图 3-1-6（a）中的向量形状为（4，1），与 2 相乘形状仍然为（4，1）。

向量与向量相乘需要保证左向量的列数等于右向量的行数，用于判断向量在多大程度上指向同一方向。图 3-1-6（b）中的两个向量的形状分别为（1，4）、（4，1），相乘后形状为（1，1）。

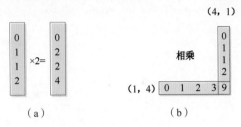

（a）　　　　　　　　　　　（b）

图 3-1-6　向量运算

3. 向量的坐标与大小

向量的几何意义如图 3-1-7 所示，在不同象限里的指向是方向，线段长短是大小。

在相关分析中，方向可以理解为关系是否一致；大小即向量的长度，使用 $|a|$ 表示，可以理解为相关的强弱。例如，图 3-1-7（a）中 a 和 b 的大小分别为 $|a| = \sqrt{3^2 + 3^2} \approx 4.24$ ， $|b| = \sqrt{(-4)^2 + 1^2} \approx 4.12$ ，并且是两个向量负相关的。图 3-1-7（b）中 a 和 b 的大小分别为 $|a| = \sqrt{0^2 + 4^2 + 3^2} = 5$ ， $|b| = \sqrt{3^2 + 2^2 + 4^2} \approx 5.39$ ，并且两个向量是正相关的。

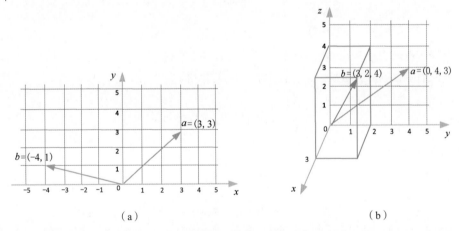

（a）　　　　　　　　　　　（b）

图 3-1-7　向量的几何意义

向量具有方向和大小两种性质，因此需要考虑方向与方向的乘积，内积表示向量与向量（或矩阵与矩阵）之间的乘积，通常习惯用 $a \cdot b$ 表示向量的内积运算。

相关性的几何意义如图 3-1-8 所示，两个向量相乘即 $a \cdot b = |a||b|\cos\theta$ ， θ 为 a 和 b 的夹角，$\cos\theta$ 表示相关系数。由图 3-1-8（b）可见，若 $|a| = 1$ ， $|b| = 1$ ， θ 分别取值为 0°、45°、90°、100°、180°，则向量的内积可以表示为

$$a \cdot b = |a||b|\cos 0° = 1 \times 1 \times 1 = 1$$

$$a \cdot b = |a||b|\cos 45° \approx 1 \times 1 \times 0.71 = 0.71$$

$$a \cdot b = |a||b|\cos 90° = 1 \times 1 \times 0 = 0$$

$$a \cdot b = |a||b|\cos 100° \approx 1 \times 1 \times (-0.17) = -0.17$$

$$a \cdot b = |a||b|\cos 180° = 1 \times 1 \times (-1) = -1$$

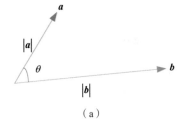

（a）

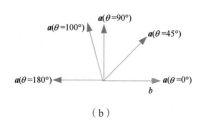

（b）

图 3-1-8　相关性的几何意义

因为余弦函数满足 $-1 \leqslant \cos\theta \leqslant 1$ ，所以两边同时乘以 $|a||b|$ ，得到柯西-施瓦茨不等式：

$$-|a||b| \leqslant |a||b|\cos\theta \leqslant |a||b| \tag{3-1-3}$$

式（3-1-3）可以表示为 $-|a||b| \leqslant a \cdot b \leqslant |a||b|$ ，因此 $\cos\theta$ 的取值及统计意义：

当两个向量方向相反，即 $\cos\theta = -1$ 时，内积最小；

当两个向量不平行，即 $-1 \leqslant \cos\theta \leqslant 1$ 时，内积取中间值；

当两个向量方向相同，即 $\cos\theta = 1$ 时，内积最大。

3.1.3　矩阵运算：回归模型

1. 矩阵的概念

矩阵是由行列式组成的数值，X 为行向量，Y 为列向量。

$$A = \begin{bmatrix} 1 & 2 & 0 \\ 2 & 3 & 2 \\ 3 & 1 & 5 \end{bmatrix}, \quad X = \begin{bmatrix} 1,2,0 \end{bmatrix}, \quad Y = \begin{bmatrix} 1 \\ 2 \\ 3 \end{bmatrix}$$

因此矩阵形式的一般化为

$$A = \begin{bmatrix} a_{11} & \cdots & a_{1n} \\ \vdots & \ddots & \vdots \\ a_{m1} & \cdots & a_{mn} \end{bmatrix}$$

A 是一个 m 行 n 列的矩阵，矩阵中的每个取值为元素，如 a_{61}。若 $m = n$ ，则为方阵；若对角线上的元素都是 1，其他为 0，则为单位阵。例如，方阵 A_1 和单位阵 A_2 如下。

$$A_1 = \begin{bmatrix} 0 & 2 & 0 \\ 2 & 2 & 2 \\ 3 & 1 & 1 \end{bmatrix}, \quad A_2 = \begin{bmatrix} 1 & 0 & 0 \\ 0 & 1 & 0 \\ 0 & 0 & 1 \end{bmatrix}$$

1）矩阵的运算：和、差、常数倍乘

矩阵运算的和与差的性质相同，具有平移等功能，常数倍乘表示按比例放大。该类运算相对比较简单，与常规运算并无差异，执行对应元素的运算即可。示例如下。

当 $A=\begin{bmatrix}1&3\\0&2\end{bmatrix}$，$B=\begin{bmatrix}2&3\\1&2\end{bmatrix}$ 时，$A+B=\begin{bmatrix}1+2&3+3\\0+1&2+2\end{bmatrix}=\begin{bmatrix}3&6\\1&4\end{bmatrix}$，$A-B=\begin{bmatrix}1-2&3-3\\0-1&2-2\end{bmatrix}=$

$\begin{bmatrix}-1&0\\-1&0\end{bmatrix}$，$2A=\begin{bmatrix}1\times2&3\times2\\0\times2&2\times2\end{bmatrix}=\begin{bmatrix}2&6\\0&4\end{bmatrix}$。

2）矩阵的运算：乘积

对于感知器模型而言，可以使用向量与矩阵的乘积完成运算，但是若为神经网络，则需要联立很多感知器模型，因此神经网络需要高维矩阵与矩阵的乘积运算。

矩阵乘法规则如图 3-1-9 所示，矩阵 A 与矩阵 B 的乘积为 $(a,b)\cdot(b,c)=(a,c)$，需要满足左矩阵的列数等于右矩阵的行数，其中，a 是左矩阵 A 的行数，b 是左矩阵 A 的列数，b 也是右矩阵 B 的行数，c 是右矩阵 B 的列数。

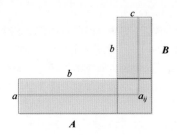

图 3-1-9　矩阵乘法规则

可见，根据 A 的某个行向量与 B 的某个列向量的内积，可以计算矩阵元素 a_{ij}，A 矩阵和 B 矩阵的乘积示例如下。

当 $A=\begin{bmatrix}1&3&2\\0&2&1\end{bmatrix}$，$B=\begin{bmatrix}0&2&0\\2&2&2\\3&1&1\end{bmatrix}$ 时，$A\cdot B=\begin{bmatrix}1&3&2\\0&2&1\end{bmatrix}\begin{bmatrix}0&2&0\\2&2&2\\3&1&1\end{bmatrix}=\begin{bmatrix}1\times0+3\times2+2\times3\\0\times0+2\times2+1\times3\end{bmatrix}$

$\begin{bmatrix}1\times2+3\times2+2\times1&1\times0+3\times2+2\times1\\0\times2+2\times2+1\times1&0\times0+2\times2+1\times1\end{bmatrix}$。

由此可见，矩阵不符合乘法交换律 $A\cdot B\neq B\cdot A$，而且 $B\cdot A$ 是无法相乘的。单位阵与任何矩阵的乘积都是矩阵本身，因此单位阵具有与 1 相同的性质，这一点很重要。示例如下。

$$A\cdot E=\begin{bmatrix}1&3&2\\0&2&1\end{bmatrix}\begin{bmatrix}1&0&0\\0&1&0\\0&0&1\end{bmatrix}$$

$$=\begin{bmatrix}1\times1+3\times0+2\times0&1\times0+3\times1+2\times0&1\times0+3\times0+2\times1\\0\times1+2\times0+1\times0&0\times0+2\times1+1\times0&0\times0+2\times0+1\times1\end{bmatrix}$$

$$=A$$

2. 线性回归与感知器

感知器通过接收信号 x_1 与 x_2 实现与 y 的整合，并根据 y 的监督作用实现拟合数据的功能。感知器与线性回归示意图如图 3-1-10 所示，0.6 和 0.3 分别表示信号 x_1 与 x_2 的影响大小，3.5 表示感知器被激活的难易度。

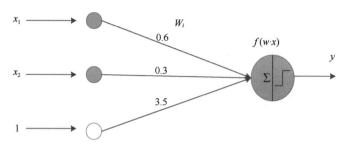

图 3-1-10 感知器与线性回归示意图

线性回归可以表示为

$$y = \beta_0 + \beta_1 x_1 + \beta_2 x_2 + \varepsilon \tag{3-1-4}$$

其拟合模型为 $\hat{y} = 3.5 + 0.6x_1 + 0.3x_2$ 。

感知器可以用线性回归表达式表示，但线性回归表达式缺乏激活函数（统计学将激活函数称为转换函数），通过对系数（如 0.3、0.6）和信号的加权求和，代入激活函数来实现输出 $\hat{y}$ 的计算。

实现了信号 x 与输出 y 的连接后，需要判断连接的好坏，这就需要误差（ $y - \hat{y} = \varepsilon$ ）参与评价。线性回归上感知器模型一样依赖于误差，小数据的回归通常使用最小二乘法、大数据的感知器通常使用随机梯度下降法。

可见，感知器=线性回归+激活函数，感知器= $f\left(3.5 + 0.6x_1 + 0.3x_2\right)$ ，其中 f 是激活函数。

3.1.4 张量运算：神经网络

一个感知器模型相当于一个广义线性模型（线性回归+激活函数），一个神经网络相当于集成了多个感知器模型。神经网络层关系图如图 3-1-11 所示，假设有 N 行数据，并包括两个自变量，一个因变量（存在两个取值，并进行独热编码），自变量 x 对应输入层，因变量 y 对应输出层，并设计包含三个单元的隐含层 h ，偏置项为 b 。

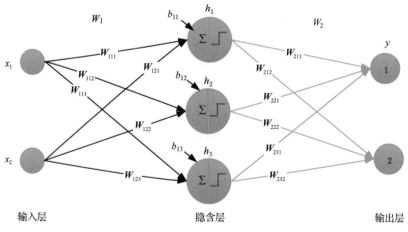

图 3-1-11 神经网络层关系图[①]

---

① 本节的矩阵运算中并未提及激活函数，主要强调网络结构。

根据神经网络前向传播的运算方式，可以将输入层与隐含层的关系表示为

$$(x_1, x_2) \cdot \begin{pmatrix} W_{111}, W_{112}, W_{113} \\ W_{121}, W_{122}, W_{123} \end{pmatrix} + (b_1, b_2, b_3) = (h_1, h_2, h_3) \qquad （3-1-5）$$

即 $XW + b = h$，X 的维度为（N，2），W 的维度为（2，3），h 的维度为（N，3），满足（N，2）·（2，3）=（N，3）的矩阵维度的约束。若 $N=1$，则上述运算就是向量与矩阵相乘；若 $N>1$，则上述运算就是矩阵与矩阵相乘。

可以进一步将隐含层与输出层的关系表示为

$$(h_1, h_2, h_3) \cdot \begin{pmatrix} W_{211}, W_{212} \\ W_{221}, W_{222} \\ W_{231}, W_{232} \end{pmatrix} = (y_1, y_2) \qquad （3-1-6）$$

即 $hW = y$，h 的维度为（N，3），W 的维度为（3，2），y 的维度为（N，2），同样满足矩阵维度的定义规则。

综上所述，权重、相关、回归和神经网络可以通俗地表述为标量与向量的乘法≈权重、向量与向量的乘法≈相关、向量与矩阵的乘法≈回归、矩阵与矩阵的乘法≈神经网络。

3.2　机器学习理解

机器学习由升级版的统计模型和"纯正"的机器学习模型共同组合而成，机器学习的特征具备三要素——方程式、损失函数[①]和更新函数。

模型=方程式+误差，方程式可以是线性的加法形式（如线性回归），也可以是非线性的乘法、除法形式（如逻辑回归），也可以是模型集成的形式（如随机森林），甚至可以是没有具象化的表达形式（如最近邻模型）。方程式可以是纯数学的，但模型必须增加具体的业务含义。

损失函数可以由"y 形式≈误差形式"来表述，误差是判断模型优劣的内部标准，通常用于模型训练的过程而不是结果。根据因变量的测量级别（分类型或连续型），选择合适的监督标准，如分类型因变量对应交叉熵等指标、连续型因变量对应均方误差等指标。

更新函数可以由"$\beta_{t+1} \approx \beta_t - e$"来表述，即每次都对上一次的状态进行误差的反方向调整，最终可以估计出参数，而更新函数的数学形式就是算法，最终估计的参数可以用于归因或预测。

3.2.1　连续型因变量：线性回归

1. 模型与方程式

线性回归模型如式（3-2-1）所示。

$$y = \beta_0 + \beta_1 x_1 + \beta_2 x_2 + \varepsilon \qquad （3-2-1）$$

因变量 y 对应业务痛点，自变量 x 是因果关系中的"因"，回归系数对应归因的重要性，误差是判断模型优劣的依据。线性回归模型的方程部分如式（3-2-2）所示。

---

① 损失函数有统计的误差之意，目标函数有数学的优化之意，代价函数有业务的成本之意，但机器学习并不严格区分三个函数的细微差别，本书使用损失函数的叫法。

$$\hat{y} = \beta_0 + \beta_1 x_1 + \beta_2 x_2 \tag{3-2-2}$$

损失函数由误差计算而来，使用 $y - \hat{y}$ 表示。如表 3-2-1 所示，若将第一行数据代入公式，令回归系数 $\beta_1 = 1$，$\beta_2 = 1$，则误差 $\varepsilon = 0$；令回归系数 $\beta_1 = 2$，$\beta_2 = 1$，则误差 $\varepsilon = -2$；令回归系数 $\beta_1 = 1$，$\beta_2 = -1$，则误差 $\varepsilon = 4$。

表 3-2-1 误差与系数计算

y	$\beta_1 \times x_1$	$\beta_2 \times x_2$	$\varepsilon(1, 1)$	$\varepsilon(2, 1)$	$\varepsilon(1, -1)$
5	2	3	0	-2	4
2	1	1	0	-1	2
3	1	2	0	-1	4

可见，第三组系数对应的最大误差[①]是 4，将误差取绝对值后直接汇总，第一组的误差最小，若算法不再迭代，则 $\beta_1 = 1$、$\beta_2 = 1$ 是模型的最终参数。

2. 损失函数与最小二乘法

连续型因变量直接使用 $y - \hat{y}$ 作为损失函数，因为误差直接取绝对值对应的一次函数是直线，很难寻找最小值，只能观察区间最小值，所以常见的做法是将绝对值换成平方项 [见式（3-2-3 a）]，同样能达到误差取正的效果，而且平方项可以将一次线性转化成二次 U 形，因为 U 形存在底部或顶部 [见式（3-2-3 c）]，所以很容易找到最小值或最大值。

$$\text{loss} = \sum_{i=1}^{n} \varepsilon_i^2 \tag{3-2-3 a}$$

$$= \sum_{i=1}^{n} (y_i - \hat{y}_i)^2 \tag{3-2-3 b}$$

$$= \sum_{i=1}^{n} (y_i - \beta_0 - \beta_1 x_i)^2 \tag{3-2-3 c}$$

误差项呈现 U 形后，分别对估计参数（β_0 和 β_i）求偏导，β_0 表示截距项，β_i 表示回归系数。值得一提的是，每个参数（β_0 或 β_i）单独对应一个二次曲线的误差函数，可以联立方程求解。模型中只有一个自变量时求导数，存在多个自变量时求偏导数。

$$\frac{\partial \text{loss}}{\partial \beta_0} = -2 \sum_{i=1}^{n} (y_i - \beta_0 - \beta_i x_i) = 0 \tag{3-2-4}$$

$$\frac{\partial \text{loss}}{\partial \beta_i} = -2 \sum_{i=1}^{n} x_i (y_i - \beta_0 - \beta_i x_i) = 0 \tag{3-2-5}$$

将上述两个方程式联立起来解方程组，就可以得到 β_0 和 β_i 的取值。

$$n\beta_0 + \beta_1 \sum_{i=1}^{n} x_i = \sum_{i=1}^{n} y_i \tag{3-2-6 a}$$

$$\beta_0 \sum_{i=1}^{n} x_i + \beta_1 \sum_{i=1}^{n} (x_i^2) = \sum_{i=1}^{n} (x_i y_i) \tag{3-2-6 b}$$

$$\beta_0 = \frac{\sum_{i=1}^{n} y_i - \beta_1 \sum_{i=1}^{n} x_i}{n} = \bar{y} - \beta_i \bar{x} \tag{3-2-7}$$

---

① 注意误差的起点是零，偏离的程度是误差的大小，符号表示方向。

$$\beta_i = \frac{\sum_{i=1}^{n}(x_i - \hat{x}_i)(y_i - \hat{y}_i)}{\sum_{i=1}^{n}(x_i - \hat{x}_i)^2} = \frac{\text{cov}(x, y)}{\text{var}(x)} \quad (3\text{-}2\text{-}8)$$

可见，回归系数 β_i 可以通过 x 和 y 的协方差除以 x 的方差获得，截距项 β_0 可以通过回归系数 β_i、x 和 y 的均值综合计算获得。

注意，此处不仅展示了最小二乘法的思路，而且说明可以通过公式直接计算回归系数。例如，如果数据量很大，为了避免重复运算，那么可以提前计算公式需要的统计量，需要时调用统计量即可。这是加速数据运算的方案之一。

知识拓展 （重要等级★★★☆☆）

误差求导的含义

误差求导可以快速找到误差的最大值，也就是找到了"木桶中的短板"。如果将木桶视为模型，那么木板是自变量，水是模型信息，短板决定了木桶的容量。

$\dfrac{\partial \text{loss}}{\partial \beta}$ 表示相对真分的差异，假设木桶的高度是 100cm，木板 1 的高度是 90cm，木板 2 的高度是 30cm，相对于木桶的总高，木板 1 差了 10cm，即 $\dfrac{\partial \text{loss}}{\partial \beta_{木板1}} = 10$cm，木板 2 差了 70cm，即 $\dfrac{\partial \text{loss}}{\partial \beta_{木板2}} = 70$cm，要想提高木桶的容量，需要优先提高木板 2 的高度。

---

3. 更新函数及随机梯度下降

最小二乘法借助求导，并通过联立方程组直接计算模型参数。对比来看，随机梯度下降同样也借助于求导，只不过此处的求导称作梯度，并通过更新方式来计算模型参数。可见，最小二乘法面向所有数据，一气呵成，而梯度更新面向局部数据，具有多次更新的含义。

机器学习的更新函数可以表示为

$$\beta_{t+1} = \beta_t - \text{alpha} \times \frac{\partial \text{loss}}{\partial \beta_t} \quad (3\text{-}2\text{-}9)$$

式中，β 是需要估计的参数；t 是次数。

可以这样理解更新函数：前一次估计参数 β_t 参与对当前估计参数 β_{t+1} 的更新，并且需要寻找模型的短板（$\dfrac{\partial \text{loss}}{\partial \beta_t}$）。每个估计参数都对应一个更新函数，最终可以对比误差大小，汇总时误差大则权重大。更新函数中的梯度本质上就是误差，因此公式中的减号可以表述为 β 以梯度的反方向调整，即梯度下降，调整的幅度（步长、约束等）由学习率 alpha 控制。

知识拓展 （重要等级★★★☆☆）

线性回归的随机梯度下降

随机梯度下降的更新函数可以表示为

$$\beta_{t+1} = \beta_t - \text{alpha} \times \frac{\partial \text{loss}}{\partial \beta_t} \quad (3\text{-}2\text{-}10)$$

$$\frac{\partial \mathrm{loss}}{\partial \beta_t} = \frac{1}{2} \times \sum_{i=1}^{n} \frac{\left(y_i - \hat{y}_i\right)^2}{\partial \beta_t} \tag{3-2-11 a}$$

$$= \sum_{i=1}^{n}\left(y_i - \hat{y}_i\right) \times \frac{\partial\left(-\hat{y}_i\right)}{\partial \beta_t} \tag{3-2-11 b}$$

$$= -\sum_{i=1}^{n}\left(y_i - \hat{y}_i\right) \times x_i \tag{3-2-11 c}$$

因此线性回归的更新函数可以表示为

$$\beta_{t+1} = \beta_t + \mathrm{alpha} \times \sum_{i=1}^{n}\left(y_i - \hat{y}_i\right) \times x_i \tag{3-2-12}$$

式中，β_t 表示估计参数，即每个参数都对应一个更新函数；减号表示 β 以梯度的反方向调整，因为求导后为负值，所以与式（3-2-10）中的负号相互抵消为正。可见，更新函数中增加了误差项 $y - \hat{y}$ 和自变量 x，误差仍然表示模型"坏"在哪里。自变量表示在更新参数时其取值对参数的影响。

常见的例子是一个人在山中迷失时，如何才能尽快到达山脚。

梯度下降示意图如图 3-2-1 所示，随机性是复杂问题的最优解，蓝色圆点和红色圆点所在的位置是随机的，但规则是每步（每行数据）都朝向下坡度（反向梯度）最大的方向（学习率的节奏）步行，这样有可能在一个相对平缓的路面上来回游荡（局部最优解和梯度消失），经过很长时间才找到最低点 ［见图 3-2-1（a）］，也可能很快抵达山脚（全局最优解），但因为过程不是上帝视角，试误次数需要足够多，最终通过比较误差的大小来评估路线的优劣 ［见图 3-2-1（b）］。

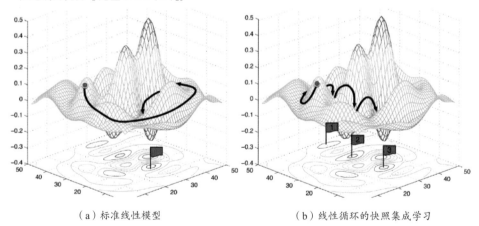

（a）标准线性模型　　　　　　　　　（b）线性循环的快照集成学习

图 3-2-1　梯度下降示意图[①]

综上，核心问题是误差函数到底有多复杂，如果误差是简单的 U 形，那么不用担心底部和起点的问题，只需要关注步长（近似学习率）；如果误差函数的复杂程度高，那么起点、局部最优解、梯度消失、步长等都将是超参数优化的对象。

[①] 周志华. 机器学习[M]. 北京：清华大学出版社，2016.

3.2.2　分类型因变量：逻辑回归

作为对比，从线性回归的例子出发，梯度下降算法通过迭代的方式，最小化损失函数来寻找参数的最优解，需要方程式、损失函数和更新函数三类模型特征。该算法在大数据的场景下同样适用于逻辑回归。

1. 逻辑回归的方程式

逻辑（Logistic）回归的方程式可以表示为

$$\log\left[p/(1-p)\right] = \beta_0 + \beta_1 x_1 + \beta_2 x_2 + \varepsilon \tag{3-2-13}$$

并经转换重新表示为

$$p = \frac{1}{1 + e^{-\beta^{\mathrm{T}} x}} \tag{3-2-14 a}$$

$$= \frac{1}{1 + e^{-(\beta_0 + \beta_1 x_1 + \beta_2 x_2)}} \tag{3-2-14 b}$$

不过值得说明的是，逻辑回归的因变量取值是二分类的，但此处使用概率的转换形式表示因变量，具体实现方式为根据不同自变量引入因变量的条件概率（具有小数位的性质），对概率进行转换，使其具有不受取值限制的特点，从而达到非线性、直线化的目的，最后通过最大似然估计或随机梯度下降实现参数估计。

2. 逻辑回归的损失函数

逻辑回归的损失函数不同于线性回归，考虑到分类型变量的误差和逻辑回归方程式两者的量化形式，决定启用概率（p）及熵的度量方法。

概率与熵如图 3-2-2 所示，熵[1]用于衡量不确定性，以二分类为例，概率取值 0.5 处对应的熵为 1，表示最不确定，从概率 0.5 处向两侧（0 或 1）延伸的过程中，熵的取值逐渐下降，最终降为 0，表示确定程度最高。

图 3-2-2　概率与熵

熵可以表示为

$$E = -\sum_{i=1}^{n} p \times \ln p \tag{3-2-15}$$

对于二分类而言，也可以进一步表示为

$$E = -\left[p \times \ln\hat{p} + (1-p) \times \ln(1-\hat{p})\right] \tag{3-2-16}$$

因变量是二分类的场景，用于衡量每行的误差，可以表示为

$$\text{loss} = \frac{1}{N} \sum_{i=1}^{n} E_i \tag{3-2-17}$$

式中，N 表示总样本数；loss 表示对所有误差取平均。

---

[1] 对数的底可以是 2、e、10，并不改变熵的性质，但一般以 2 为底。另外，概率从 0.5 处向两侧延伸的过程中，熵的变化并不是线性的，这一点在非线性约束中很重要。

3. 逻辑回归的更新函数

逻辑回归与线性回归的更新函数无异，因此进一步使用线性回归的更新函数，可以将逻辑回归的更新函数表示为

$$\beta_{t+1} = \beta_t - \text{alpha} \times \frac{\partial loss}{\partial \beta_t} \tag{3-2-18}$$

最终的逻辑回归的更新函数为

$$\beta_{t+1} = \beta_t + \text{alpha} \times \left(F(x_i) - y\right) \times F(x_i) \times \left(1 - F(x_i)\right) \times x_i \tag{3-2-19}$$

注意，此处的 $F(x_i) = p = S(\boldsymbol{\beta}^{\mathrm{T}} \boldsymbol{X}) = \dfrac{1}{1 + e^{-\boldsymbol{\beta}^{\mathrm{T}} x}}$。相比于线性回归，除了误差项和自变量属性对参数估计的影响之外，逻辑回归还多出了分类型变量的方差项，用于拓展和权衡概率取值受限的问题。

知识拓展 （重要性★★★★★）

链式求导法则

链式求导法则对于逻辑回归的理解并不重要，相比于线性回归，逻辑回归的更新函数多出了 $p \times (1-p)$ 的部分，从统计学的视角来看其实就是分类型变量的方差，读者直接记住结论即可。对于想要深入学习神经网络，尤其是反向传播技术的读者而言，链式求导法则是重要的数理基础。

$$\Delta loss = \frac{\partial loss}{\partial \beta_t} \tag{3-2-20 a}$$

$$= \frac{\partial loss}{\partial \text{RL}} \times \frac{\partial \text{RL}}{\partial \beta_t} \tag{3-2-20 b}$$

令 $\text{RL} = \boldsymbol{\beta}^{\mathrm{T}} \boldsymbol{X}$，即 $\Delta loss = \dfrac{\partial loss}{\partial \text{RL}} \times x_i$

其中，

$$\frac{\partial loss}{\partial \text{RL}} = \frac{\partial loss}{\partial F(x_i)} \times \frac{\partial F(x_i)}{\partial \text{RL}} \tag{3-2-21 a}$$

$$= \frac{\partial loss}{\partial F(x_i)} \times \frac{\partial S(\text{RL})}{\partial \text{RL}} \tag{3-2-21 b}$$

$$= -\left[y - F(x_i)\right] \times F(x_i) \times \left[1 - F(x_i)\right] \tag{3-2-21 c}$$

其中，

$$\frac{\partial S(x)}{\partial x} = \left(\frac{1}{1 + e^x}\right)' \tag{3-2-22 a}$$

$$= \frac{e^{-x}}{\left(1 + e^{-x}\right)^2} = \frac{\left(1 + e^{-x}\right) - 1}{\left(1 + e^{-x}\right)^2} \tag{3-2-22 b}$$

$$= \frac{1}{\left(1 + e^{-x}\right)} - \frac{1}{\left(1 + e^{-x}\right)^2} \tag{3-2-22 c}$$

$$= \frac{1}{\left(1+e^{-x}\right)} \left[1 - \frac{1}{\left(1+e^{-x}\right)}\right] \qquad (3\text{-}2\text{-}22\,d)$$

$$= S(x)\left[1 - S(x)\right] \qquad (3\text{-}2\text{-}22\,e)$$

可见，可以通过原函数直接求出 sigmoid 函数的导数，极大地简化了计算，这也是逻辑回归的激活函数，也常用作神经网络的激活函数。

3.3 机器学习算法

最小二乘法基于其优秀的性质成为各类算法的基础组成部分，由此拓展的算法有最大似然估计法、随机梯度下降法等。如果机器学习面对的问题是数据量偏小，那么最小二乘法永远是最好的选择；如果变量的测量特征不统一，那么最大似然估计法是比较好的选择；如果数据量比较大，那么随机梯度下降法是最好的选择。

在严格的实验室环境或假设条件下，各类算法的结果其实是一致的，但现实中的数据质量不尽相同，因此需要区分各种算法的应用场景。

3.3.1 最小二乘法：准确度

相信在 3.2 节机器学习理解的基础上，你能够理解求导后梯度算法存在的局限——梯度等于零的内存消耗问题，将数据视为矩阵并利用线性代数寻求最优化对内存的要求极高，在大数据场景中自然不被允许，但还是保留了梯度的部分功能。

最小二乘法的特点：

（1）可以同时处理多个自变量，寻求残差平方和最小化；

（2）在正态分布等严格的条件下，估计值具有最佳线性、无偏估计量的特性；

（3）小数据的场景下优先使用最小二乘法；

（4）最小二乘法是算法之源，可以用于开发各种算法。

具体的数值运算过程可以阅读 3.1.1 节中的二次函数与最小值的描述。

3.3.2 最大似然估计法：测量

独立同分布不仅是一个模型假设，如果原始数据不满足该假设，那么意味着无法从已知的数据信息推测其他数据，很多适用于截面的模型都是这样。

在满足独立同分布并且已知随机变量分布参数的情况下，最大似然估计是最佳无偏估计量。下面将介绍适用于所有测量类型的逻辑回归模型的构建步骤。

假设是否购买手机是因变量，同时受到促销价格 x_1（高或低）、像素 x_2（是否超过 1 亿像素）、收入 x_3（宽裕或非宽裕）三个因素的影响。

第一步：理解似然函数。

某客户对三个影响因素的评分分别为 s_1、s_2、s_3，并且在给出分数前分别给予三个影响因素不同的权重（β_i），若当前手头不宽裕则收入 x_3 的权重偏大，若一直在等待优惠时机则促销价格 x_1 的权重略高。

客户的购买动机由 s_1、s_2、s_3 分别对应的概率 p_1、p_2、p_3 决定，而且最终的购买意愿是由购买概率的乘积项 $p_1 \times p_2 \times p_3$ 决定的。为什么是乘积项呢？客户在产生购买行为前一定考虑了所有影响因素，并且 $p_1 \times p_2 \times p_3$ 互为权重，相当于三者的共同重叠项（文氏图），也就是乘积项，如式（3-3-1）所示。

$$L(\beta) = \prod_{i=1}^{3} p_i \qquad (3\text{-}3\text{-}1)$$

反过来看，权重 β_i 的不同取值或取值组合将决定客户的购买动机，这里的 $L(w)$ 就是似然函数。有时误差函数越大越便于计算，似然函数就是如此，因为此处的概率表示客户产生购买行为的可能性。

第二步：构建逻辑回归，确定模型随机误差项的分布，一般为 Logistic 分布、二项式分布或多项式分布。

观测数据出现的概率可以表示为未知模型参数的函数。

鉴于独立同分布的假设，样本数为 n 的联合分布可以表示为边际分布的连乘，以 logit 函数为例[见式（3-3-2 b）]，其似然函数为

$$L = \prod p_i^{y_i} (1-p_i)^{(1-y_i)} \qquad (3\text{-}3\text{-}2\text{ a})$$

$$= \prod \left[\left(e^{\sum_{k=0}^{j} \beta_k x_{ik}} \right) \Big/ \left(1 + e^{\sum_{k=0}^{j} \beta_k x_{ik}} \right) \right]^{y_i} \left[1 \Big/ \left(1 + e^{\sum_{k=0}^{j} \beta_k x_{ik}} \right) \right]^{(1-y_i)} \qquad (3\text{-}3\text{-}2\text{ b})$$

式中，p 表示因变量取值为 1 的概率；$p^y (1-p)^{(1-y)}$ 表示因变量的方差分布。而联合分布为什么表示为边际分布连乘的形式呢？因为下式可以表示事件 A 和事件 B 不相关，即独立。

$$p(A \cap B) = p(A) \times p(B) \qquad (3\text{-}3\text{-}3)$$

第三步：取对数，即对数似然函数。由于 L 的计算复杂性[见式（3-3-2 b）]，$\ln L$ 可以将指数形式转化为加法形式，减少计算量，并且 $\ln L$ 具有与 L 相同的特性，即单调递增，所以 $\ln L$ 取最大时，L 取值最大。

第四步：求偏导。令似然方程为零，求解似然方程组，求得对应组回归参数 β_k 的最优解。

算法理解：

假设 001 客户最终决定购买手机时，促销价格为 0.2 元，考虑购买；像素没有超过 1 亿像素，不考虑购买；收入宽裕值为 0.3，考虑购买。根据逻辑回归模型的方程式，客户产生购买行为的概率为

$$p = \frac{1}{1 + e^{-(\beta_0 + \beta_1 x_1 + \beta_2 x_2 + \beta_3 x_3)}}$$
$$= \frac{1}{1 + e^{-(\beta_0 + \beta_1 \times 0.2 + \beta_2 \times 0.1 + \beta_3 \times 0.3)}} \qquad (3\text{-}3\text{-}4)$$

客户未产生购买行为的概率为

$$1 - p = 1 - \frac{1}{1 + e^{-(\beta_0 + \beta_1 x_1 + \beta_2 x_2 + \beta_3 x_3)}}$$
$$= 1 - \frac{1}{1 + e^{-(\beta_0 + \beta_1 \times 0.2 + \beta_2 \times 0.1 + \beta_3 \times 0.3)}} \qquad (3\text{-}3\text{-}5)$$

进一步得到似然函数为 $L = p \times (1-p) \times p$，可以通过代入不同组合的参数值来评估似然函数的大小。

当 $\beta_0 = 1.1, \beta_1 = 3, \beta_2 = 1, \beta_3 = 2$ 时，

$$L = p \times (1-p) \times p$$

$$= \frac{1}{1 + e^{-(1.1+3\times0.2+1\times0.1+2\times0.3)}} \times \left[1 - \frac{1}{1 + e^{-(1.1+3\times0.2+1\times0.1+2\times0.3)}} \right] \times \frac{1}{1 + e^{-(1.1+3\times0.2+1\times0.1+2\times0.3)}}$$

$$\approx 0.067$$

当 $\beta_0 = 1.5, \beta_1 = 2, \beta_2 = 1, \beta_3 = 0$ 时，

$$L = p \times (1-p) \times p$$

$$= \frac{1}{1 + e^{-(1.5+2\times0.2+1\times0.1+0\times0.3)}} \times \left[1 - \frac{1}{1 + e^{-(1.5+2\times0.2+1\times0.1+0\times0.3)}} \right] \times \frac{1}{1 + e^{-(1.5+2\times0.2+1\times0.1+0\times0.3)}}$$

$$\approx 0.092$$

可见，在 β 的取值组合中，（1.5，2，1，0）组合对应的似然函数值为 0.092，相对最大。

当然，实际数据量和组合值众多，但逻辑回归的似然函数是单峰的，因此最优组合值问题其实就是最优化问题，通过求解似然方程组就可以完成。另外，如果样本量偏小，那么最大似然估计相对来说是最稳定的估计值，如果数据量非常大，那么数值运算方面的计算复杂度将明显增加，因此在大型数据的场景下并不建议使用该方法。

最大似然法的特点：可以同时处理不同测量级别的变量，如分类型变量和连续型变量；极大地拓展了线性模型，尤其是广义线性模型的数据拟合功能。

3.3.3 随机梯度下降法：大数据

前面章节基本上复原了随机梯度下降法的算法特征，它与最小二乘法和最大似然估计法最大的不同之处在于更新函数，逐步找到最优值，这也是梯度的含义所在。

下面将介绍梯度下降法的数值运算（见表 3-3-1）。

表 3-3-1　梯度下降法的数值运算

x	y	$\hat{y}$	β_0	β_1
1	3	0	0.9	0.9
2	6	2.7	1.89	2.88
3	5	…	…	…

注：更新函数为 F，即 $\beta_{t+1} = \beta_t - \text{alpha} \times (y - \hat{y}) \times x$，其中 alpha 设为 0.3。

首先读入第一行数据 1 和 3，然后随机初始化 β_0 和 β_1，取值是随机的。为了方便起见，初始设置为 $\beta_0 = 0$ 和 $\beta_1 = 0$，根据线性回归方程 $\hat{y} = \beta_0 + \beta_1 x_1$，得到 $\hat{y} = 0 + 0 \times 1 = 0$，误差 $\varepsilon = y - \hat{y} = 3 - 0 = 3$。因为 $\beta_{t+1} = \beta_t + \text{alpha} \times (y - \hat{y}) \times x$，所以 $\beta_0 = 0 + 0.3 \times 3 \times 1 = 0.9$（注意：此处的 1 是截距项求导后的 1）；$\beta_1 = 0 + 0.3 \times 3 \times 1 = 0.9$（注意：此处的 1 是读入的第一行数据的取值）。

这样就完成了第一次读入数据后的梯度更新。在此基础上，继续读入第二行数据 2 和 6 执行梯度更新，因为此时 $\beta_0 = 0.9$ 和 $\beta_1 = 0.9$，并使用相同的方程式和更新函数，则估计值和误差分别是 $\hat{y} = 0.9 + 0.9 \times 2 = 2.7$，$\varepsilon = y - \hat{y} = 6 - 2.7 = 3.3$。所以，第二行对应的参数分别为 $\beta_0 = 0.9 + 0.3 \times$

$3.3 \times 1 = 1.89$（注意：此处的 1 仍然是截距项求导后的 1），$\beta_1 = 0.9 + 0.3 \times 3.3 \times 2 = 2.88$（注意：此处的 2 是读入第二行自变量的取值）。

第三行对应的参数更新原理相同，不再赘述。

数据总量为 3，迭代完成后重新从第一行开始，进行第二轮运算。全部样本训练一次，即为一个周期或一轮，每行的更新称为一次迭代。一般而言，算法自带收敛标准，到达误差的最小标准后，停止迭代。如果两轮后停止，那么描述为两轮更新或六次迭代更新。

随机梯度下降法的特点：

（1）以迭代的方式最小化模型误差，更有效地处理多维问题；

（2）超参数学习率的引入增加了模型的灵活性；

（3）数据矩阵不会写入内存，极大地缓解了内存压力；

（4）更有效地结合了正则化功能来缓解稀疏、共线、过拟合、速度等问题；

（5）梯度可以将数据行也定义成超参数，以小批次或更复杂的方式读取数据，有利于解决运算性能、收敛等问题；

（6）随机性功能有利于处理极端复杂问题；

（7）梯度是各类不同算法的承载体，如"最大似然估计=似然+梯度"的模式、"随机梯度下降=参数更新+梯度"的模式。

第 4 章　统计学：回归"进化"

如果说最小二乘法是算法之源，那么回归就是模型之基础。

回归在大数据革命期间遭遇的瓶颈恰恰是统计学的瓶颈。统计学在面对高维、稀疏、内存等问题时，疲态尽显，而线性回归模型的进化，如正则化技术的 LASSO 回归、弹性网等，在一定程度上缓解了这一问题，与其他进化（性能升级）的算法共同组建了机器学习的大"家园"。

本章从线性回归模型入手，尽量保证涉及的知识点在机器学习中的通用性。

4.1　大数据与回归模型

基于大数据的应用，统计学遇到的困境包括数据高维、稀疏、共线、内存不足、运算复杂等问题。针对这些问题有一系列的疑问：统计学的应对方法是什么？如何升级算法？哪些算法可以升级？下面将针对这些问题展开讨论。

4.1.1　统计学的烦恼

数据量的增加不仅是数据行上的增加，还包括数据列和半结构化数据的增加，不过增加的量级存在差别，如数据行达到百万级才称之为大数据，而数据列达到百级就已经是大数据的范畴了。此外，数据格式的非结构化[①]（如图像、自然语言等）趋势也大幅增加了数据分析的难度。

数据行增加带来的最直观问题是运算速度下降，如果数据列同时也在增加，那么会导致数据出现高维度、数据稀疏、列间共线等问题；如果将行和列组合起来，那么会对计算机的内存产生压力。而行、列增加的商业背景是数据采集系统的成熟，因此考虑成本，优先采集结构化数据，所以机器学习算法需要优先处理结构化数据，这也是 CPU 通用性框架的运算基础。

统计学习是基于抽样小数据的技术，自然没有针对大数据的功能，但统计学习中的百年成熟模型自然有用武之地，这就是模型升级，而升级本身存在"痼疾"，优缺点并存。缺点是尽管模型性能有所提升，但限于早期模型的"包袱"，在运算速度上仍滞后于经典机器学习模型；优点是在归因问题上仍"一枝独秀"，具有不可替代性。

---

① 图像的像素是分析的对象，若将像素平铺，则每个像素对应一个自变量，此时的自变量很难命名，因此将这类数据称为非结构化数据，如自然语言格式的数据。

4.1.2 线性回归的进化

从理论上说，所有的模型都可以升级，但实际只有少数模型进行了升级，其理由也不复杂，可能有三个：

第一，模型发展到最后，集成性变成了总体发展的趋势，而统计学的优势在于归因问题。如果将模型进行复杂集成，那么势必会导致归因问题的可解释性大幅下降，自然失去了特色。

第二，统计学集成性的目的是精确性，运算量问题在小数据中并不突出，但在大数据中却有悖于技术要求，自然被排除在升级之外。

第三，大数据更加关注预测、精确、稳定之间的平衡，因此很多归因模型不具有实际价值，对现实应用的关注度不高。

少数升级后的模型显示，尽管其功能应用上存在诸多差异，但在模型理解上几乎与统计学一致，统计模型升级示意图如图 4-1-1 所示，统计学中用于大数据升级的模型并不多，以线性回归、逻辑回归和主成分为代表。

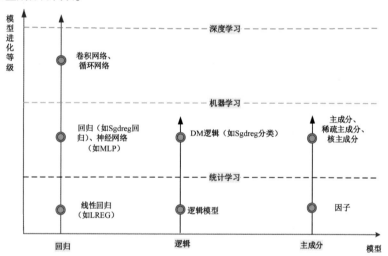

图 4-1-1 统计模型升级示意图

回归模型在统计学中称为线性回归，而在机器学习中称为随机梯度下降回归。从"随机梯度下降+回归"的机器学习模式到"神经网络+神经网络"的深度学习模式，体现了升级算法的核心特性——集成性。集成性几乎主导了模型升级的整个过程。

逻辑回归虽不是模型升级的主导模型，但逻辑回归在机器学习中，尤其在应用领域中，占据一席之地，表现为业务规则与逻辑回归的各种集成，如申请评分卡制作、项目区分度模型等。而主成分模型在统计中一直在因子分析的身影后，但机器学习中自带"主角"光环，成为其家族的代表性算法，是拓展算法的核心，如稀疏类、小批次类和核类与主成分的集成关系。

一般而言，升级后的模型具有三个特点：

第一，保留原有模型在归因问题上的功能；

第二，使用随机梯度下降法完成模型的升级；

第三，增加模型与正则化功能的结合。

归因问题的保留实际上弥补了机器学习过于强调预测的不足。使用随机梯度下降法改造模型，使其具有大数据运算的能力，成为各种大数据运算的基础。正则化的加入恰好可以完成对数据共线、稀疏、特征冗余等问题的处理。这些问题也是大数据比较关注的问题。

使用随机梯度下降法进行更新升级后，统计学习模型成为标准的机器学习的一部分。因为模型自带归因问题又具有大数据的运算能力，因此在很多问题中，可以直接通过集成学习模型的形式解决问题，如强集成的"主成分+逻辑"、"决策树+线性回归"等模式、混合专家（或深度学习）的"神经网络+神经网络"模式等。这些模型的集成性成为各类数据源的处理方法，并为即将到来的、极为廉价的数据库存储提供了方法上的保障。

4.2 正则化约束

工业或商业数据模式下，数据链共变关系的存在势必增加高度共线的可能，这种共线的破坏性并不亚于异常值等问题的破坏性。此外，列维的增加不仅会带来共线问题，也会带来非常棘手的高维问题，如高维稀疏、高维特征冗余等。目前处理这类问题主要使用正则化技术，即一种数据约束的方法。从源头上看，尽管共线问题起源于统计学，但在实际应用中大数据对该问题的重视程度远远超过了小数据。

4.2.1 正则化技术的原理

正则化技术的本质是约束，通过约束参数来实现对共线和稀疏数据的处理。

假设我们需要拟合包含两个影响因素的线性回归，并且 x_1 和 x_2 的相关系数为 r_{12}，可以表示为

$$y = \beta_0 + \beta_1 x_1 + \beta_2 x_2 + \varepsilon \tag{4-2-1}$$

β 的误差可以表示为式（4-2-2）的形式，可见，误差源于三部分：自变量的方差、因变量的误差和自变量间的相关系数，其中自变量的相关系数就是公式中的 r_{12}。

$$\operatorname{var}\left(\hat{\beta}\right) = \frac{\sigma^2}{\sum_{j=1}^{k}\left(x_j - \overline{x}_j\right)^2}\left(\frac{1}{1-r_{12}^2}\right), \ j = 1, 2 \tag{4-2-2}$$

式中，$\left(\dfrac{1}{1-r_{12}^2}\right)$ 为方差膨胀因子（VIF）。方差指的是 r_{12}，膨胀指的是 VIF 的取值大于或等于 1，只可能增加误差，不可能减小误差，因子表示修正，位于分子项。

方差分解的对象是因变量，因此纵坐标上的误差越大，估计系数的误差也就越大；自变量的方差越大，自变量与因变量重叠的可能性越大，自变量的方差位于分母，因此取值越大，误差越小；自变量间的相关系数也是模型拟合的一部分（相关系数中隐含着偏回归系数），其取值越大，误差越大，因此此统计学在理论上要求自变量间不能存在相关性。

当 $r_{12} = 1$ 时，VIF 为无穷大，误差被放大了无穷倍；

当 $r_{12} = 0.9$ 时，VIF = 5.26，误差被放大了 5.26 倍；

当 $r_{12} = 0.8$ 时，VIF = 2.78，误差被放大了 2.78 倍；

当 $r_{12} = 0$ 时，VIF = 1，误差没有改变。

一般而言，VIF 的取值为 1~3 时，不存在共线；VIF 的取值为 3~5 时，存在轻微共线；VIF 的取值大于 5 时，存在严重共线。

不存在共线的情况下，最小二乘估计为

$$\hat{\beta} = (X'X)^{-1}X'Y \tag{4-2-3}$$

岭回归在估计 $\hat{\beta}$ 时可以缓解共线问题，可以表示为

$$\hat{\beta} = (X'X + \lambda I)^{-1}X'Y \tag{4-2-4}$$

式中，岭参数 $\lambda \geq 0$。如果 $\lambda = 0$，那么 $\hat{\beta}$ 就是最小二乘估计。

岭参数 λ 较大将增加估计偏差，但会减小方差，所以原始数据对参数估计的作用就较小，可以缓解共线导致的参数过大或过小，并将其约束到正常或更小的取值范围中，但不会为 0，因此成功避免了病态矩阵的情况。

4.2.2　LASSO 回归与岭回归

岭回归需要在数据全集上运算，在高维度数据中容易出现冗余、估计系数不稳定、运算速度慢和内存不足等问题。可以在成本函数的基础上添加对抗复杂度的正则项、约束模型权重 β 来约束自由度，并实现变量选择、变量解释、共线处理、稀释和过拟合处理等功能。

岭回归——$J(\beta) = \frac{1}{2}\sum_{i=1}^{n}(y_i - X'\beta)^2 + \lambda\frac{1}{2}\sum_{i=1}^{n}(\beta_i)^2$，约束模型权重涉及平方运算，可以使用梯度下降法求解，成本函数加正则项的对应形式为 $\hat{\beta} = (X'X + \lambda I)^{-1}X'Y$，正则化系数 $\lambda = 0$ 时为线性回归，λ 很大将导致 β 接近 0，但不为 0。

LASSO 回归——$J(\beta) = \frac{1}{2}\sum_{i=1}^{n}(y_i - X'\beta)^2 + \lambda\sum_{i=1}^{n}|\beta|$，约束模型权重涉及绝对值运算，$\lambda$ 很大将导致 β 为 0。

可见，岭回归和 LASSO 回归的成本函数都由两部分组成：误差项和正则项。其中，正则项的核心是添加了模型约束权重 β，模型在估计数值较大的 β 时会被正则项拉低，即 β 倾向于更小值。因为成本函数包含误差项和正则项，因此取得两者的平衡是约束的目的。

正则化示意图如图 4-2-1 所示，β 表示需要估计的参数，菱形和圆分别表示 LASSO 回归（L_1）的等值线和岭回归（L_2）的等值线，因为 LASSO 回归的绝对值形式在三维空间中是倾斜的平面，若垂直地面投影则为菱形，而岭回归的平方形式在三维空间中是碗的形状，若垂直地面投影则为圆形。另外，误差项是平方的形式。

岭回归的平方项求导后变成了 β，但 LASSO 的绝对值求导后变成了 $\text{sign}(\beta)$，误差项与岭回归的平衡处只能处于象限中，而误差项与 LASSO 回归的平衡在坐标轴上，LASSO 回归的置信区间（橙色菱形）与误差项等值线交于坐标轴，说明其他变量的系数可以为零，而岭回归（灰色大圆形）与误差项等值线的交点不会出现在坐标轴上，说明变量取值不为零。

正则化约束的特点：

第一，寻求模型误差最小化的同时，可以减少模型复杂度（LASSO 回归约束），如自变量数量较多时，可以通过筛选较少的重要变量来构建模型；

第二，通过岭回归约束消除或缓解共线问题；

第三，极大缓解了数据高维及数据稀疏问题，提供了特征筛选功能（LASSO 约束及正则化系数），但内存不足仍然是主要的缺点；

第四，如果共线问题与稀疏问题同时存在，那么需要设置 LASSO 回归和岭回归的混合参数，完成弹性网建模，可以灵活地分配共线问题和稀疏问题的权重，应用场景更加灵活；

第五，过拟合问题是机器学习的通病，正则化提供的正则化系数可以控制模型的复杂度，并通过超参数搜索的方式获得最优值。

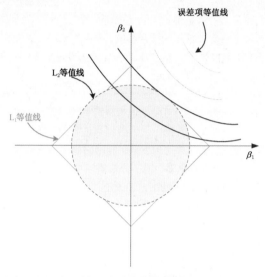

图 4-2-1　正则化示意图

4.2.3　弹性网的特征

弹性网回归模型是岭回归和 LASSO 回归的混合体，可以表示为

$$J(\beta) = \frac{1}{2}\sum_{i=1}^{n}(y_i - X'\beta)^2 + \lambda p \sum_{i=1}^{n}|\beta| + \lambda \frac{(1-p)}{2}\sum_{i=1}^{n}(\beta_i)^2 \qquad (4\text{-}2\text{-}5)$$

式中，λ 仍然是正则化系数，功能与上文相同；1/2 是为了消除平方项求导后产生的 2；通过设置混合参数 l1_ratio 确定 p 值。

Sklearn 统一封装了三个模型，均由线性模型库 linear_model.SGDClassifier 实现，尽管类 SGDClassifier 带有随机梯度下降之意，但无法直接实现小批次的增量式运算，需要借助 partial_fit 统一实现"小批次数据读入→批次梯度更新"功能（代码见后续章节）。

在此基础之上，弹性网模型、岭回归和 LASSO 回归其实更像一种算法元素，将这种元素放在不同模型中就可以借助正则化的能力解决数据问题，如"逻辑回归+岭回归=逻辑回归的岭回归"、"支持向量机+LASSO 回归=支持向量机的 LASSO 回归"等。

另外，数据库分析实践中，线性模型经常用于集成学习组装模式下的后期阶段，因此具有现实的应用基础，经验上的用法如下。

首先，LASSO 回归的实现方式是 SGDClassifier(penalty="l1")，此外，linear_model.Perceptron (penalty="l1")或 SGDClassifier(penalty="elasticnet",l1_ratio=1)都可以实现 LASSO 回归，考虑到运算性能和超参数的优势，前者是经常使用的代码。一般而言，LASSO 回归并不出现在主模型中，主要用于主模型的预分析阶段。

LASSO 回归的应用场景

尽管我们经常说 LASSO 回归适用于稀疏问题和特征筛选问题，但实际应用时，仍有一些常规性的限制，首先，不管是稀疏问题还是特征筛选问题，数据中都存在特征冗余，而特征筛选需要同时考虑业务和数据的综合影响，并区别对待。进一步来看，越靠近前端的特征筛选越不重要（使用相关分析），越靠近后端的变量越重要（使用随机森林）。因此，排除以上场景后，LASSO 回归才有用武之地。

然后，类 SGDClassifier(penalty="l2")可以处理或缓解共线问题。

由于数据库广泛存在数据链现象，数据上流的数据被传导至下流，自然会产生变量共线。岭回归是处理共线问题的主要方法。但实践中可以发现，岭回归的使用场景极少，主要原因可能是数据共线往往是数据创新的源泉，因此曲线估算、因子分解机等方法相较于岭回归更容易结合业务逻辑挖掘数据。可见，岭回归中变量的原始属性不允许改动。

最后，类 SGDClassifier(penalty="elasticnet",l1_ratio=0.15)可以实现弹性网模型，其中 l1_ratio 的取值范围为 0 ~ 1，l1_ratio=0 是岭回归模型，l1_ratio=1 是 LASSO 回归模型，因此 l1_ratio 的取值为 0.8 表示"80%×LASSO 回归+20%×岭回归"的模式，即数据中稀疏问题为主，共线问题为辅，反之亦然。

尽管稀疏问题和共线问题同时存在的场景居多，但弹性网模型的使用频率仍然不及 LASSO 回归和岭回归，因为原始数据需要业务和数据逻辑的层层梳理才具有使用价值，所以稀疏和共线往往被刻意消除。

4.3 案例：随机梯度下降回归与归因解释

使用"运动"数据，以体重为因变量构建线性回归模型。

1. 构建模型与回归系数

第 1 行代码为载入随机梯度下降回归，第 3 ~ 5 行代码为数据、实例化与拟合模型。

```
1 from sklearn.linear_model import SGDRegressor
2
3 xSport,ySport=dataSport.iloc[:,[1,3,4,5]],dataSport.iloc[:,0]
4 reg=SGDRegressor()
5 reg.fit(xSport,ySport)
6
7 print('回归系数:截距+偏回归系数',reg.intercept_,'+',reg.coef_)
8 print('标准化回归系数:\n',
            reg.coef_*xSport.var()**0.5/ySport.var()**0.5
            )
9 print('R2:',reg.score(xSport,ySport))
```

构建模型后输出拟合指标 $R^2 = 53\%$ 和两类系数（标准化回归系数和非标准化回归系数）。此处移除拟合系数较小的性别变量，模型剩下的四个变量为饮食、亲缘、运动时间、骑行时间，它们的输出如下。

（1）截距项：[9.25171077]；

（2）非标准化回归系数：[4.37603025 2.70704686 −4.22732948 16.54661685]；

（3）标准化回归系数：[0.206770 0.245675 −0.146360 0.903144]。

线性回归最主要的价值在于非标准化回归系数的可解释性，非标准化回归系数保留原始数据的单位信息，为业务解释带来更多的便利性。如果需要比较自变量的重要性，那么需要消除量纲，如第 8 行代码是标准化回归系数的计算公式——非标准化回归系数乘以对应自变量的标准差再除以因变量的标准差。因为公式中有减去均值的运算，所以没有截距项。标准化回归系数的大小可以反映自变量的相对大小。

2. 模型修正

保存模型的标准化残差，使用它与预测值绘制模型修正前、后的残差图。模型修正前、后的残差图如图 4-3-1（a）所示，标准化残差的取值范围在−3~3 之外，因此被视为异常值，将异常值删除后产生了图 4-3-1（b），基本上认为修正后的图形可以接受。

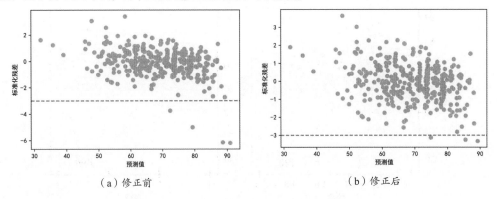

（a）修正前　　　　　　　　　　　　（b）修正后

图 4-3-1　模型修正前、后的残差图

3. 模型解释：偏残差图

将异常值删除后重新拟合模型，模型的准确度达到 65%，显著高于未删除异常值时的模型准确度 53%。我们认为这个模型无需修正，于是结合偏残差功能 partial_dependence 解释回归系数。

第 1、2 行代码表示绘制偏残差图来解释系数；第 6 ~ 8 行代码表示分别设置对应的估计器、自变量和自变量标签；第 10 行代码表示抽取样本绘制子图；第 12、13 行代码表示控制图形中的线条格式；第 4 行和第 14 行代码表示控制输出图的尺寸。

```
1  from sklearn.inspection import partial_dependence
2  from sklearn.inspection import PartialDependenceDisplay
3
4  _, ax1 = plt.subplots(figsize=(11, 7))
5  display = PartialDependenceDisplay.from_estimator(
6      reg,
```

```
7        xF,
8        features=[ '饮食', '亲缘', '运动时间', '骑行时间'],
9        kind="both",
10       subsample=200,
11       random_state=0,
12       ice_lines_kw={"color": "tab:blue",
                        "alpha": 0.3,
                        "linewidth": 0.6
                        },
13       pd_line_kw={"color": "tab:orange","linestyle": "--"},
14       ax=ax1)
```

　　输出结果：偏残差图如图 4-3-2 所示，黄色虚线是回归线，即每个自变量对应的非标准化回归系数。由于设置了 "subsample 抽样"，所以在均值附近会有 200 条辅助线，这些线表示回归线方向的波动。从运动时间来看，大部分的数据集中在 1h 以内，所以该字段的解释不会超过 1h，否则很可能没有实践意义。相对来说，骑行时间的方差更大，2.1~3.6h 之间的大部分数据集中在均值附近，因此拟合程度较好。

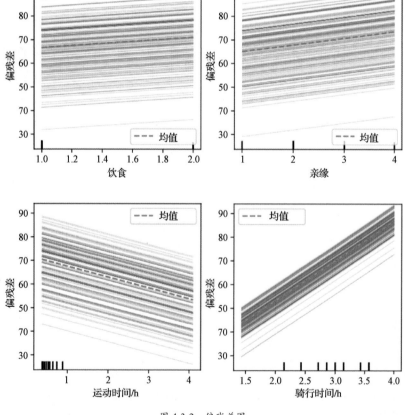

图 4-3-2　偏残差图

4. 模型解释：LIME 白箱[①]

LIME（Local Interpretable Model-agnostic Explanations）模型（使用 pip 安装 lime 包）擅长局部解释。使用白箱模型时，如线性回归、逻辑回归等，可以结合局部解释和整体解释，从两个角度还原业务解释。相反，使用黑箱模型时，如神经网络，局部解释可以近似弥补无法归因的缺陷。

第 1 行代码用于载入 lime 包及相应的类功能；第 3、4 行代码是我们希望预测的两个新客户（case1、case2）；第 6 行代码用于设置回归；第 10、11 行代码用于图形展示。

```
1  from lime.lime_tabular import LimeTabularExplainer
2
3  case1 = pd.Series([2, 4, 0.5, 4],
                   index =['饮食', '亲缘', '运动时间', '骑行时间'])
4  case2 = pd.Series([1,1, 2.9, 3],
                   index =['饮食', '亲缘', '运动时间', '骑行时间'])
5  explainer = LimeTabularExplainer(xSport,
6                             mode="regression",
7                   feature_names=xSport.columns,
8                   discretize_continuous=False,
9                   verbose=True)
10 lime = explainer.explain_instance(case1, reg.predict)
11 lime.show_in_notebook(show_table=True)
```

LIME 预测解释如图 4-3-3 所示，包括 case1 和 case2 的预测值、特征值、拟合局部模型的回归系数。

表面上看似乎与普通的回归模型没有任何区别，但是仔细对照图 4-3-2，可以发现回归系数有很大区别，这主要是因为 LIME 模型只使用输入数据附近的样本来拟合模型，可以理解为只拟合局部数据，因此该模型可以将局部与整体联系起来。

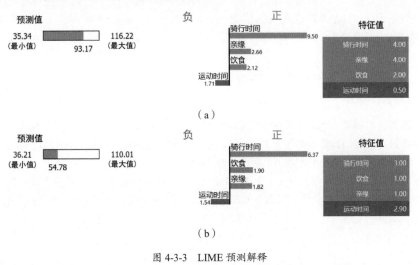

（a）

（b）

图 4-3-3　LIME 预测解释

① 白箱，又名玻璃箱，即运算过程的透明之意。可以在 Github 官网中搜索 lime 了解相关内容。

第 5 章　神经网络模型：预测

神经网络模型基于其灵活性，在机器学习中具有承前启后的作用，承前是指与统计学习的关系，启后是指与深度学习的关系。

本章将探讨以下话题：

● 感知器与统计学习之间有什么关系？

● 为什么深度学习的算法基础是神经网络？

● 机器学习如何使用神经网络？如何理解反向传播技术？

● 神经网络为什么不能归因但预测能力很强？如果需要神经网络进行归因，那么需要集成什么功能？

5.1　感知器模型

感知器模型是神经网络的最基础单元，了解感知器模型与线性可分问题，就能理解集成感知器模型对线性不可分问题的处理逻辑。正因为感知器具有灵活性，集成的神经网络也具有灵活性——"感知器集成=神经网络"。

5.1.1　与或四门通往何方

1. 感知器之与门

感知器对于机器学习而言具有算法的最小单元属性，并由与或四门组合形成各类算法，尤其是神经网络类技术，与门真值表如图 5-1-1 所示，可以理解为若信号同时为 1，则为真（1），否则为假（0）。此处需要注意若信号都为 0，则也为假（0）。

将信号与对应的真值绘制散点图［见图 5-1-1（b）］，三个白色点为一组，黄色点单独为一组，如果我们希望实现数据的正确分类，那么可以训练数据学习一条直线，实现白色点和黄色点的分类。

若下式成立：

$$y = f(x) = \begin{cases} 0, b_0 + b_1 x_1 + b_2 x_2 \leq 0 \\ 1, b_0 + b_1 x_1 + b_2 x_2 > 0 \end{cases} \tag{5-1-1}$$

则感知器 $b_0 + b_1 x_1 + b_2 x_2 = 0$ 将 y 的空间（或取值）分割为 0 和 1 两个区域，目标公式可以变

换为

$$x_2 = -b_1 / b_2 x_1 - b_0 / b_2 \qquad\qquad (5\text{-}1\text{-}2)$$

其中，$-b_1 / b_2$ 相当于由 x_1 与 x_2 形成的直线［图 5-1-1（b）中的绿色直线］的斜率，$-b_0 / b_2$ 是截距项。令 $b_0 = -1.5$，$b_1 = 1$，$b_2 = 1$，将图 5-1-1（a）中的数值代入后得到：

（1）$b_0 + b_1 x + b_2 x = -1.5 + 1 \times 0 + 1 \times 0 = -1.5 < 0$，则输出为 0；

（2）$b_0 + b_1 x + b_2 x = -1.5 + 1 \times 1 + 1 \times 0 = -0.5 < 0$，则输出为 0；

（3）$b_0 + b_1 x + b_2 x = -1.5 + 1 \times 0 + 1 \times 1 = -0.5 < 0$，则输出为 0；

（4）$b_0 + b_1 x + b_2 x = -1.5 + 1 \times 1 + 1 \times 1 = 0.5 > 0$，则输出为 1。

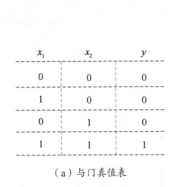

x_1	x_2	y
0	0	0
1	0	0
0	1	0
1	1	1

（a）与门真值表

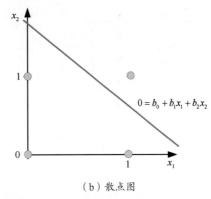

（b）散点图

图 5-1-1　与门真值表与散点图

可见，在保证斜率为-1 的情况下，截距的取值范围为 1~2，因此存在无穷个取值，也就是存在无穷个直线满足数据的正确分类，当然这个无穷需要再"乘以二"，因为存在斜率和截距两种情况，因此可以使用线性方程实现数据的分类及运算。将与门感知器以定义函数的形式进行封装，Python 的语法表达如下。第 3 行代码表示感知器的线性空间定义，第 4~7 行代码表示类似激活函数的定义。

```
1 def AND(x1,x2):
2     b0,b1,b2=-1.5,1,1
3     y=b0+ b1*x1+ b2*x2
4     if y<=0:
5         return 0
6     else:
7         return 1
8 AND(1,1)
```

2. 感知器之与或四门

感知器模型的灵活性是由与或四门的特性决定的。

图 5-1-2（a）和（b）是与非门和与非门的散点图，其性质和与门相反，与门的规则是仅当 x_1 和 x_2 同时为 1 时，才输出 1，否则输出 0，与非门的规则是仅当 x_1 和 x_2 同时为 1 时，才输出 0，否则输出 1，并且与非门同样具有线性可分的性质。

图 5-1-2（c）和（d）是或门和或门的散点图，或门的规则是仅当 x_1 和 x_2 同时为 0 时，才输出

0，否则输出 1，或门也具有线性可分的性质。

图 5-1-2（e）是异或门，异或门的规则是当 x_1 和 x_2 同时为 0 或 1 时，输出 0，否则输出 1。不难发现，异或门的模式可以总结为多门的组合形式，即"与非门+或门+与门"。异或门具有线性不可分的性质。通过对比图 5-1-2（b）、（d）和（f）可以发现，图 5-1-2（f）是线性不可分的，即无法用一条直线完成正确分类，这就是感知器模型的"软肋"。

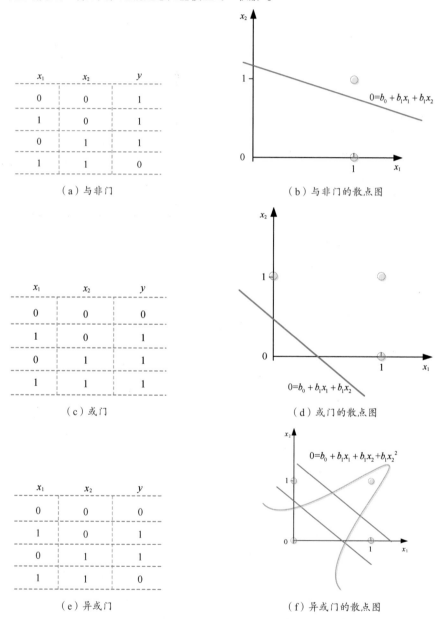

x_1	x_2	y
0	0	1
1	0	1
0	1	1
1	1	0

（a）与非门

（b）与非门的散点图

x_1	x_2	y
0	0	0
1	0	1
0	1	1
1	1	1

（c）或门

（d）或门的散点图

x_1	x_2	y
0	0	0
1	0	1
0	1	1
1	1	0

（e）异或门

（f）异或门的散点图

图 5-1-2 四门真值表与散点图

这类问题一般可以通过以下两种方式解决。

第一，生成两条线性直线，如图 5-1-2（f）中的绿色虚线部分，将两条直线的外侧视为一组，内侧为另一组，就能实现数据的正确分类，而两条直接其实就是两个感知器模型。神经网络就是这套算法模式的典型代表，将众多线性模型组合为非线性，无限逼近决策边界来实现正确分类。

第二，生成一条非线性曲线，如图 5-1-2（f）中的红色实线部分，拓展空间维度以实现超平面的分类，支持向量机模型是这类非线性问题的代表。

尽管神经网络和支持向量机两种非线性模型的拓展形式不同，总体来说极大地丰富了非线性家族及其应用能力。例如，神经网络极大地拓展了非结构化数据的应用，如图像识别、语音翻译等，而支持向量机拓展了高维数据的处理方法。

5.1.2　感知器=线性回归

回顾线性回归模型的特征，进一步观察感知器模型会发现，接收信号 x_1 与 x_2 实现了与数据 y 的整合，并根据 y 的监督作用实现拟合数据的功能。感知器与线性回归示意图如图 5-1-3 所示，0.6 和 0.3 分别表示输入信号 x_1 与 x_2 的大小，3.5 表示感知器被激活的难度。感知器的形式可以用线性回归理论式表示[①]：

$$y = w_0 + w_1 x_1 + w_2 x_2 + \varepsilon \qquad (5\text{-}1\text{-}3)$$

拟合方程为 $\hat{y} = 3.5 + 0.6x_1 + 0.3x_2$，通过对系数（如 0.3、0.6）和信号的加权求和，并代入激活函数计算 $\hat{y}$，即感知器 $= f(3.5 + 0.6x_1 + 0.3x_2)$。

由此可见，感知器模型与线性回归模型几乎相同，但既然感知器模型属于机器学习领域，其必然带有大数据的性质——正则化功能、随机梯度下降算法、误差反向传播等，这也是区别于线性回归模型的核心特征。

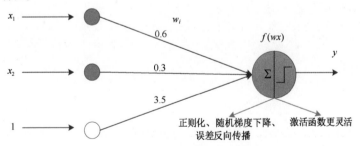

图 5-1-3　感知器与线性回归示意图

实现了信号 x 与输出 y 的连接后，需要评价误差（$y - \hat{y} = \varepsilon$）的优劣。感知器模型的优劣及其系数调整都依赖于误差，一般使用误差反向传播技术实现系数调整。此外，线性模型的分类能力仍然有限，尤其是在线性不可分的情况下，因此需要增加非线性属性，激活函数就承担起了非线性的功能。

可见，线性回归与感知器的关系可以近似表示为"感知器=线性回归+激活函数"。

如果使用 Python 实现与门感知器，那么可以直接写加权求和的方程，第 5 行代码用于实现线性回归，第 6～9 行代码通过条件语句实现阶跃激活函数。

---

① 线性回归理论式相对感知器而言缺少激活函数（统计学中将激活函数称为转换函数）。

```
1 def AND(x1,x2):
2     x=np.array([[x1,x2]])
3     w=np.array([0.6,0.3])
4     b=3.5
5     y=np.sum(w*x)+b
6     if y>0:
7         return 1
8     else:
9         return 0
```

当然，如果你对 Sklearn 比较熟悉，那么就更方便了，它是学习数据挖掘的捷径和必经之路，它借助统一的 API 接口完成大部分的机器学习算法，而无须自己写源代码。对感知器而言，linear_model.SGDClassifier 是实现感知器的重要接口，但如果有特殊需求，如使用感知器实现大数据的分布式集成，那么 linear_model.Perceptron 类可能会派上用场。

```
1 from sklearn.linear_model import SGDClassifier
2 sgd_clf=SGDClassifier(loss="perceptron")
3 sgd_clf.fit(xtrain,ytrain)
4 sgd_clf.score(xtest,ytest)
```

感知器模型的特点：

（1）感知器模型与线性回归模型可以实现的功能很类似，因此应用也比较类似；

（2）感知器模型算法简易，因此常用于需要快速运算、对精准度要求不高的场景；

（3）感知器模型更多用于集成学习，感知器、树桩等模型几乎已经成为集成学习的标准基础算法；

（4）感知器是神经网络和深度学习的最底层算法；

（5）感知器基于其灵活性，几乎可以构成任何希望实现的功能，可以看作计算机最底层的"零件"。

5.1.3　激活函数为何是非线性的

1. 非线性函数的功能

感知器=线性回归+激活函数，感知器为什么不直接使用线性方程，而必须增加激活函数？对于线性方程而言，一个简单的理解是 1+1=2、2+3=5、3+3=6 实际上可以通过一个复合函数 1+1+2+3+3+3=13 来代替三个线性方程，数学属性基本相同——三个平行线只能在同一角度上任意组合，相当于构建了一个更大的线性，而且很难产生非线性的效果。

既然存在可替代的更简单的复合函数，为什么要分开呢？

如果能将线性方程非线性化，那么这种复合函数的替代性将不复存在。研究者发现，这种非线性的灵活度与线性相比高出了几个量级，理论上，只要非线性函数足够多，就可以无限逼近任意复杂的决策边界。通俗地说，数据被函数还原到"原子"状态，以数据的最小单元参与建模。可以把数据想象成花瓶，不管你要做什么，首先将其摔得粉碎，然后通过模型拼凑起来，这就是神经网络的建模过程，而这种还原后的"原子"状态需要非线性函数的功能才能实现。

2. 激活函数的特征

非线性特征是激活函数特征中的重要一环，但仅有非线性特征不足以全面描述激活函数。激活函数位于神经网络的隐含层和输出层两个位置。一般来说，隐含层上的激活函数相对比较重要，也比较复杂。

下面将对比图 5-1-4 的四幅图，探讨激活函数必须具备的核心特征。

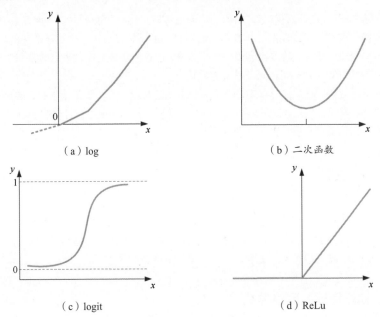

图 5-1-4　激活函数的特征说明

图 5-1-4（a）所示为指数形状，通过对数变换可以实现非线性的直线化，该函数的优点是比较容易求导，但是因变量取值为非正时无法进行对数变换（大数据应尽量避免数据平移），这就导致对应的自变量取值无法投影，数据存在区域"断层"现象。可见，激活函数除了非线性外，其数值必须具有连贯性。

图 5-1-4（b）所示为多项式中的 U 形，通过降阶变换可以实现非线性的直线化，该函数的优点之一也是容易求导，但是除了 U 形底部 x 的取值与 y 一一对应外，其他区域的 y 值均对应两个 x 的取值，而且这两个值具有对称关系，明显不同，因此不符合激活函数的单调约束条件。

图 5-1-4（c）所示为 sigmoid 函数，通过 logit 或 tanh 变换可以实现非线性的直线化，该函数连续、单调并且容易求导，但是神经网络隐含层及单元的数量往往众多，尤其是深度学习，甚至达到数亿量级，对运算量要求极高。尽管 sigmoid 函数有很多优点，但运算性能并不高，常用于浅层神经网络中。

图 5-1-4（d）所示为有拐点的直线，同样具有直线化和容易求导的优点，通常用于非结构化数据的深度学习领域。

常用的激活函数包括符号函数、logit 函数、tanh 函数、reLu 函数、softmax 函数等，其特征可以归纳为以下四项。

第一，激活函数具有非线性的特征，能够便利地执行非线性直线化；

第二，激活函数具有连贯的映射关系，并且取值不受限；

第三，激活函数容易求导，可以进行高效运算；

第四，激活函数具有单调性。

5.1.4 感知器=CPU

计算机提供了基于 CPU 的通用运算架构，也为图像等非结构化数据提供了专用型 GUP 或 TPU 的高效率运算架构。而统计学的底层运算其实是感知器。正如前文所述，感知器本身是线性结构，针对线性不可分的异或门情况，可以组合无穷多个线性，以产生任意复杂的非线性决策边界。理论上，关于数据分析的所有问题都可以通过感知器实现。

统计学的底层是线性回归，机器学习的底层是感知器，集成学习（弱集成）的底层是树桩，深度学习的底层是神经网络。可见，很多模型的基础单元都极为相似，如果统计学只允许存在一种表述，那么感知器模型就是所有模型的最小单元。

5.2 神经网络模型

感知器模型决定了神经网络的灵活性，目前已知的问题（结构化数据与半结构化数据）均可以通过神经网络进行决策分类，因此本节比较关注如何运算这种复杂的网络结构（前向与反向传播）、如何调整误差、如何设置网络结构、如何消除网络体本身存在的局限。

5.2.1 感知器集成：网络结构

感知器的集成过程就像搭积木，以各种方式尝试搭建想要的形状，产生以下不同的神经网络。

经典神经网络：输入层→隐含层→输出层；

深度学习：输入层→大于 2 个隐含层→输出层；

玻尔兹曼机：输入层→隐含层；

感知器（或回归）：输入层→输出层；

"非法"的神经网络：没有输出层的神经网络。

1. 神经网络结构

神经网络结构图如图 5-2-1 所示，经典的神经网络结构由三部分组成：输入层、隐含层、输出层。其中，神经网络左侧是自变量及其对应的输入节点，w 表示权重或路径系数，每个隐含层节点由两部分组成，即组合函数（Combination Function）和激活函数（Activation Function）。

组合函数：对输入值和权重值进行加权求和，另外还有偏移项[①] b，可以理解为回归中的常数项或截距项。

激活函数：数值区间的变换功能适用于隐含层和输出层，但输入层通常需要的是变量变换。

---

① 图 5-2-1 中隐去了偏移项和误差项。

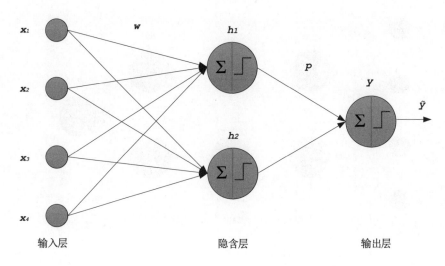

图 5-2-1 神经网络结构图

输入层是数据"粉碎机"，不管数据源是什么，神经网络都试图用输入单元表示原始数据的最小元素。若为结构化数据，则每个输入单元对应每个变量；若为非结构化数据，如图像，则每个输入单元对应每个像素。这样原始数据的最原始状态可以表示为输入层的单元数，该层不需要激活函数，但需要变量变换，包括将分类型变量变换为哑变量的操作。

隐含层是数据"胶水"，主要负责将原始数据的最小元素以某种规则重新"粘合"。通常来说，隐含层的数量要少于输入层的数量，如果原始数据是文本，那么输入层是不可分解的词源，通过隐含层的聚合，形成更高级的句子，这样输出层就可以将其表达成一句有意义的表达。隐含层对激活函数极其敏感，不同激活函数的选择对结果影响很大。

输出层是数据的"方向盘"，以是否的形式判断读入数据的类别，通常需要激活函数，但激活函数的目的主要是控制数据区间，并不产生实质性影响。与自变量相同，也需要对连续型变量和分类型变量做相应的标准化和哑变量变换。

2. 深度学习

深度学习网络结构如图 5-2-2 所示，神经网络训练数据的过程其实就是不断学习权重的过程。层数越多，连接层与层之间的路径就越复杂，而且为了让数据顺利传播，层与层之间的路径是相乘的关系，导致传播至最后一层时数值出现极大或极小现象——若数值极大，则乘法运算将导致指数级膨胀；若数值极小，则导致数值快速消失。这些数值"游离"[①]于网络结构之间，即梯度。

梯度爆炸和梯度消失是深度学习网络特有的问题。

---

① 注意：神经网络结构图多采用左右绘制而不是上下绘制，但结构图也可以上下绘制。

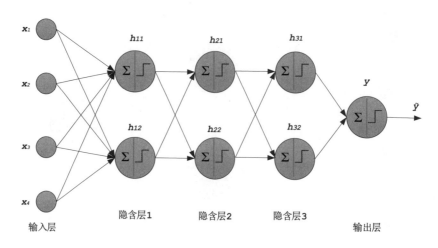

图 5-2-2　深度学习网络结构

3. 玻尔兹曼机

玻尔兹曼机网络结构如图 5-2-3 所示，神经网络中如果没有 y 的监督作用，只存在输入层和隐含层，那么也可以构成神经网络结构，这种神经网络的主要表现形式是玻尔兹曼机，通常用于深度学习，可以从数据中提取成分特征，也可以对数据进行降维、降噪处理。

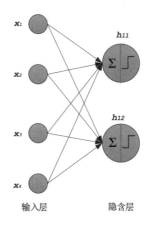

图 5-2-3　玻尔兹曼机网络结构

4. 感知器（或回归）

图 5-2-4（a）是典型的感知器模型，也可以看作线性回归模型。图 5-2-4（b）涉及多个 y，属于多层感知器模型。如果是一个分类型变量 y 经过哑变量变换后产生了多个 y，即 y_1 是 y 的一个取值，y_2 是另一个取值，那么这种模型也属于多层感知器模型。可见，没有隐含层的神经网络不一定是感知器模型，因为神经网络具有多个感知器集成的特点。虽然没有隐含层的神经网络相当于感知器模型，但 100 个感知器模型并不等于 100 个感知器集成的神经网络。

单个感知器模型实际上具有很多确定性成分，但神经网络具有很多随机性成分。例如，冻结复杂神经网络的部分路径，经过长时间运算后，未冻结的神经网络与冻结的神经网络的权重等指标近似相同（除了冻结部分外），而且近似程度会随着神经网络复杂度的提高而提高，但这种现象在感知器模型中不存在。

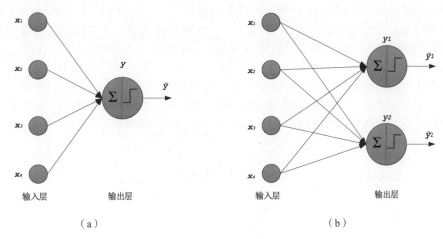

图 5-2-4　感知器网络结构

5.2.2　前向传播技术：联立方程

数据的前向传播就是数据从上游传播至下游的过程（图 5-2-5 显示为从左向右）。数据传播的前提是赋予权重 w 和 p 初始值，以及截距项 b 的初始值。赋予初始值之后，代入方程式，图 5-2-5 的神经网络内含以下三个方程式。

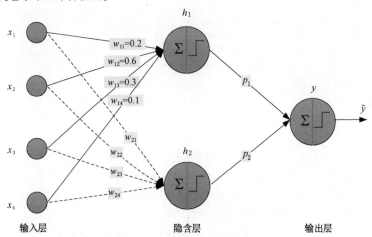

图 5-2-5　神经网络前向传播

输入层、隐含层（tanh 函数）的方程式可以表示为

$$h_1 = \tanh\left(w_{11} \times x_1 + w_{21} \times x_2 + w_{31} \times x_3 + w_{41} \times x_4 + b_1\right) \qquad (5\text{-}2\text{-}1)$$

$$h_2 = \tanh\left(w_{12} \times x_1 + w_{22} \times x_2 + w_{32} \times x_3 + w_{42} \times x_4 + b_2\right) \qquad (5\text{-}2\text{-}2)$$

输出层（softmax 函数）的方程式可以表示为

$$\hat{y} = \text{softmax}\left(p_1 \times h_1 + p_2 \times h_2 + b\right) \tag{5-2-3}$$

读入数据源的第一行数据后，将数据加权求和，并且通过激活函数 tanh 变换后产生估计值 h_1，注意此时的误差并没有调整作用，而是将估计值 h_1 继续作为下一阶段模型（以 y 为内生变量的方程式）的输入值。首先在虚线部分产生估计值 h_2，然后同时利用 h_1 和 h_2 作为原始值，重新读入第三个方程进行加权求和，并使用激活函数 softmax 变换或控制输出值的数值区间，这样就完成了数据从上游向下游的传播。

神经网络的运算过程中，前向传播会产生三个激活值，分别位于输出层和隐含层的单元处，输出层具有激活值和误差。这些激活值在前向传播的过程中并不产生监督或调整的作用，仅仅将上游数据像流水一样传播至下游。但激活值并非没有用，这些激活值和输出层误差最终需要通过反向传播技术才有用武之地。

通过下面的示例可以进一步了解前向传播技术。

以 h_1 为内生变量的式（5-2-1）为例，假设偏移项为-1.1，对输入数据进行加权求和，使用符号函数作为激活函数。权重更新表如表 5-2-1 所示。

表 5-2-1　权重更新表

样　　本	初始权重与估计值	误差=y-$\hat{y}$	更新后的权值
第一行： 1，1，1，1	初始权重为 1×0.2+1×0.6+1×0.3+1×0.1-1.1=0.1，$\hat{y}$ 为 1	0=1-1	0.2，0.6，0.3，0.1
第二行： 1，0，1，1	初始权重为 1×0.2+0×0.6+1×0.3+1×0.1-1.1=-0.5，$\hat{y}$ 为-1	2=1+1	0.3×2×1+0.2=0.8 0.3×2×0+0.6=0.6 0.3×2×1+0.3=0.9 0.3×2×1+0.1=0.7
第三行： 0，1，0，1	初始权重为 0×0.8+1×0.6+0×0.9+1×0.7-1.1=0.2，$\hat{y}$ 为 1	-2=-1-1	0.3×(-2)×0+0.8=0.8 0.3×(-2)×1+0.6=0.0 0.3×(-2)×0+0.9=0.9 0.3×(-2)×1+0.7=0.1

第一行样本输入组合函数：

初始权重为 1×0.2+1×0.6+1×0.3+1×0.1-1.1=0.1，激活函数 sign（0.1）>0，即估计值 $\hat{y}$ 为 1，此时的实际值 y 为 1，因此误差为 0，不更新权重。

第二行样本输入组合函数：

初始权重为 1×0.2+0×0.6+1×0.3+1×0.1-1.1=-0.5，激活函数 sign（-0.5）<0，即 y 为-1，此时实际值 y 为 1，因此误差为 2，需要更新每个权重。第一次迭代后，某权重值为 0.2，第二次迭代后，该权重值更新为 0.8（0.3×2×1+0.2=0.8），其中，0.3 是学习率、2 是误差、1 是当前自变量的取值。

假设学习率 λ 为 0.3，用梯度下降权重更新式（5-2-4）：

$$w_{t+1} = w_t - \lambda \times \frac{\partial \text{loss}}{\partial w_t} \tag{5-2-4}$$

$$w_{t+1} = w_t + \lambda \times \left(y - \hat{y}\right) \times x \tag{5-2-5}$$

式（5-2-4）是指向误差的反方向调整，式（5-2-5）是指误差向正确分类的方向调整。更新所有数据为一个训练周期，更新每行数据为一次迭代，按某收敛标准停止迭代，固定参数后完成模型建构。

5.2.3　反向传播技术：自动微分

反向传播技术以误差信号为载体，逐层向上传递以修正权重，因为神经网络具有自上至下多层连接的特点，因此误差由输出层逐层向上不断地卷入"新成员"，首先是误差，其次是 y 与 $\hat{y}$，然后是激活函数（logit 函数）与激活值，最后是特征变量。误差反向传播也需要借助梯度下降法实现权重的调整，使用最小二乘法完成误差的计算。

下面分别从感知器和多层感知器两个模型深入介绍反向传播技术。

1. 感知器

感知器的误差反向传播如图 5-2-6 所示，感知器模型产生误差，并通过误差反向调整权重，更新一次四条路径的权重即为一次迭代，进行多轮训练周期后完成最优值的搜索，在图 5-2-6 中用虚线表示反向传播过程。

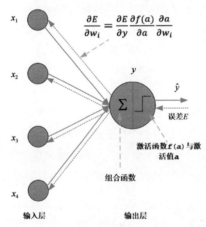

图 5-2-6　感知器的误差反向传播

根据链式法则，因为因变量 y 可用于权重的计算，所以将误差函数 E 对权重 w 的求导过程重新表示为

$$\frac{\partial E}{\partial w_i} = \frac{\partial E}{\partial y} \frac{\partial y}{\partial w_i} \tag{5-2-6}$$

假设 $y = f(a)$，其中 a 是输入层到输出层间的激活值，$f(a)$ 是激活函数，可以得到

$$\frac{\partial E}{\partial w_i} = \frac{\partial E}{\partial y} \frac{\partial y}{\partial w_i} \tag{5-2-7 a}$$

$$= \frac{\partial E}{\partial y} \frac{\partial f(a)}{\partial w_i} \tag{5-2-7 b}$$

$$= \frac{\partial E}{\partial y} \frac{\partial f(a)}{\partial a} \frac{\partial a}{\partial w_i} \tag{5-2-7 c}$$

可见，感知器模型中权重的相对变化 Δw_i 由三部分组成——$\dfrac{\partial E}{\partial y}$（误差对 y 的求导部分）、$\dfrac{\partial f(a)}{\partial a}$（激活函数的求导部分）、$\dfrac{\partial a}{\partial w_i}$（特征变量的求导部分）。

$\dfrac{\partial E}{\partial y}$ 表示求导后的误差项 $y - \hat{y}$；$f(a)$ 部分使用 logit 的变换形式，即逻辑回归（注意：不同形式的激活函数求导后的形式不同），因此激活函数求导后的形式可以表示为 $f(a)(1-f(a))$；$\dfrac{\partial a}{\partial w_i}$ 表示激活值 a 对 w 求导，对应特征变量的取值 x_i，可以得到

$$\frac{\partial E}{\partial w_i} = \frac{\partial E}{\partial y}\frac{\partial f(a)}{\partial a}\frac{\partial a}{\partial w_i} \tag{5-2-8 a}$$

$$= (y-\hat{y})y(1-y)x_i \tag{5-2-8 b}$$

随机梯度下降的更新公式为

$$w_{t+1} = w_t - \mathrm{alpha} \times \frac{\partial E}{\partial w_t} \tag{5-2-9}$$

在梯度前有个约束因子 alpha，这个因子在神经网络中被称为学习率，其中，"率"意味着取值范围为 0~1，因子意味着梯度的小数倍缩减，即梯度的更新速率。另外，考虑到随机梯度下降的习惯表达，将负号改为正号，最终权重的梯度更新公式为

$$w_{t+1} = w_t + \mathrm{alpha} \times (\hat{y}-y)y(1-y)x_i \tag{5-2-10}$$

2. 多层感知器

下面通过增加一层隐含层来讨论多层感知器模型的反向传播技术。多层感知器的误差反向传播如图 5-2-7 所示，为了简单起见，设置四个自变量，下标 i 的取值范围为 1~4；设置两个隐含层，下标 j 的取值范围为 1~2；输出一个因变量 y。w_{1ij} 表示输入层到隐含层间的连接权重，w_{2j1} 表示隐含层到输出层间的权重，虚线部分表示反向传播的路径。$f(a)$ 和 $f(h)$ 分别表示输出层和隐含层的激活函数，其激活值分别用 a_{21} 和 a_{1j} 表示。

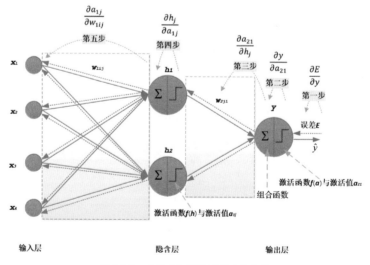

图 5-2-7　多层感知器的误差反向传播

前向传播产生预测输出时才产生误差，因此误差的传播是由下至上的（即图 5-2-7 中的由右至左），首先调整隐含层至输出层之间的权重 w_{2j1}，然后借助隐含层继续向上调整 w_{1ij}。

如果你对单层感知器反向传播的调整过程没有疑问，那么多层感知器隐含层至输出层间的调整其实与输入层并没有关系，因此误差反向传播过程中可以单独隔离输入层，直接将隐含层中的 h_1 和 h_2 视为自变量 x_1 和 x_2，这样就可以将感知器的反向传播公式修改为

$$w_{t+1} = w_t + \text{alpha} \times (\hat{y} - y) y (1 - y) h_j \tag{5-2-11}$$

同样，其链式法则也需要修改为

$$\frac{\partial E}{\partial w_{2j1}} = \frac{\partial E}{\partial y} \frac{\partial y}{\partial a_{21}} \frac{\partial a_{21}}{\partial w_{2j1}} \tag{5-2-12}$$

式中，a_{21} 表示输出层对应的激活值，数值 2 表示隐含层至输出层间的路径。这样误差信号相当于还是在单层之间传播，但请注意，此时运算仅完成了一次局部更新，并未完成一次迭代包含的输入层至隐含层间的路径调整。

输入层至隐含层间的调整并不能孤立完成，因为误差需要借助权重 w_{2j1} 向上传播，这就需要整个网络的参与。首先，输入层至隐含层间的调整完成了权重的计算，其实在一次迭代中 w_{2j1} 是已知值，然后，在前向传播中激活值和误差值是已知的，w_{1ij} 向下椽笔经过的路径元素均是已知值，这样就完成了 w_{1ij} 的调整。

同样根据链式法则，可以得到

$$\frac{\partial E}{\partial w_{1ij}} = \frac{\partial E}{\partial y} \frac{\partial y}{\partial a_{21}} \frac{\partial a_{21}}{\partial w_{1ij}} \tag{5-2-13}$$

因为 $\frac{\partial E}{\partial y}$ 是误差项 $y - \hat{y}$，$\frac{\partial y}{\partial a_{21}}$ 是激活函数的求导项 $y(1 - y)$，只有 $\frac{\partial a_{21}}{\partial w_{1ij}}$ 是未知项，所以继续展开 $\frac{\partial a_{21}}{\partial w_{1ij}}$：

$$\frac{\partial a_{21}}{\partial w_{1ij}} = \frac{\partial a_{21}}{\partial h_j} \frac{\partial h_j}{\partial w_{1ij}} \tag{5-2-14 a}$$

$$= \frac{\partial a_{21}}{\partial h_j} \frac{\partial h_j}{\partial a_{1j}} \frac{\partial a_{1j}}{\partial w_{1ij}} \tag{5-2-14 b}$$

式中，a_{21} 表示输出层的激活值；a_{1j} 表示隐含层的激活值。

此处选择 h_j 和 a_{1j} 作为复合函数展开式的一部分，下面介绍链式法则的推理过程。

如果将输出层的激活值 a_{21} 视为因变量、h_j 视为自变量来构建线性回归，那么最小二乘法 $\frac{\partial a_{21}}{\partial h_j}$ 的求导过程等价于回归系数的计算，即 $\frac{\partial a_{21}}{\partial h_j} = w_{2j1}$；如果将 a_{1j} 视为因变量，w_{1ij} 视为回归系数，那么 $\frac{\partial a_{1j}}{\partial w_{1ij}}$ 的求导过程等价于自变量 x_i 的计算，即 $\frac{\partial a_{1j}}{\partial w_{1ij}} = x_i$。此外，$\frac{\partial h_j}{\partial a_{1j}}$ 对应激活函数的求导过程，即 $\frac{\partial h_j}{\partial a_{1j}} = h_j (1 - h_j)$。

可见，反向计算第二层的权重[①]为

---

① 上述所有反向传播过程使用的激活函数均是 sigmoid 函数。

$$\frac{\partial E}{\partial w_{1ij}} = \frac{\partial E}{\partial y}\frac{\partial y}{\partial a_{21}}\frac{\partial a_{21}}{\partial h_j}\frac{\partial h_j}{\partial a_{1j}}\frac{\partial a_{1j}}{\partial w_{1ij}} \qquad (5\text{-}2\text{-}15\,\text{a})$$

$$= (y-\hat{y})y(1-y)w_{2j1}h_j(1-h_j)x_i \qquad (5\text{-}2\text{-}15\,\text{b})$$

涉及的元素包括因变量 y 与估计值 $\hat{y}$、隐含层至输出层的权重 w_{2j1}、隐含层单位 h_j 和自变量取值 x_i。反向传播技术的步骤如表 5-2-2 所示，反向传播的运算过程分五步进行。

表 5-2-2　反向传播技术的步骤

隐含层至输出层			输入层至隐含层	
第一步	第二步	第三步	第四步	第五步
$\dfrac{\partial E}{\partial y}$	$\dfrac{\partial y}{\partial a_{21}}$	$\dfrac{\partial a_{21}}{\partial h_j}$	$\dfrac{\partial h_j}{\partial a_{1j}}$	$\dfrac{\partial a_{1j}}{\partial w_{1ij}}$
$\downarrow$	$\downarrow$	$\downarrow$	$\downarrow$	$\downarrow$
$(y-\hat{y})$	$y(1-y)$	w_{2j1}	$h_j(1-h_j)$	x_i

从第一步至第三步属于从隐含层至输出层，分别计算了误差、输出层的激活函数和权重；从输入层至隐含层由第四步、第五步组成，分别计算了隐含层的激活函数和自变量；第三步和第四步又属于隐含层。可见，如果进一步加深神经网络的层次结构，那么可以以相同的链式法则增加更复杂的复合函数。

综上所述，误差的反向传播技术综合利用了最小二乘法、随机梯度下降法、链式求导法则等技术。以最小二乘误差函数趋小的监督策略，使用随机梯度下降法更新权重，并以小批次的方式读入数据，结合正则化的能力提升，从而缓解内存不足、数据稀疏等问题，而链式法则令神经网络具有更灵活的结构形式，可以是单层或多层的形式，也可以是深层或集成的形式。

5.2.4　网络结构设计：隐含层

在很长一段时间里，人们认为神经网络中的隐含层无须特别复杂，主要的关注点是如何设置隐含层的单元数，隐含层中的单元连接左侧输入层，实际上是感知器模型。如果单元数众多，那么相当于产生数量众多的小型线段，并通过非线性激活函数逼近复杂数据。但后来人们发现，通过增加隐含层的数量，意外获得了不同的数据分析功能，其网络层级结构清晰且运算效率高。

1. 网络层级结构清晰

深度学习的网络层级如图 5-2-8 所示，输入层用于解析数据的原始状态，隐含层负责不同层级数据或规则的分配，输出层负责监督。上一层级接近数据的基本元素，下一层级将数据聚合为易于理解的主题，最后通过输出层的监督作用实现误差的反向调整。

以绘画来比喻，"机器学习画家"相当于使用普通的绘画方式。但是"深度学习画家"更像是使用工业化的制作过程，首先将绘画对象还原为基本元素——像素，然后分配不同的隐含层负责不同绘制工作，如绘制线条、涂色、协调、组装等，逐层汇聚主题元素，最后通过拼凑完成绘画。此外，以写作来比喻，机器学习是故事叙述的小说家，而深度学习是工业化制作。

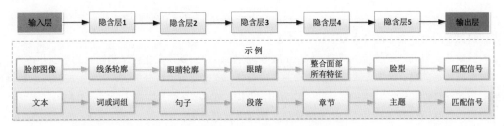

图 5-2-8　深度学习的网络层级

2. 运算效率高

深层网络的数据分析很像工业化的流水线具有高度灵活性。实际上，深度学习并不用从头开始学习，如果学习的特征类似，如识别车牌上的数字和文本，并且前面已经进行了数字训练，那么深度学习就可以在数字模型上进一步搭建文本识别模型，更高效地完成车牌识别。

常见的训练方式是独立训练不同网络层，根据项目需要拼凑、冻结部分网络完成网络集成，调用成熟的网络架构（如 ResNet、GoogLeNet 等）进行微调、网络架构的随机化测试等。这种灵活多样的网络集成方式更适合专业化的底层设计，如 GPU 或 TPU 框架，使其具有更高的运行效率，这也是目前大规模工业化实践的基础。

3. 隐含层设计

隐含层的设计需要分别针对结构化数据（多层感知器模型）和非结构化数据（深度学习模型）。

多层感知器模型使用两个隐含层以内的网络，并且使用全连接网络的形式，隐含层设计的建议如下。

（1）首先设计包含少于 20 个单元数的隐含层，然后在此基础上按单元数、隐含层数的顺序逐层增加数量直至过拟合；

（2）首先通过小样本的测试获得单元数和隐含层数的大致范围，然后使用随机化搜索缩小范围，进一步执行网格搜索功能；

（3）根据网格设计制定实验方案，以便高频率的测试。

深度学习往往局部使用全连接层，其隐含层数从数十至数百不等，超参数的数量也是从数万至数亿不等，因此深度学习需要在一个大的跨度里实现网络结构设计，其设计建议如下。

（1）寻找已有研究成果，不管是训练后的成熟模型，还是对类似问题的设计方案，可以在此基础上进一步优化设计。

（2）随机化是极为重要的设计工具，如随机化删除、随机化冻结、随机化初始、随机化集成。随机化后的网络需要考虑的因素有过拟合判断、停止策略等。

（3）根据层级结构制定实验方案，以便高频率的测试。

5.2.5　神经网络专题 1：特征工程

深度学习的神经网络模型几乎将所有的特征工程技术纳入了算法之中，因此搭建模型前不需要数据预分析。机器学习的神经网络由于没有复杂网络的"宽容"性，所以仍需借助特征工程来解决模型假设和数据质量问题。

在机器学习领域，几乎没有模型比神经网络更依赖于特征工程，如缺失值填补、异常值诊断、特征筛选、共线性消除、变量变换、特征编码。

缺失值填补、异常值诊断与特征选择都是数据分析的一般性问题，神经网络对其并没有特殊要求，可以参阅第 2 章中的论述和建议。

针对自变量间的高度相关问题，Sklearn 的当前版本（1.0 版）只提供了岭回归的正则化技术，可以缓解共线问题。除了岭回归的设置和业务规范外，建议使用主成分方法，因为主成分压缩数据后的不可解释性和神经网络的预测倾向较为契合，即 "主成分+算法" 模式。主成分和神经网络的组合可以有效地应对数据共线、运算性能低、内存不足等问题。

如果神经网络中的因变量是连续型变量，那么往往不需要激活函数，也不需要进行特殊的变量变换；如果是分类型变量，那么通常需要激活函数和独热编码。针对自变量，若为连续型变量，则需要进行标准化 z 变换；若为分类型变量，则需要进行独热编码。

5.2.6 神经网络专题 2：维度灾难

所谓灾难就是模型本身无能为力，需要借助外力。

维度灾难是上个统计时代关心的问题，本质上机器学习并不关心维度灾难，但维度在大 O 表示法中以指数级影响着模型的运算速度，而机器学习面对的数据源，尤其是数据列维往往众多，因此需要借助特征工程技术进行特征筛选。另外，神经网络还利用了本身的超参数技术，如使用批次尺寸 batch_size 和热启动 warm_start 实现数据的加速运算功能。

速度问题其实不仅存在于神经网络，也是机器学习甚至是深度学习领域的核心问题，机器学习更喜欢通过特征工程技术来处理，而深度学习更喜欢使用算法本身或超参数来处理。

5.3 案例：数据分析流与神经网络

神经网络是黑箱运算，但需要注意的是，黑箱不是指无法获得运算过程，而是指它的复杂度已经超出了拆解式的对应关系，无法追溯确定的因果关系。但请注意，替代性的近似因果或相关是可以溯源的。因此，本案例将介绍偏残差和 LIME 的近似解释作用。

另外，神经网络除了存在解释问题外，还特别容易受到数据质量的干扰。为了缓解该问题，在数据分析流中加入了大量的特征工程技术，这也是使用神经网络的必要前提。关于数据分析流的具体细节，可以查阅 12.2 节数据分析流水线的描述（数据分析流水线的阅读是必须的，否则会感觉很混乱）。

1. 数据描述

Pandas 的 hist 功能可以极为便利地描述变量，而且适用于分类型变量和连续型变量。尽管变量分布对于小数据而言更重要，但大数据也需要从分布中获取频数的相关信息。

```
1 data.iloc[:,1:].hist(figsize=(20,16),color='#F97306');
```

输出结果：变量分布图如图 5-3-1 所示（只显示局部），残耗是因变量，分布形状有些偏斜，但不严重，对于机器学习而言可以不用处理。分类型变量主要关注占比是否平衡，如后期可以考虑删除 v2 样品序列。可见，大部分数据都有右偏现象，这也预示着数据的异常。

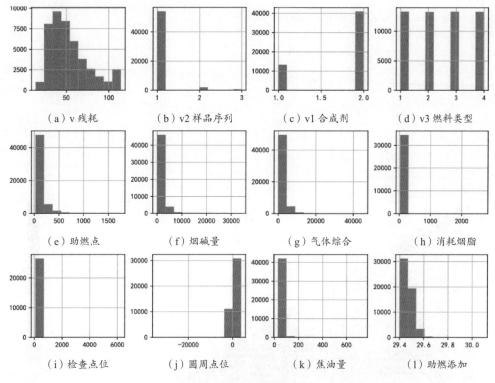

图 5-3-1 变量分布图

2. 缺失值

1）缺失值描述

安装 missingno 包可以快速描述缺失值的信息（第 1 行代码）。heatmap 功能用于描述缺失值间的相关性（第 2 行代码）。根据 missingno 产生的缺失值描述，变量缺失间的相关性如图 5-3-2 所示，可见缺失值的比例并不是特别大，控制在 20% 左右。同时，因变量和部分自变量存在相关性，自变量之间也存在诸多相关性，因此可以使用模型填补的方法，建议使用随机森林进行填补。

```
1 import missingno
2 missingno.heatmap(data,              #缺失值之间的相关性
            figsize=(12,6),
            fontsize=10,                #字体大小
            cmap='Oranges');           #图像格式
```

2）缺失值填补

载入 missingpy 包，第 2 行代码超参数 n_estimators 的范围建议设置为 6～21，min_samples_leaf 的设置建议是总样本量的 5%～10%。这个经验设置可以平衡准确度和运算速度。

第 6～9 行代码构建线性回归作为评估，但这不是最终模型，该模型通常以准确度和运算速度为选择标准。因为当前只有数万行数据，所以选择了线性回归模型。目前填补缺失值后的模型准确度达到 65.3%。这个准确度比没有填补缺失值的模型提升了 3%～4%，提升后的准确度并不要求特别高，建议将提升幅度控制在 5% 以内，否则容易出现过拟合。

```
1  from missingpy import MissForest
2  imput=MissForest(n_estimators=6,
                    min_samples_leaf=6000,
                    n_jobs=-1,copy=False)
3  data5=imput.fit_transform(data.iloc[:,1:])
4  data51=pd.DataFrame(data5,columns=data.iloc[:,1:].columns)
5
6  x,y=data51.iloc[:,1:],data51['v残耗']
7  reg=linear_model.LinearRegression()
8  reg.fit(x,y)
9  reg.score(x,y)
```

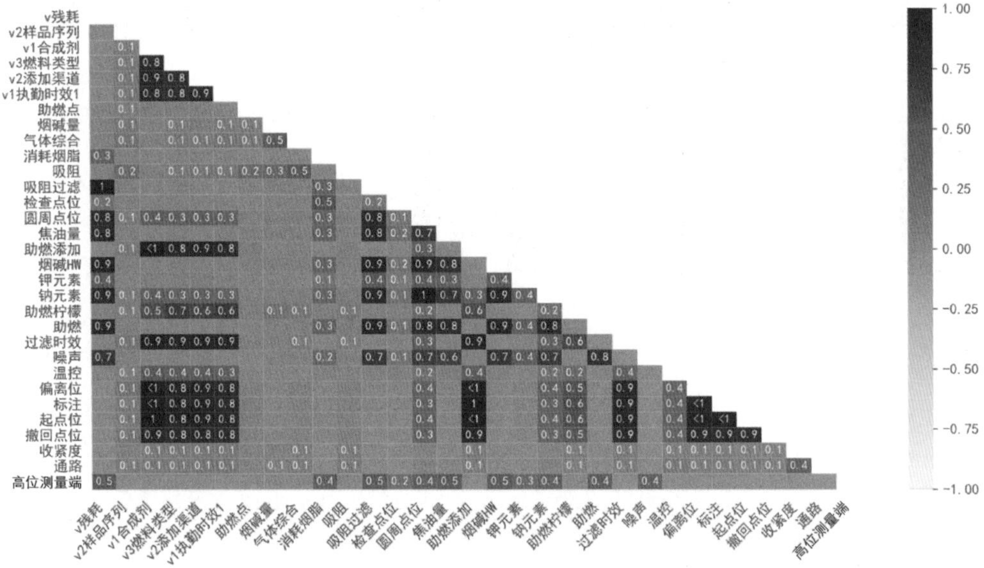

图 5-3-2 变量缺失间的相关性

3. 异常值消除

这段代码最核心的是第 3 行，借助 where 实现两个 if-then 的嵌套来控制数据的左、右边界，以消除异常值，即缩尾处理。看到这个功能你可能会想到 scipy 中的 winsorize 功能，但 winsorize 功能实际上是数据自动化的过程，这里需要加入更多的业务准则来控制数据的上、下限，可见第一行代码中每个变量对应一组上、下限取值。使用缩尾后的数据来拟合模型，准确度可达 69.2%，提升幅度在 5% 以内。

```
1 var=[(-0.01,'1HH',140000),(-0.01,'偏离位',10000),
   (0,'助燃',100),(-0.01,'助燃反应',2000),
   (-0.01,'助燃柠檬',10000),(20,'助燃添加',29.7),
   (0,'助燃点',1000),(-0.01,'吸阻',1000),
   (10,'吸阻过滤',129),(0,'噪声',100),
   (-10000,'圆周点位',29.7),(-0.01,'撤回点位',1000),
```

```
      (0,'收紧度',1000),(0,'标注',129),(0,'检查点位',100),
      (-0.01,'气体综合',10000),
      (0,'消耗烟脂',500),(-200,'温控',200),
      (-0.01,'烟碱 HW',2000),(-0.01,'烟碱量',10000),
      (0,'焦油量',200),(-0.01,'起点位',1000),
      (-0.01,'过滤时效',1500),(30,'通路',40),
      (-10000,'钠元素',500),(20,'钾元素',100)
      ]
2 for (t,i,j) in var:
3     data51[i+str("01")]=np.where(data51[i]>=j,j,
                          np.where(data51[i]<=t,t,
                          data51[i].copy()
                          ))
4
5 data52=data51.iloc[:,[*range(0,6),*range(32,58)]]
6 x,y=data52.iloc[:,1:],data52['v 残耗']
7 reg=linear_model.LinearRegression().fit(x,y)
8 reg.score(x,y)
```

4. 特征筛选

第 1 行代码载入两种方法，其一类似于方差分析算法，其二是按百分比筛选变量。这两种方法组合相当于相关分析法，主要研究单变量对因变量产生的影响。此处使用的特征筛选技术实际上是需要分成多个阶段的，而此处是初始阶段，因此需要简单、快捷的算法，对准确度的要求并不高。

在后续设置中，尤其是第 4 行代码中删除了 30%的变量，实际上保留了 70%的变量，相当于保留了 22 个变量。第 6 行代码仅仅是将筛选后的数据重新转化为 pandas 数据，以便于检查是否能够用于后续业务解释。

```
1 from sklearn.feature_selection import SelectPercentile,
                          f_regression
2
3 x,y=data52.iloc[:,1:],data52['v 残耗']
4 fit=SelectPercentile(score_func=f_regression,percentile=70)
5 fitt=fit.fit_transform(x,y)
6 data53=pd.concat([data52['v 残耗'],
                x.iloc[:,fit.get_support(indices=True)]],
                axis=1)
7 data53.shape
```

5. 共线诊断

共线诊断主要是为了确保剩余的变量之间不要出现太高的共线性，也希望通过特征组合来发现有意义的变量。相对来说，该方法要优于神经网络中的正则化（MLPRegressor 的 alpha）技术。第 1、2 代码行是相关分析，用相关系数来判断共线，只能用于判断双变量。由于变量较多，所以绘制热图比较便利，进而通过散点图发现共线的函数形式。

```
1 d=data53.corr()
2 d[d<=0.9]=0.01
3 sns.heatmap(d,cmap=sns.diverging_palette(250,150,100,
                                          as_cmap = True))
4 plt.scatter(data53['气体综合 01'],data53['烟碱量 01']);
```

　　输出结果：共线诊断图如图 5-3-3 所示，可以发现两对高度共线的变量——过滤时效 01 和 v3 燃料类型、气体综合 01 和烟碱量 01。考虑到业务的实际意义，过滤时效 01 和 v3 燃料类型都不重要，所以删除其一即可。另外，气体综合 01 和烟碱量 01 呈现线性关系，于是使用曲线拟合（curve_fit），通过线性模型的方式将其整合，产生新变量——成分烟碱。

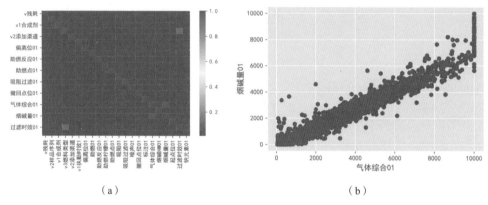

（a）　　　　　　　　　　　　　　　　　　（b）

图 5-3-3　共线诊断图

　　曲线拟合可以根据自定义的函数关系组合变量，如线性关系、指数关系等。因此，需要通过第 3、4 行代码定义线性关系，估计参数，并组合新字段。产生的新字段需要判断其与因变量的相关性。如果相关性太低，如小于 0.1，那么意味着新字段在数值上没有意义。此处的相关系数为 0.19，所以建议保留。

```
1 from scipy.optimize import curve_fit
2
3 def f(x,b0,b1):
4     return b0+b1*x                                      #定义线性关系
5 popt,_=curve_fit(f, data53["烟碱量 01"],                 #构建自定义模型
            data53["气体综合 01"])
6 data53["成分烟碱"]= popt[0]+ popt[1]*data53["烟碱量 01"]   #整合新字段
```

　　6. 模型构建

　　在构建模型之前，还需要进行因变量的变换和编码。由于因变量的偏态分布并不严重，所以跳过变换的步骤，本次分析强调准确度预测，所以可以跳过数据的分箱编码。

```
1 from sklearn.neural_network import MLPRegressor
2
3 x,y=data54.iloc[:,1:],data54['v残耗']
4 mlpReg = MLPRegressor(random_state=123,max_iter=500)
```

```
5  mlpReg.fit(x,y)
6  mlpReg.score(x,y)
7
8  resid=y-mlpReg.predict(x)
9  std_resid=(resid-np.mean(resid))/np.std(resid)        #计算标准化残差
10 plt.plot(reg.predict(x),std_resid,'o',label="残差图")
11 plt.legend()
```

　　构建神经网络模型后，模型的准确度可以达到 73%。计算残差并绘制神经网络残差图（见图 5-3-4）后，可以发现图中的上、下方向存在"零星"的异常（注意：图中一个点可能包括多行数据），左、右异常值可以忽略。因此，我们将异常值控制在-9~9 的取值范围之外，删除相应数据后模型的准确度提升至 82.7%。

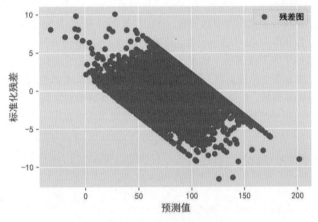

图 5-3-4　神经网络残差图

　　至此就完成了第一阶段的数据清理，而第二阶段的数据清理需要借助于模型技术，因此运算量很大，所以在第二阶段可以忽略上面提到的辅助模型线性回归，但每步的处理过程和分析思路不变。当然，辅助模型也可以通过抽样来控制时间。

　　7. 特征筛选+①

　　数据 data54_2 是上一次删除异常值后的数据。

　　下面使用递归特征消除法来搭建特征筛选框架，并将随机森林作为变量筛选的估计器。通过设置 n_features_to_select 筛选出 5 个变量，其依据是业务解释的便利性。也可以测试 8 个或 10 个变量的情况。第 7 行代码中的 get_support 可以监控变量的去留，所以筛选功能中的 indices 很重要。在筛选的过程中，成分烟碱变量被删除了，因为其具有业务重要性，所以重新添加了成分烟碱变量（第 8 行代码）。

```
1  from sklearn.feature_selection import RFE
2  from sklearn.ensemble import RandomForestRegressor
3
```

①　"特征筛选+"表示第二遍的特征筛选。

```
4  x54_1,y54_1=data54_2.iloc[:,1:],data54_2['v残耗']
5  rfr=RandomForestRegressor(n_estimators=10,min_samples_leaf=6000)#构建随机森林回归
6  selector=RFE(rfr,n_features_to_select=5).fit(x54_1,y54_1)
7  data54_3=pd.concat([data54_2['v残耗'],
                        data54_2[data54_2.columns[
                                 selector.get_support(indices=True
                                 )]]],
                        axis=1)
8  data54_3["成分烟碱"]=data53["成分烟碱"]
                              #上一步骤的整合字段在业务上具有可解释性
9  data54_3.info()
```

8. 分箱与哑变量编码

撤回点位直接涉及操作员的机理参数设置，是比较重要的变量。根据变量分布和切分点的业务意义进行判断，分别将 400、600 作为低、中、高的分箱点（第 1 行代码）。因为需要对比高、低切分点的意义，所以进行了哑变量变换（第 3 行代码），并删除低点作为参考项（第 4 行代码）。

然而，撤回点位在业务上比较重要，但数据分析上没有体现其重要性，至少数值上没有体现这种重要性。原因是多种多样的，如果数据质量、特征工程及构建模型等流程不存在致命问题，那么数据分箱几乎是最后一道托底程序了。检查并观察局部数据可能发现不一样的结论，这也是本节分箱的主要目的。

```
1  data54_3['撤回点位011']=pd.cut(data54_3['撤回点位01'],
                                 bins=[0,400,600,1001],
                                 labels=['低点位','中点位','高点位'])
2  dummy=pd.get_dummies(x_raw['撤回点位011'])
3  data54_3[['撤回点位_a','撤回点位_b','撤回点位_c']]=dummy
4  data54_4=data54_3.drop(['撤回点位_a',
                            '撤回点位01',
                            '撤回点位011'],axis=1)
```

9. 模型解释：偏残差图

第 1 行代码用于载入偏残差系数的计算（在多元回归中是回归系数的解释）和可视化展示两种功能。第 4 行代码的第一个位置设置模型估计器 mlpReg，第二个位置设置自变量矩阵，第三个位置是自变量对应的特征名。其他超参数为输出格式的设定功能。

```
1  from sklearn.inspection import partial_dependence,     #偏残差系数
                                 PartialDependenceDisplay#可视化展示
2
3  _, ax1 = plt.subplots(figsize=(12, 10))
4  display = PartialDependenceDisplay.from_estimator
           (
           mlpReg,
           x_data,
           features=x_data.columns.tolist(),
```

```
        kind="both",
        subsample=200,
        random_state=0,
        ice_lines_kw={"color": "tab:blue",
                    "alpha": 0.3,
                    "linewidth": 0.6},
        pd_line_kw={"color": "tab:orange","linestyle": "--"},
        ax=ax1)
```

输出结果：神经网络系数解释如图 5-3-5 所示，中间的黄色虚线表示整体数据的平均状况。如果虚线倾斜的角度大，那么预测中产生的影响较大。同样需要从连续型度量和分类型变量两个角度讨论。

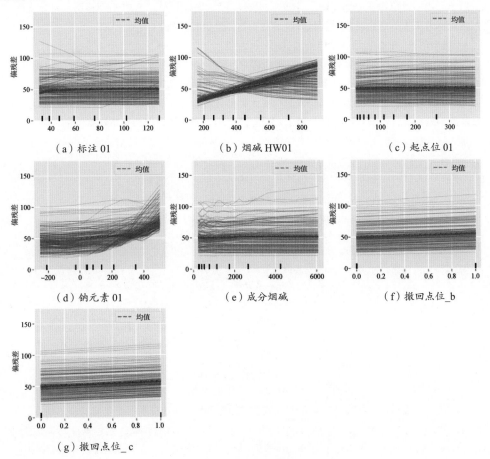

图 5-3-5　神经网络系数解释

1）连续型变量

起点位和标注的影响很小，考虑到量纲问题，此处没有太明显的业务意义，故不予讨论。

烟碱 HW01 与 v 残耗是正向线性关系，纵坐标的主要变换幅度为 50～100，比较可观。取值为

400 以下和 800 左右时，数据比较离散，取值为 800 的偏差主要是采集数据的机械振幅导致的，但取值为 400 的数据更可能是随机性异常导致的。

钠元素 01 与 v 残耗也是正向线性关系，但区别于烟碱 HW01，数据离散问题并不是重点，数据拐点问题是重点。拐点的取值大约为 300，也就是说，钠元素 01 和 v 残耗明显存在门限关系，即越过拐点将导致更多残耗。

成分烟碱是组合的字段，在模型中的作用很小，在前面的特征筛选中一度被删除。字段取值存在异常值，大部分的数据集中在 2000 以内，数据波动比较明显，超过 2000 时数据趋于稳定。但解释时要注意，它的外推效度较低，仅作为参考。

2）分类型变量

撤回点位进行了哑变量变换，由于我们更关心变换后的高点位相对于低点位的差异，如图 5-3-5（g）所示。撤回点位操作中的高点位与低点位的倾斜角度差异不大，但在机理模型的设计过程中，高点位意味着更少的原料及操作员低频的参数调整，是更有益的。

3）模型解释：LIME 局部解释

局部解释更加关注特殊样本，如感兴趣的客户、未知的新客户等。局部解释依赖于观测值近邻行为的特征，所以它不是一个精确的全局解释，而是局部的概率表达。

为什么是特殊样本？因为此类样本的特殊之处是数值的异常和规律性。如果是异常模式，那么有可能会触发损失，也有可能是新的数值规律在起作用。而规律可以总结事情发生的一般特征。

第 3 行代码是我们感兴趣的样本观测值，第 4、5 行代码是 LIME 运算的主体部分。

```
1 from lime.lime_tabular import LimeTabularExplainer
2
3 case = pd.Series([100,260,100,220,1000,0,1],
                    index =['标注01', '烟碱HW01',
                    '起点位01', '钠元素01',
                    '成分烟碱', '撤回点位_b', '撤回点位_c'])
4 explainer = LimeTabularExplainer(x_data,
                                    mode="regression",
                                    feature_names=x_data.columns,
                                    discretize_continuous=False,
                                    verbose=True)
5 lime = explainer.explain_instance(case,
                                    mlpReg.predict)
6 lime.show_in_notebook(show_table=True)
```

特殊样本的近邻特征如图 5-3-6 所示，此处关注的特殊样本对应图形中主要特征的拐点数据，代入神经网络产生的预测值是 46.8。这个数值的主要贡献来自成分烟碱，这也是保留该变量的原因，它在感兴趣的样本点上具有不可替代的作用。但同时也要注意，成分烟碱是负相关，条形图中数值最大，但是并不代表它是最重要的，因为还需要考虑量纲问题。

图 5-3-6 中的数值[17.79,14.11,4.74,2.28,2.06,1.85,1.16]拟合了特殊样本近邻点的估计值，具体解释与回归系数类似。

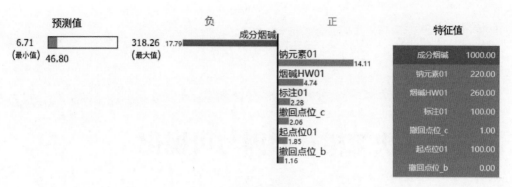

图 5-3-6 特殊样本的近邻特征

第 6 章 决策树：归因与可视化

机器学习主要用于预测分析，归因问题实际是机器学习的"软肋"。在机器学习领域能够进行归因分析的方法为数不多，如决策树、贝叶斯等技术，还有统计学升级后的模型，如线性回归和逻辑回归。在数据挖掘类的分析中，尤其是前期的探索性分析，归因往往不可避免，而稳定的或自动化的数据分析过程往往强调预测功能。如果归因问题是必要的，那么决策树和逻辑回归的使用频率最高，决策树主要用于规则归因，逻辑回归侧重于主次归因。

6.1 决策树模型原理

决策树模型是树模型的基础，为了凸显树模型在数据挖掘领域中的作用，下面将重点介绍决策树模型的原理——从相关分析到决策树模型，从树模型的生长到树模型的可视化解析，以此为基础进一步拓展对树模型的讨论。

6.1.1 熵与相关性

如果你了解统计学，那么肯定对皮尔逊相关系数、卡方相关系数并不陌生，这些指标用于相关分析，也用于统计模型的制作，但出于某些计算上的原因，机器学习并未将这些指标全部采纳，尤其是决策树更喜欢特殊的不确定性度量——熵（Entropy）。为什么采纳不确定性度量？不确定性度量更接近数据运算的底层，又因为大数据对分类属性的"偏爱"，足以使熵的形式为算法工程师所喜爱。

熵是对随机变量不确定性的度量，其中分类属性的确定性可以用概率度量，$p(X = x_i) = p_i$，$i = 1, 2, 3, \cdots, k$，x 的熵可以定义为

$$\text{Entropy}(X) = -\sum_{i=1}^{k} p_i \log(p_i) \tag{6-1-1}$$

式中，$p_i \log(p_i)$ 表示所有可能的全集的近似数学表达，负号具有确定性的反面之意。$p = 0$ 或 1 时，熵为 0，表示随机变量具有完全确定性；$p = 0.5$ 时，熵为 1，表示随机变量具有完全不确定性。

与熵相关的不确定性度量指标还包括以下几种。

（1）基尼指数：$\text{Gini}(X) = 1 - \sum_{i=1}^{k} (p_i)^2$，取值范围为[0,0.5]，其值越大，越不确定。

（2）信息增益（Information Gain）：$\text{Gain}(D, A) = \text{Entropy}(D) - \text{Entropy}(D|A)$，$D$ 表示训练数据集，A 表示特征或属性，其差值越大表示特征选择的效果越好。

（3）分类误差率： $\text{classification error}(x)=1-\max(p_i)$ ，取值范围为[0,0.5]。

在分类决策树算法中，熵、基尼指数等指标主要用于评价叶节点中目标分类纯度的高低，取值越高表示该叶节点的纯度越低。不同目标函数的决策树主要有三种算法：ID3 为基于信息增益的特征选择，C4.5 为基于信息增益比的特征选择，CART 为基于基尼系数的特征选择。有些决策树集成包可以将熵或基尼等指标作为超参数使用，随时切换不同算法，当然也可以根据数据特征进行网格筛选。

6.1.2　决策树概览

决策树是一种智能分类与回归的方法，也是以实例为基础的归纳学习，因其具有大数据的诸多优势，因此是机器学习使用最频繁的算法之一。决策树的优势主要体现在较少的特征工程、优秀的集成性、归因可视化等方面，具体包括：

（1）可读性强——分类决策的可视化，简洁易懂；

（2）分类速度快——机器学习的普遍特征之一；

（3）规则归因——归纳的条件规则属于归因问题，也是探索主要因素间复杂关系的基础；

（4）异常值稳健——决策树的生长过程涉及数据分类或聚类技术，不管是分类还是聚类，都是处理异常值的主要功能；

（5）对缺失数据不敏感——概率运算中的缺失具有算法便利性和稳定性的特点。

（6）无需变换——决策树强调归因，而特征变换容易消除特征的业务意义；

（7）无需编码——编码（如分箱）本就是其算法的一部分，可以调用具有超参数架构的模型；

（8）集成性——树桩集成了提升树，决策树集成了随机森林。

决策树的生长示意图如图 6-1-1 所示，决策树由节点（Node）和有向边（Directed Edge）组成，其中，节点包括根节点、内部节点、叶节点，如收入对应的绿色椭圆是根节点，积分卡（或客户类型、购买特征）对应的绿色椭圆是内部节点，橘黄色长方形是叶节点。

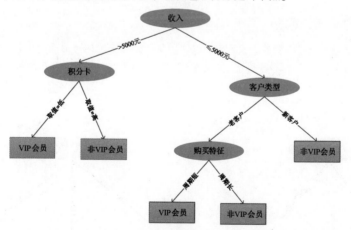

图 6-1-1　决策树的生长示意图

一般来说，叶节点表示一个类对应的因变量、内部节点表示特征或属性对应的自变量。树的生长是递归式的，不可回溯，越接近树根处的自变量越重要，每个叶节点都对应着因变量，也对应着一条决策路径或决策规则。例如，最右侧的叶节点表示若收入≤5000 元并且是新客户，则该客户被预测为非 VIP 会员。

为了说明决策树的生长过程，下面将分析示例数据——描述性建模和预测性建模。

示例数据如表 6-1-1 所示，如果分析数据的目的是回答客户转化为 VIP 会员与哪些特征存在关系，那么当积分低时，收入不同，客户转化为 VIP 会员的可能性也不同，即侧重于描述性建模；如果分析数据的目的是得到客代号 010 是否可能为 VIP 会员时，那么为预测性建模；如果分析数据侧重于所有老客户的未来行为预测，那么也为预测性建模。

表 6-1-1　示例数据

客　代　号	积　分　卡	收　　入	客 户 类 型	购 买 特 征	VIP 会员
001	高	>5000 元	老客户	周期短	是
002	低	≤5000 元	新客户	周期长	非
003	高	>5000 元	老客户	周期长	是
004	低	≤5000 元	老客户	周期长	非
005	低	≤5000 元	新客户	周期长	非
006	低	>5000 元	新客户	周期短	是
007	低	>5000 元	老客户	周期短	是
008	高	≤5000 元	新客户	周期短	非
009	低	≤5000 元	老客户	周期短	非
010	高	≤5000 元	新客户	周期短	非

对于预测性建模，若决策树枝叶繁茂，则规则过于复杂、无法归因，但预测精度高；反之，规则清晰但预测精度低。决策树的学习过程就是在树的自由生长和剪枝之间取得平衡——既不能过于复杂，重精度轻规则，也不能过于简单，重规则轻精度。当然，权衡利弊的主要依据是业务逻辑和运算规则——树分叉和树生长。

6.1.3　特征分叉运算

下面将介绍树生长过程中的分叉问题，仅使用基尼系数来评估分叉后的优劣，基尼系数也是熵的一部分，取值越大，表示越不确定。以因变量 VIP 会员为例，若 VIP 会员的两个取值（是、非）各占一半，则意味着不确定性最大，即基尼系数等于最大值 0.5，但更多的是取值不平衡的场景。

树分叉的示意图如图 6-1-2 所示，收入以二叉 [（见图 6-1-2（a）] 还是三叉 [见图 6-1-2（b）] 的形式分别对应不同的占比，那么哪种特征的划分更优呢？

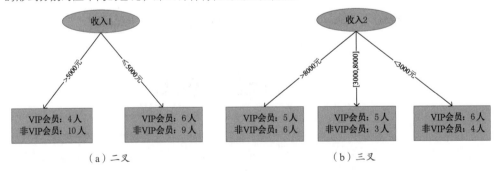

（a）二叉　　　　　　　　　　　　　　　（b）三叉

图 6-1-2　树分叉的示意图

根据基尼系数的公式 $\text{Gini}(X) = 1 - \sum_{i=1}^{k}(p_i)^2$，如果在 5000 元处离散数据［见图 6-1-2（a）］，那么收入的两个类别分别对应的基尼系数如下。

```
Gini_收入_1(>5000): x1=1-(4/14)××2-(10/14)××2=0.408,
Gini_收入_1(<=5000): x2=1 -(6/15)××2-(9/15)××2=0.48,
```

其中，收入≤5000 元对应的基尼系数最大，也更不确定，但要计算 5000 元切割点的整体基尼系数则需要数量加权，代码如下。

```
Gini_收入_1（加权）: 14/29×x1+15/29×x2=0.445。
```

同理，分别在 8000 元和 3000 元处离散数据［见图 6-1-2（b）］，其基尼系数和加权基尼系数分别如下。

```
Gini_收入_2(>8000): y1=1-(5/11)××2-(6/11)××2=0.496
Gini_收入_2([3000 8000]): y2=1-(5/8)××2-(3/8)××2=0.469
Gini_收入_2(<3000): y3=1-(6/10)××2-(4/10)××2=0.480
Gini_收入_2（加权）: y=11/28×y1+8/28×y2+10/28×y3=0.50
```

收入 1 的二叉划分形式产生的基尼系数更低，由此可见，二叉形式的特征划分更优。上述分析假设切分点已知，但实际上切分点位置的判断是极为困难的。为了解决这个问题，决策树常采纳的策略是密集选择策略，存在的问题是运算量巨大，而相应替代的方式是随机性选择切分点。事实证明，随机性集聚了快速且稳定的特点，因此被大量采用。此外，经验法永远不失为好的选择，在归因问题上更是如此。

另外，确定切分点后，基尼系数并不是唯一的判断标准，树模型经常采用的指标还包括熵、卡方、F 指标等。

6.1.4　特征选择运算

根据 6.1.1 节中信息增益的介绍，$\text{Gain}(D,A) = \text{Entropy}(D) - \text{Entropy}(D|A)$，可以将公式中的 $\text{Entropy}(D)$ 想象成一个集合，$\text{Entropy}(D|A)$ 想象成增加一个新元素后的集合，两者间的差值就是新元素带来的改变，因此改变越大，新元素对集合的影响越大。可见，信息增益是确定性指标，常用于上层的特征选择，而不是底层的算法运算。

由于信息增益分为两部分，可以独立计算，根据示例数据（见表 6-1-1），$\text{Entropy}(D)$ 的取值固定，因变量 VIP 会员的熵的计算如下。

$$\text{Entropy}(D) = -4/10 \times \log(4/10) - 6/10 \times \log(6/10) \approx 0.673$$

计算自变量积分卡对因变量 VIP 会员的影响：

$$\text{Gain}(D, A_{积分卡}) = 0.673 - \text{Entropy}(D|A_{积分卡})$$
$$= 0.673 - \{4/10 \times [-2/4 \times \log(2/4) - 2/4 \times \log(2/4)] +$$
$$6/10 \times [-2/6 \times \log(2/6) - 4/6 \times \log(4/6)]\}$$
$$\approx 0.0138$$

结合表 6-1-1 说明熵 $\text{Entropy}(D|A_{积分卡})$ 的计算：中括号内第一个 2/4 中的 2 是指高积分对应的 VIP 会员数是 2，后两个 2/4 中的 2 是指高积分对应的非 VIP 会员数也是 2，所以高积分的数量是

4，高积分的权重系数为 4/10。同理，低积分的数量是 6，占比为 6/10，其中的 VIP 会员数为 2，非 VIP 会员数为 4，分别对应的概率是 2/6 和 4/6。最终，与 D 的熵相减，计算信息增益为 0.0138。

下面计算所有自变量的信息增益：

$$\text{Gain}\left(D, A_{收入}\right) = 0.673 - \text{Entropy}(D|A_{收入})$$
$$= 0.673 - \{4/10 \times \left[-4/4 \times \log(4/4) - 0/4 \times \log(0/4)\right] +$$
$$6/10 \times \left[-0/6 \times \log(0/6) - 6/6 \times \log(6/6)\right]\}$$
$$\approx 0.673$$

$$\text{Gain}\left(D, A_{客户类型}\right) = 0.673 - \text{Entropy}(D|A_{客户类型})$$
$$= 0.673 - \{5/10 \times \left[-3/5 \times \log(3/5) - 2/6 \times \log(2/5)\right] +$$
$$5/10 \times \left[-1/5 \times \log(1/5) - 4/5 \times \log(4/5)\right]\}$$
$$\approx 0.086$$

$$\text{Gain}\left(D, A_{购买特征}\right) = 0.673 - \text{Entropy}(D|A_{购买特征})$$
$$= 0.673 - \{4/10 \times \left[-1/4 \times \log(1/4) - 3/4 \times \log(3/4)\right] +$$
$$6/10 \times \left[-3/6 \times \log(3/6) - 3/6 \times \log(3/6)\right]\}$$
$$\approx 0.0321$$

根据信息增益的取值，可见收入是最优特征或者是相对最重要的变量，并完成了根节点的选择。根节点的确定意味着树桩模型已经建立。但要生长成一棵完整的决策树，还需要树干、枝叶、修剪等结构，因此下面将借助基尼系数、树桩模型、数据细分等概念来说明决策树算法的运算过程。

1. 决策树的生长

根据信息增益，从根节点开始计算所有特征的信息增益值，选择最大的信息增益值作为根结点。可以看出收入是最优特征，首先在收入的基础上生长，然后以收入节点的不同取值（连续属性可以离散化）建立子结点，对子结点递归地调用以上过程，直至信息增益值小于指定的阈值。

下面进一步细化决策树生长示意图（见图 6-1-3），并以三个步骤完成决策树的生长，其中图 6-1-3（a）、（c）为数据细分示意图，图 6-1-3（b）、（d）为决策树的树形图，决策树根据信息增益等指标判断特征的重要性进行生长，并以样本量 60 为决策树生长的停止标准。

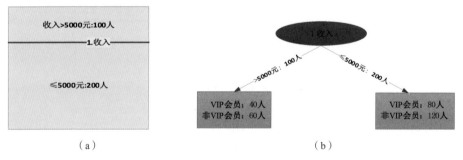

|（a）|（b）|

图 6-1-3 决策树生长示意图[1]

---

[1] 上述决策树的运算过程可能因为不同的算法有所不同，如有的算法只允许二分叉，有的可以是多分叉，有的算法允许同层为不同变量，有的算法约束同层为相同变量等。

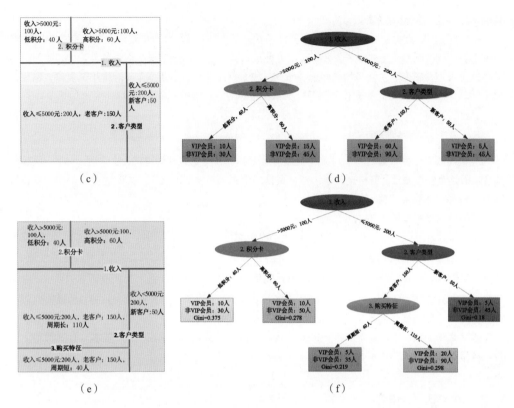

图 6-1-3　决策树生长示意图（续）

第一步：由图 6-1-3（a）、（b）组成第一层决策树。

最重要的特征变量的选择确定了树桩模型及最优切分点 5000，以此完成决策树的分叉。图 6-1-3（a）的数据细分示意图实际上相当于将原始数据按照收入 5000 元划分为两组，但决策树的收敛标准是叶节点的样本量不低于 60，而树桩模型的最小叶节点数是 100，远未达到停止生长的标准。

第二步：由图 6-1-3（c）、（d）组成第二层决策树。

第一步将原始数据分成两组后，由于决策树的生长具有递归且不相交的特性，所以后续的运算在收入高于 5000 元和低于 5000 元两组中分别进行。例如，在收入低于 5000 元组中，独立进行信息增益的计算，判断剩余自变量中最重要的变量，发现变量客户类型满足条件，因此在该组中客户类型又是"根节点"了。同样的运算也发生在收入高于 5000 元组中，发现变量积分卡最重要。

实际上相当于将原始数据分成了四组，每组都对应两个标签，如图 6-1-3（c）左下角区域的标签是"收入≤5000 且为老客户"，这部分的客户数是 150，仍高于 60 的标准，需要继续生长，但其他组人数均已达标，可以停止生长。

第三步：由图 6-1-3（e）、（f）组成第三层决策树。

第三层决策树只增加了购买特征变量，这样最大组又进一步根据购买特征分成了两组。在图 6-1-3（f）中，叶节点处增加了基尼系数（Gini），基尼系数越小表示节点纯度越高（颜色越深），可见最小的基尼系数是 0.18，对应的路径规则为决策树的最强规则——"收入≤5000 且为新客户"的人群不太可能成为 VIP 会员。另一确定性规则是"收入≤5000 且为老客户，同时购买周期短"，其他基尼系数的解读与此类似。

综上所述，决策树的生长过程就是规则生成的过程，也是市场细分的过程。数据递归式地分组，依据运算规则"激励"树的生长，只不过此处使用的停止规则过于简单。在多数算法中，同时运用多种停止规则是常态，主要目的是修剪决策树。决策树生长过于"茂盛"易导致规则复杂，出现过拟合问题，因此需要在复杂度和简洁性之间取得平衡。

6.1.5 决策树与剪枝

决策树的充分生长最终容易导致特征数的激增和叶节点记录数的降低，从而增大方差，出现过拟合，不具有外推效度。剪枝是改善过拟合现象的最主要技术，这里我们讨论过拟合问题的剪枝策略——后剪枝策略与前剪枝策略。

后剪枝策略可以表示为

$$C_a(T) = C(T) + a|T| \tag{6-1-2}$$

式中，$C_a(T)$ 表示决策树 T 的损失函数；$C(T)$ 表示模型与训练数据的拟合度（用经验熵度量）；$|T|$ 是叶结点数量，表示模型复杂度；$a \geq 0$ 是阈值，可以通过调高取值来选择较简洁的模型。由此可见，损失函数最小化的目的是模型拟合和复杂度间的权衡，是一种整体学习策略，如修剪内部结点前后对应不同的损失函数，通过比较大小判断是否可以剪枝。

除此之外，可以事先确定决策树的复杂度——前剪枝策略，如限定决策树层数、分叉数等，这也是决策树超参数操作中最简易的部分。

6.2 树模型的特征

1. 树模型的种类

树模型可分为树桩模型、决策树模型、集成学习模型（如随机森林、提升树）等。树桩模型是线性模式，通过拓展特征变量数可以构建"硬边界"的决策树，而诸多决策树又可以集成为"软边界"的随机森林或提升树等集成学习模型。

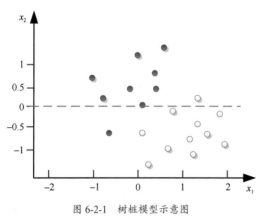

图 6-2-1　树桩模型示意图

1）树桩模型

树桩模型示意图如图 6-2-1 所示，树桩模型是最简单的决策树模型（也称为单层决策树），仅由一个规则组成，$x_2 \geq 0$ 是树桩模型的决策规则，并存在两个误分样本。树桩模型本质上是线性模型，输出值往往具有跳跃性，即不平滑。

2）决策树模型

决策树模型示意图如图 6-2-2 所示，决策树模型由按照递归方式组织的规则条件组成，$x_2 \geq 0$ 且 $x_1 \leq 0.8$，或 $x_2 \leq 0$ 且 $x_1 \geq -0.5$ 是决策树模型的决策规则，此时不存在误分样本，因此从预测分类误差来看，规则中 x_2 的判断比 x_1 更重要。可见，决策树模型本质上是非线性模型，也具有跳跃性。

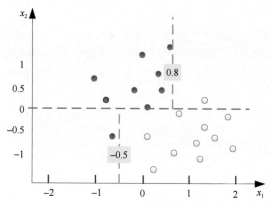

图 6-2-2　决策树模型示意图

3）集成学习模型：随机森林

随机森林模型示意图如图 6-2-3 所示，随机森林模型由一组决策树集合而成，也称为集成算法，如由 1 个 y、50 个 x、100 棵决策树集成，随机森林是指对行和列都进行随机抽样。第一，以自抽样的形式抽取 100 样本拟合 100 棵决策树；第二，对每棵树的特征进行随机抽样。可见，随机森林模型是平滑的非线性模型。

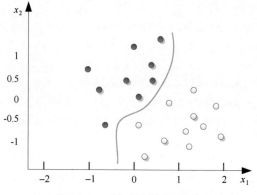

图 6-2-3　随机森林模型示意图

2. 树模型的应用

树桩算法简单、灵活，从数据中容易获取简易规则，运算速度也非常快，所以该算法很少用于归因、预测等问题，通常以基分类器的身份来集成高级算法，如提升树等模型。这类模型的优势：一是对重要影响因素的判断非常容易，决定了特征选择的便利性；二是集成算法的运算效率高，相比于强分类器存在倍数量级的优势；三是集成算法的准确度和平衡性是可控的。

决策树算法具有稳健的缺失值、异常值等特征工程技术，归因问题或归因可视化是其最重要的特点，如果用于集成，那么极端树和随机森林是其主要的集成对象。

弱集成中的随机森林算法运算速度较快，可用于特征工程领域，如特征选择、缺失值填补、异常值诊断。另外，随机森林也是大数据架构下分布式运算的常用算法。此外，提升树模型具有随机森林的大部分优点，也可以作为主模型使用。

3. 代码与应用

sklearn.tree 与 sklearn.ensemble 分别集成了决策树模型和随机森林模型，出于语法的便利性，可以在集成学习中实现树桩模型、决策树模型和随机森林模型。超参数定义上，max_depth=1 与 n_estimators=1 为树桩模型；max_depth=n 与 n_estimators=1 为决策树模型；max_depth=n 与 n_estimators=m 为随机森林模型。

```
1 from sklearn.ensemble.forest import RandomForestClassifier
2 rf_clf=RandomForestClassifier(max_depth=5,n_estimators=100)
3 rf_clf.fit(xtrain,ytrain)
4 rf_clf.score(xtest,ytest)
```

6.3 两类归因：决策树与逻辑回归

统计学习的归因功能大于预测功能，而机器学习的预测功能大于归因功能。机器学习的大部分模型功能侧重预测，只有少部分用于归因，其中决策树和逻辑回归是最重要的归因模型。大数据使机器学习的归因功能极度依赖数据可视化，所以决策树往往辅以树形图，逻辑回归往往辅以 S 形图。

6.3.1 树形图解释

树形图[①]是决策树模型的有效展示，构建决策树模型后，根据决策规则绘制图形，因此树形图需要借助具有建模功能的软件实现。Python 环境中产生树形图的软件较多，plot_tree 产生的树形图如图 6-3-1 所示，以 Sklearn 为核心的有 plot_tree 的图形展示，也有 export_graphviz（与 plot_tree 的图形类似）的图形展示，dtreeviz 也可以提供美观的图形展示。

plot_tree 与 export_graphviz 类似，但有两个主要区别：一是图形的美观度稍逊于 export_graphviz 的产出图形，二是 export_graphviz 需要借助 graphviz 包才能绘图。不过两者的语法格式几乎相同，多数情况下可以相互替代。

下面以银行贷款数据为例，分类型变量 y 为是否违约，连续型变量 x 为收入。

节点同时提供了数据切分点（address≤12.125）、基尼系数（gini=0.318，颜色深浅表示节点纯度）、样本量（samples）、分类取值占比（value）、预测类别（class），不同颜色表示不同类别。决策树分叉的左侧表示满足条件 address≤12.125，右侧表示不满足条件 address≤12.125。此处与 6.1.4 节的内容相同，不再累述。

dtreeviz 产生的图形风格完全不同，但是其底层也需要 graphviz 和 sklearn 的参与。使用 dtreeviz 的主要目的是它提供了 LightGBM、Spark、XGB 的决策树算法及输出相应图形，还包括输出其他种类的描述性图形，如树桩模型的 2D 热图等。总之，dtreeviz 可以借助各大算法执行丰富多样的

[①] 注意：决策树的树形图（treeplot）与描述性的树状图（treemap）是两类图形——树形图是模型图，而树状图是描述性图形，用于表示数据嵌套关系。此处展示模型类的树形图，描述类的树状图将于第 8 章关联分析中展示。

决策树，也可以便利地在大数据和小数据建模间切换。

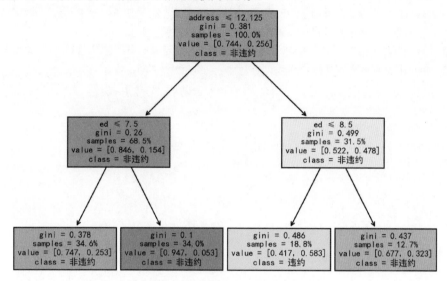

图 6-3-1 plot_tree 产生的树形图

dtreeviz 输出图形如图 6-3-2 所示，dtreeviz 输出图形的另一显著特点是美观度，呈现出原始数据的分布特征，包括变量分布［图 6-3-2（a）］和散点图［图 6-3-2（b）］，若已知具体的切分点及其划分标准，则能够呈现数据细分图的效果，便于业务归因时对进行局部说明。

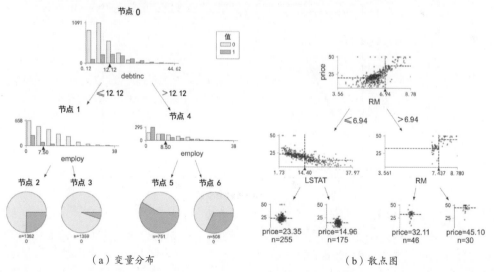

（a）变量分布　　　　　　　　　　（b）散点图

图 6-3-2 dtreeviz 输出图形

6.3.2 S 形图解释

与决策树相同，逻辑回归最主要的功能也是归因，同样辅以可视化功能，但它们不能相互取代。

决策树与逻辑回归的核心区别是决策树分析所有变量间的交叉规则，强调特征整体对因变量的影响，而逻辑回归更加强调局部的某特征变量对因变量产生影响的净相关。

为方便起见，下面使用可视化工具 Seaborn 的 S 形图绘制功能。

第 3 行代码用于控制一个异常值，防止图形被拉伸以至于看起来不自然。第 4 行代码用于汇总 S 形图，logistic = True 表示执行功能。

```
1 import seaborn as sns
2
3 dfs=df[df['creddebt']<60]
4 sns.regplot(x =dfs['creddebt'], y = dfs["default"],
        data = dfs,
        logistic = True,
        ci=99,                        #ci:99% confidence interval
        color="orange",
        scatter_kws={"s": 10},        #控制散点的大小
        )
5 plt.show()
```

S 形图如图 6-3-3 所示，自变量是信用卡的贷款额度，因变量是违约概率，S 形图表示自变量和因变量间的函数关系。若客户没有申请信用卡贷款，则其违约概率只有 0.2；若信用卡的贷款额度超过 15000 美元，则违约概率将超过 0.8。信用卡的贷款额度为 13000 美元左右时，曲线存在明显的拐点，即客户群体可能显著不同。

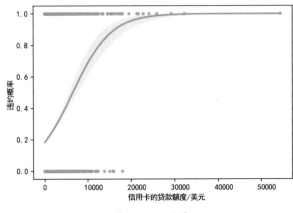

图 6-3-3　S 形图

可视化软件包 seaborn.regplot 可以快速生成 S 形图，不过请注意，图形绘制的并不是多变量间的净相关，因此需要排除其他因素的影响，解决这个问题可以通过制作偏残差来实现——首先使用其他因素对当前自变量进行回归，然后再使用其产生的残差对因变量做逻辑回归，这样才能产生净相关的 S 形图。

逻辑回归或 S 形图的应用范围极广，尤其适用于需要对数据进行局部解释的问题。下面将以实际场景中常见的 S 形图展开讨论。

1. 场景 1

S 形图场景 1 如图 6-3-4 所示，正相关的 S 形图的形状比较典型。曲线无限接近上、下限 1 和 0，但永不相交。此时 S 形图形成三个比较重要的拐点：一是高故障、二是无审核、三是中间 0.5 对应的校对组。

可见，临界点 24、32、35 分别对应不同的审核组及业务操作。

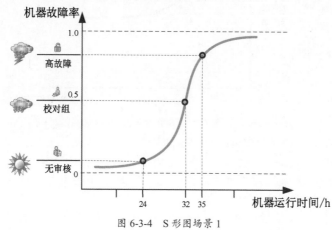

图 6-3-4　S 形图场景 1

2. 场景 2

S 形图场景 2 如图 6-3-5 所示，正相关的 S 形图的形状并不典型，机器故障率的大部分取值小于 0.5，即机器运行时间大概率不会造成机器故障的发生，所以机器运行时间不是重要的预测变量。

另外，如果机器故障率超过 0.5，那么通常被视为发生机器故障，但可以更激进地将 0.5 的参考线下移，让更多的机器运行时间被判定为机器故障。如果从业务视角上认为机器运行时间很重要、但数据不支持，那么可以人为提高或降低参考线。

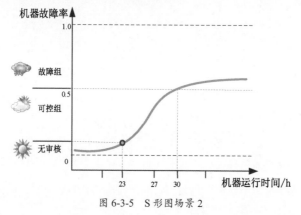

图 6-3-5　S 形图场景 2

3. 场景 3

S 形图场景 3 如图 6-3-6 所示，投入资源与机器故障率是负相关的，曲线的形状只是 S 形图的局部，因为机器故障率多位于 0.5 附近及以上，因此对机器故障的区分度不高，大部分的投入资源都倾向于导致机器故障的发生。图中投入资源取值为 28 处也存在一个拐点，但业务价值有可能并不高。

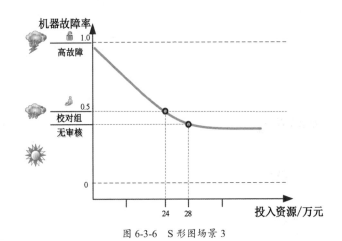

图 6-3-6　S 形图场景 3

综上所述，可以从以下角度解读逻辑回归的 S 形图。

（1）机器故障率为 0.5 的参考线可以保守或者激进地上下移动，下移意味着将更多的数据视为故障发生，故为激进，但激进是相对模型而言的，业务决策也会相应发生改变，所以业务规范和曲线形状的综合表达才是移动参考线的依据。

（2）判断正相关和负相关的走势，仍以 0.5 为参考线观察数据主要的坐标区间。

（3）观察数据拐点，因为数据拐点两侧往往对应着不同的数据特征，可用于数据分箱、分类标签制作等场景。

第7章 支持向量机：高维数据

支持向量机的显著特征是选择模型的依据，主要有以下几个方面。第一，支持向量机具有多变量的异常值处理功能，主要用于模糊归因；第二，支持向量机具有高维数据分析功能，尤其当数据列大于行时，很多机器学习模型都将失效；第三，支持向量机的精准度理论上近似等价于神经网络，预测能力强；第四，机器学习要求的数据量往往比较大，但当数据量不足时，支持向量机是比较好的选择。

从 Sklearn 官方布局的支持向量机功能来看，其特征分别布局于五个不同的侧面。

第一，线性支持向量机 svm.LinearSVC（包括 LinearSVR，下同）基于 Liblinear 库的算法，运算速度快，可以处理稀疏数据，并辅以正则化技术，但不支持核外运算和核技巧。

第二，传统经典的支持向量机模型 svm.SVC 基于 Libsvm 库，模型可以灵活地执行线性模型和非线性模型，但运算速度慢，支持核技巧，但不支持核外运算，不适用于大数据分析，只能支撑门槛级别（如十万）的大数据。

第三，异常值的处理 svm.OneClassSVM 是非监督类模糊归因的主要方法。

第四，Nu 支持向量机 svm.NuSVC，参数化支持向量的数量，并且可以在线性与非线性之间灵活切换。

第五，在线性模型 linear_model 中，提供正则化的线性支持向量机 SGDClassifier(loss='hinge', penalty='l2')支持随机梯度下降法、正则化技术、核外运算，但不支持核技巧。

支持向量机的缺点也很明显，一是无法输出预测概率，准确地说，只能输出耗时费力的伪概率（svm.SVC 的超参数 probability）。二是可以通过变换实现概率，但无法实现主要的归因形式（除了特殊的模糊归因外）。当然，但凡能称得上精准度高的模型，其弊端就是过拟合问题严重。

下面将从支持向量机模型的算法开始，分别介绍支持向量机的超平面、点距超平面，线性支持向量机的硬、软间隔，非线性与核技巧等内容，从而更全面地介绍支持向量机的优、缺点，并且以案例的形式介绍 Sklearn 软件包的实现方法。

7.1 支持向量机简介

7.1.1 超平面

支持向量机（Support Vector Machine，SVM）使用超平面（Hyperplane）划分正、负两类训练

样本,主要用于二分类问题,多分类方法 OVR 或 OVO 可以使用 svm.LinearSVC 的超参数 multiclass 实现。

训练样本划分如图 7-1-1 所示，在二维空间中，存在两组样本点群——黑色点（正）和白色点（负）。我们希望找到能够正确划分样本组的函数。可见，黑色虚线存在线性误分类的情况，蓝色虚线和黄色实线不存在误分，但这两条直线容忍的误差区间（未加粗黄色实线）不同，加粗黄色实线的置信度更宽，因此我们希望找到的就是黄色实线的决策边界。

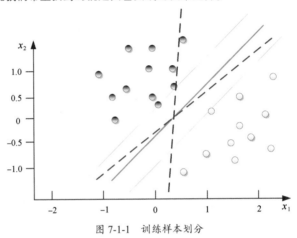

图 7-1-1　训练样本划分

其实，基于算法上的"自信"，支持向量机假设存在两组数据，所以一定存在可以分割的决策边界，这条边界不管是低维形式的决策线，还是高维空间的决策超平面，只要模型足够复杂，就可以找到一条符合的分割线。下面将从更一般形式的决策超平面来理解支持向量机的决策过程。

支持向量与最大间隔如图 7-1-2 所示，首先，样本空间中的超平面可以用线性方程来描述：

$$\boldsymbol{W}^{\mathrm{T}}\boldsymbol{X} + b = 0 \tag{7-1-1}$$

也可以表示为

$$w_0 + w_1 x_1 + w_2 x_2 = 0 \tag{7-1-2}$$

式中，$\boldsymbol{W} = (w_1, w_2, \cdots, w_n)$ 为法向量，描述超平面的方向；b 为位移项或截距，描述超平面与原点间的距离。法向量可以这样理解——既然存在两组数据，那么一定存在分离两组数据的空隙，这个空隙可能存在于某个维度的空间，如果能够找到这个空间，那么可以沿着这个空间投影，并以投影后数据的中点为起点作垂线，这条垂线的斜率可以用法向量 $\boldsymbol{W}$ 表示。

然后，我们只需要约束为式（7-1-3）的形式：

$$(\boldsymbol{W}^{\mathrm{T}}\boldsymbol{X} + b)y_i > 0 \tag{7-1-3}$$

式中，y_i 是二分类的。可以控制方程式拟合其中一组数据，即为正样本时学习参数 w 与 b，则可以完成分类决策任务。因为黄实线到两侧黑实线的距离空间具有相对性，因此参数 w 与 b 可以任意设置为 1、-1（也可以是 10、-10，100、-100 等）。

知识拓展　（重要性★★★★☆）

经验风险最小化

值得关注的是，$f(x)$ 的形式会导致支持向量机在典型的二分类问题中非凸，导致经验风险最小化问题受到挑战。式（7-1-3）中的 $\boldsymbol{W}^{\mathrm{T}}\boldsymbol{X} + b$ 相当于一个评分函数，首先可以将二分类问题转换为程度问题，然后使用 hinge 函数就可以转换为凸函数，这就是支持向量机采用的函数形式。

样本点在黑实线以上的情况为正类组（假设为 0 组，黑色点），可以表示为

$$(\boldsymbol{W}^{\mathrm{T}}\boldsymbol{X} + b)\,y_i \geqslant 1 \tag{7-1-4}$$

样本点在另一条黑实线以下为负类组（假设为 1 组，白色点），可以表示为

$$\left(\boldsymbol{W}^{\mathrm{T}}\boldsymbol{X} + b\right) y_i \leqslant -1 \tag{7-1-5}$$

当然，如果存在训练样本满足 $\boldsymbol{W}^{\mathrm{T}}\boldsymbol{X} + b = \pm 1$，那么这些样本称为支持向量（Support Vector），而 $\boldsymbol{W}^{\mathrm{T}}\boldsymbol{X} + b = 0$ 就是我们希望寻找的超平面。

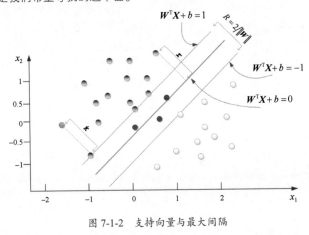

图 7-1-2　支持向量与最大间隔

7.1.2　点距超平面

最大间隔距离定义如图 7-1-3 所示，在假设空间中，绿色虚线和黄色实线存在无数条，但置信度最高的只有一条线。如何才能找到这条最优的决策分界线呢？

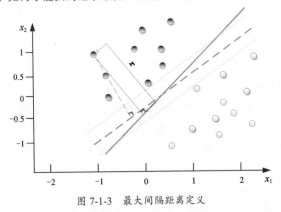

图 7-1-3　最大间隔距离定义

任意样本 x_i 距离超平面 $\boldsymbol{W}^{\mathrm{T}}\boldsymbol{X} + b$ 的欧式距离（图 7-1-3 中的 r）可以表示为

$$\left|\boldsymbol{W}^{\mathrm{T}}\boldsymbol{X}+b\right|/\left\|\boldsymbol{W}\right\| \tag{7-1-6}$$

式中，$\left\|\boldsymbol{W}\right\|$ 是法向量的范数（可以理解为长度），用 $\left\|\boldsymbol{W}\right\| = \boldsymbol{W}^{\mathrm{T}}\boldsymbol{W}$ 来定义距离，除以 $\left\|\boldsymbol{W}\right\|$ 表示消除了距离的影响，相当于只需要在倾斜的角度里寻求最优化。

可见，寻求最优化可以表示为

$$\max\left(\left|\boldsymbol{W}^{\mathrm{T}}\boldsymbol{X}+b\right|/\left\|\boldsymbol{W}\right\|\right) \tag{7-1-7}$$

因为任意样本都满足 $\left|\boldsymbol{W}^{\mathrm{T}}\boldsymbol{X}+b\right| \geqslant 1$，所以最大化 $1/\left\|\boldsymbol{W}\right\|$ 相当于最小化 $\left\|\boldsymbol{W}\right\|$。求 $\left\|\boldsymbol{W}\right\|$ 的最小值又等价于求 $1/2\left\|\boldsymbol{W}\right\|^2$ 的最小值，这样又转变为典型的凸二次规划问题。

因此最大间隔的优化目标为

$$\min_{w,b} 1/2\left\|\boldsymbol{W}\right\|^2 \tag{7-1-8}$$

约束 $(\boldsymbol{W}^{\mathrm{T}}\boldsymbol{X}+b)y_i \geqslant 1$，这样就能寻求点距线的最大化或间隔最大化。

超平面可以理解为尽可能分离两群人，并在中间架起两条护栏（图 7-1-2 中的两条黑色实线）以确保安全边界，并且人群压在护栏上是合法的（支持向量），但不能越栏（硬间隔）或可以少量越栏（软间隔），否则需要调整护栏位置，护栏越宽越安全（置信区间）。

稍不留意有些人会越过护栏，如果越拦人数多，那么护栏就要收窄（置信区间调整），如果越栏人数少（图 7-1-2 中的红色点），那么可以忽视其影响（软间隔），此时护栏的位置由压在护栏上的人（支持向量）来确定。因为两侧护栏距离中间的位置相同（参数 w 与 b 的任意性），因此最大化护栏间隔和确定中间决策分界线其实是同一问题（点距线最优化问题），压在黑色实线上的支持向量将决定超平面的位置，而对异常值（红色点）的容忍程度将决定间隔的严格程度，即属于硬间隔或软间隔。

7.2 线性支持向量机

7.2.1 硬间隔：严格边界

如果图 7-1-2 中不存在 3 个红色的样本点，那么间隔为硬间隔（通常称为间隔），也就是间隔区间中不允许存在样本点，否则需要调整置信区间的宽度，因此硬间隔有严格之意。硬间隔的优化目标为

$$\min_{w,b} 1/2\left\|\boldsymbol{W}\right\|^2, \ (\boldsymbol{W}^{\mathrm{T}}\boldsymbol{X}+b)y_i \geqslant 1 \tag{7-2-1}$$

式中，1/2 仍然是为了消除求导后的常数。

从应用场景来看，如果数据分类中仅仅因为数据间隔中掺有少数异常点，导致间隔需要大幅收窄，放弃了更宽间隔的置信区间，那么似乎得不偿失，但硬间隔就是这样的"直肠子"，容不得半点异常。硬间隔过于严格，应用场景有限，因此软间隔为支持向量机提供了更灵活的适用性。

7.2.2 软间隔：松弛边界

软间隔的优化目标为

$$\min_{w,b} 1/2 \|\boldsymbol{W}\|^2 + C\sum_{i=1}^{n}\xi_i, \ (\boldsymbol{W}^{\mathrm{T}}\boldsymbol{X}+b)y_i \geqslant 1-\xi_i \tag{7-2-2}$$

式中，ξ 为松弛变量（$\xi_i \geqslant 0$），松弛的含义为护栏的高度可以调整，并以不同的严格标准对待异常值，但松弛变量并不是超参数，而是通过其惩罚系数 C 来定义最大间隔中违反规则的样本数量。

若 $C=0$，则 $\sum_{i=1}^{n}\xi_i$ 为 0，此时软间隔=硬间隔。

C 越大，越不能容忍误差（违反规则的样本越少），相应的模型也越复杂，容易出现过拟合。例如，超参数 C 和 γ 的取值设置越大，模型越复杂，此时软间隔≈硬间隔。

综合来看，不管是软间隔还是硬间隔，都属于线性支持向量机，线性的优点就是运算性能便于提高，也能与其他大数据技术融合，如随机梯度下降、正则化等技术，但其在精准度上远远达不到非线性支持向量机，我们熟悉的能与神经网络的精准度媲美的模型其实是非线性的。

7.3　非线性与核技巧

7.3.1　理解核技巧

支持向量机精准度的提升可以通过两大技术实现：一是线性模型的升维功能，将数据转换至更高的维度中去寻找中间的决策边界；二是增加模型的非线性灵活度提高决策分类能力。

非线性模型其实可以看作软、硬间隔功能上的延展，支持向量机需要（线性）转换算法学习超平面，因为高维空间中超平面的学习需要天文量级的运算，导致大多数应用场景受限，但非线性的核函数使运算具有一定的可行性，如二阶多项式可以表示为

$$\phi(X) = \begin{pmatrix} x_1^2 \\ \sqrt{2}x_1x_2 \\ x_2^2 \end{pmatrix} = (x_1+x_2)^2 \tag{7-3-1}$$

则

$$\phi(\boldsymbol{a})^{\mathrm{T}}\cdot\phi(\boldsymbol{b}) = \begin{pmatrix} a_1^2 \\ \sqrt{2}a_1a_2 \\ a_2^2 \end{pmatrix}\begin{pmatrix} b_1^2 \\ \sqrt{2}b_1b_2 \\ b_2^2 \end{pmatrix} \tag{7-3-2 a}$$

$$= a_1^2b_1^2 + 2a_1b_1a_2b_2 + a_2^2b_2^2 \tag{7-3-2 b}$$

$$= (a_1b_1 + a_2b_2)^2 \tag{7-3-2 c}$$

$$= (\boldsymbol{a}^{\mathrm{T}}\cdot\boldsymbol{b})^2 \tag{7-3-2 d}$$

可见，$(\boldsymbol{a}^{\mathrm{T}}\cdot\boldsymbol{b})^2$ 可以基于原始向量 $\boldsymbol{a}$ 和 $\boldsymbol{b}$ 直接计算，而不需要函数 $\phi(\boldsymbol{a})^{\mathrm{T}}\cdot\phi(\boldsymbol{b})$ 的点积运算，即可以直接绕过复杂函数，就像抄了小道直接抵达目的地一样，这样的过程就是核技巧，式（7-3-1）使用的多项式就是多项式核函数。

需要注意的是，并不是所有的函数都可以直接通过核技巧求结果，除了极为特殊的核函数，如多项式核函数、sigmoid 核函数等。

恰巧线性支持向量机目标的对偶形式中包含了核技巧所能发挥的强项：

$$\min_a 1/2 \sum_{i=1}^{m}\sum_{j=1}^{m} a_i a_j y_i y_j \boldsymbol{X}_i^{\mathrm{T}} \boldsymbol{X}_j - \sum_{i=1}^{m} a_i \qquad (7\text{-}3\text{-}3)$$

$\boldsymbol{X}_i^{\mathrm{T}} \boldsymbol{X}_j$ 涉及巨量的内积运算，而核技巧可以直接通过原始向量 $\boldsymbol{X}_i$ 和 $\boldsymbol{X}_j$ "抄小路"，即 $\left(\boldsymbol{X}_i^{\mathrm{T}}\boldsymbol{X}_j\right)^2 = \phi\left(\boldsymbol{X}_i\right)^{\mathrm{T}} \cdot \phi\left(\boldsymbol{X}_j\right)$，平方的形式是比较标准的多项式核函数。

7.3.2 核函数及其应用

上述函数就是二阶多项式核 $k\left(\boldsymbol{a},\boldsymbol{b}\right)=(\boldsymbol{a}^{\mathrm{T}}\cdot\boldsymbol{b})^2$，其他常见的核函数如下。

线性核函数：$k\left(\boldsymbol{a},\boldsymbol{b}\right)=\boldsymbol{a}^{\mathrm{T}}\cdot\boldsymbol{b}$；

多项式核函数：$k\left(\boldsymbol{a},\boldsymbol{b}\right)=(\gamma\boldsymbol{a}^{\mathrm{T}}\cdot\boldsymbol{b}+r)^d$；

高斯核函数：$k\left(\boldsymbol{a},\boldsymbol{b}\right)=\exp(-\gamma\left\|\boldsymbol{a}-\boldsymbol{b}\right\|^2)$；

sigmoid 核函数：$k\left(\boldsymbol{a},\boldsymbol{b}\right)=\tanh(\gamma\boldsymbol{a}^{\mathrm{T}}\cdot\boldsymbol{b}+r)$。

调用核函数的原则 L：第一，优先使用高斯核函数，通过网格搜索来寻找 γ；第二，选择多项式核函数，优先在 d 等于 2、3、4 中筛选，并在保持该顺序的情况下网格搜索超参数 γ；第三，选择 sigmoid 核函数并以 γ 为超参数；第四，如果有特殊需求要使用线性核函数，那么需要结合前文所述的线性支持向量机综合考虑使用哪种核函数。

超参数的网格搜索对象以超参数 γ（gamma）和 C 为主，在大多数场景里，γ 与正则化参数 C 的配合使用极为关键。载入 mglearn 库，寻找两者之间的关系。

```
1 import mglearn
2 fig,axes=plt.subplots(3,3,figsize=(12,9))
3 for ax,c in zip(axes,[-1,0,3]):
    for a,gamma in zip(ax,range(-1,2)):
                        #range(1,4)表示 10 的 1 次方、2 次方等
    mglearn.plots.plot_svm(log_C=c,log_gamma=gamma,ax=a)
```

超参数 γ 和 C 的关系如图 7-3-1 所示，图形的行视角显示，在保持 C 不变的情况下，即使 γ 在一个小的数值范围内增加，模型也将快速拟合"细碎"的边界，将更快出现过拟合的模型。图形的列视角显示，保持 γ 不变的情况下，C 在一个大的数值范围内增加，模型同样倾向于过拟合，但拟合"细碎"边界的速率不及行视角的速率。

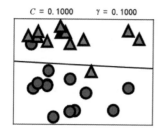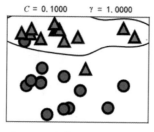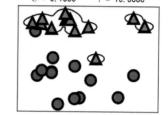

图 7-3-1　超参数 γ 和 C 的关系

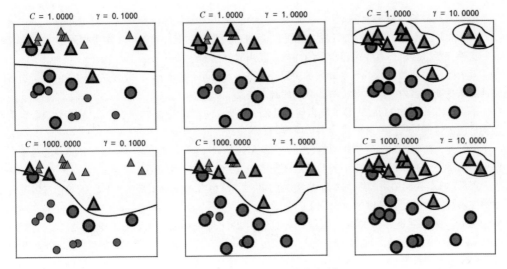

图 7-3-1 超参数 γ 和 C 的关系（续）

显然，C 和 γ 的复杂性均会导致过拟合的模型，但模型在不同数值区间中的复杂度不尽相同，这一点在设定网格搜索（"随机化大跨度的区间搜索→区域界值封闭性判断→设计网格搜索规则"）时就已经很明显了。

7.3.3 支持向量机：经验汇总

支持向量机中的"机"指机器学习，也有模型之意，而"支持向量"是模型中的核心技术。支持向量可视化如图 7-3-2 所示，黑实线是线性决策边界，两侧虚线表示执行区间，蓝色点和红色点用来支持决策边界，这部分的点就是支持向量。因此，支持向量机的使用及超参数调整多数与支持向量有关。

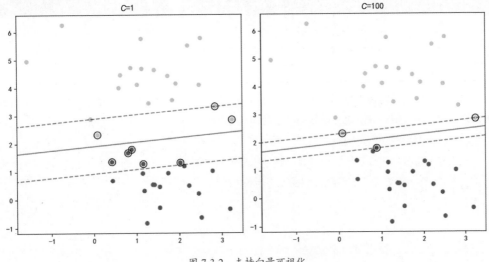

图 7-3-2 支持向量可视化

图形及代码可以参阅官网案例[1]，但更一般的决策边界汇总可以参阅拓展包 mlxtend 的内容（plotting.plot_decision_regions），包括线性和非线性的可视化功能，有助于了解数据局部信息。

支持向量机相较于其他机器学习的优势或使用时常见的注意事项：

第一，在大多数场景下，查看区域决策图（plot_decision_regions），或者支持向量的决策边界图都至关重要，这为局部解释提供了必要的参考。

第二，如果数据中存在大量的异常值，那么一般建议使用非线性支持向量机，或者需要配合清理异常值的特征工程，并共同组建强集成模型。

第三，支持向量机高度依赖网格搜索，尤其是超参数 C 和 γ 的设置——首先在更大的范围中使用随机搜索策略，然后在更小的层面上进行精细搜索往往是必要的。

第四，核函数的使用顺序为高斯核函数（小数据、通用性）、多项式核函数（2～4 阶依次尝试）、线性核函数（大数据、速度快、稳定）。

第五，标准化是必须的特征工程，一般使用 StandardScaler。若存在大量异常值，则使用 RobustScaler；若存在超高维的稀疏特征，则使用 MaxAbsScaler。此外，行观测的规范化 Normalizer 可以用于异常值诊断。

第六，特征筛选的预分析并不必然——SGDClassifier 中的 penalty='l1'可以解决大部分的问题，使用弹性网的混合方式也可以达到类似目的。此外，使用支持向量机运算大型数据时，SGDClassifier 是缓解内存的有效方式。

7.4　支持向量机模型运算

支持向量机运算的示例数据如表 7-4-1 所示，原始示例数据由四行、三列组成，因变量 y 的取值（按照支持向量机的使用习惯）为二分类，取值分别为 1 和-1。

表 7-4-1　支持向量机运算的示例数据

x_1	x_2	y
2	1	1
3	6	1
1	3	-1
5	3	-1

若使用线性支持向量机模型，则 $w_0 + w_1 x_1 + w_2 x_2 = 0$，为简易计算，暂不考虑 w_0，令 w_0 =0。另外，使用梯度下降法，令随机化系数的初始值为 0。

1. 支持向量机的更新方程

线性模型系数的两种更新方程依赖于线性模型的输出值 output = $y \times (w_1 x_1 + w_2 x_2)$。若 output 大于 1，使用 b 表示需要更新的参数，则梯度更新公式为

$$b = \left(1 - \frac{1}{t}\right) \times b \qquad (7\text{-}4\text{-}1)$$

---

[1] 可以在 Sklearn 官网搜索案例 "Plot the support vectors in LinearSVC"。

式中，t 表示当前的迭代次数。可见，参数的更新只与循环次数有关。若 output 小于 1，则使用式（7-4-2）：

$$b = \left(1 - \frac{1}{t}\right) \times b + \frac{1}{\lambda \times t} \times y \times x \qquad (7\text{-}4\text{-}2)$$

式中，λ 是学习率，用于控制循环次数；$\left(1 - \frac{1}{t}\right)$ 与 $\frac{1}{t}$ 相反，表示相反数据的更新方向不同，同时梯度值还受制于因变量和当前自变量，因此示例数据的运算过程如下。

1）第一次迭代

初始化系数，令 $w_1 = 0$，$w_2 = 0$，代入第一行数据 $x_1 = 2$，$x_2 = 1$，$y = 1$，则有

$$\begin{aligned} output &= y \times (w_1 x_1 + w_2 x_2) \\ &= 1 \times (0 \times 2 + 0 \times 1) \\ &= 0 \end{aligned} \qquad (7\text{-}4\text{-}3)$$

若 output 小于 1，则使用公式 $b = \left(1 - \frac{1}{t}\right) \times b + \frac{1}{\lambda \times t} \times y \times x$，则有

$$w_1 = \left(1 - \frac{1}{1}\right) \times 0 + \frac{1}{0.1 \times 1} \times 1 \times 2 = 20 \qquad (7\text{-}4\text{-}4\,\text{a})$$

$$w_2 = \left(1 - \frac{1}{1}\right) \times 0 + \frac{1}{0.1 \times 1} \times 1 \times 1 = 10 \qquad (7\text{-}4\text{-}4\,\text{b})$$

2）第二次迭代

此时 $w_1 = 20$，$w_2 = 10$，代入第二行数据 $x_1 = 3$，$x_2 = 6$，$y = 1$，则

$$\begin{aligned} output &= y \times (w_1 x_1 + w_2 x_2) \\ &= 1 \times (20 \times 3 + 10 \times 6) \\ &= 120 \end{aligned} \qquad (7\text{-}4\text{-}5)$$

若 output 大于 1，则使用公式 $b = \left(1 - \frac{1}{t}\right) \times b$，则有

$$w_1 = \left(1 - \frac{1}{2}\right) \times 20 = 10 \qquad (7\text{-}4\text{-}6\,\text{a})$$

$$w_2 = \left(1 - \frac{1}{2}\right) \times 10 = 5 \qquad (7\text{-}4\text{-}6\,\text{b})$$

后续迭代，不再赘述。

2. 支持向量机的预测

假设经过多次迭代后，最终估计参数 $w_1 = 3.6$，$w_2 = 12$，若希望预测新样本 $x_1 = 1$，$x_2 = 2$ 的类别，代入方程后，则有

$$0 + 3.6 \times 1 + 12 \times 2 = 27.6$$

所以，output 大于 0，y 的估计值为 1。若希望获得预测的概率形式，则需要对支持向量机的运算过程执行交叉验证，并约束预测值的产生概率。

7.5 案例：图像识别与预测分类

首先，安装 opencv-python（注意，载入时的语法为 import cv2）和 skimage 两个库。然后，导入图像数据，对图像数据进行预处理，包括灰度变换、尺度变换和 Hog 变换。变换的目的是凸显图像主题和减少运算量，使用支持向量机训练模型的过程需要网格搜索功能的参与，并保存网格搜索的最优超参数，用于预测新样本。最后，使用模型实现图像分类。

```
1  import numpy as np
2  import pandas as pd
3  import seaborn as sns
4  import matplotlib.pyplot as plt
5  from skimage import feature,io                    #图像数据读取
6  from skimage.transform import rotate,resize       #图像数据变换
7  import cv2                                          #opencv-python
8  import os
9  %matplotlib inline
```

1. 图像数据与预处理

通过语法 os.listdir 可以遍历文件夹中的所有图片（第 6 行代码），并对图片进行灰度变换、尺度变换和 Hog 变换。灰度变换可以大幅减少运算量，在机器学习中几乎是标配（第 13 行代码）。尺度变换的目的稍有不同（第 14 行代码），所有图片的形状一致是数据格式的需求，否则需要极为复杂的缺失值填补。Hog 变换兼具了凸显图像轮廓主题和减少运算量的功能（第 15 行代码）。

最终将数据平铺（第 18 行代码），这一步很重要，但也比较简单，直接使用 array 转换即可，一张图片对应一行数据。需要赋予行数据一个监督指标，即因变量的取值（第 19 行代码）。这样就可以完成正样本的全部读取和格式设置（第 2～19 行代码）。负样本的读取代码完全相同，只需要在最后一步将每张图片的监督指标赋值为-1（第 23～33 行代码）。

```
1  # --------------导入有汽车（正）样本数据---------------
2  path=r'……\data'
3  fileName1='\\exist\\'                           #有汽车的图片文件夹
4  fileName2='\\empty\\'                           #无汽车的图片文件夹
5
6  path1='%s%s' %(path,fileName1)
7  hog=[]
8  reSize=(200,200)
9  for pathfile in os.listdir(path1):
10     filename1='%s%s' %(path1,pathfile)         #遍历文件夹中的所有图片
11     samplePlus=io.imread(filename1)
12
13     img11= cv2.cvtColor(samplePlus,
           cv2.COLOR_BGR2GRAY)                     #灰度变换
14     img11= resize(img11,reSize)                 #尺度变换
```

```
15    hog1d1,hogImg1 = feature.hog(img11,
                                    feature_vector=True,
                                    visualize=True)    #Hog 变换
16
17    hog.append(hog1d1)
18  x_pos=np.array(hog,dtype=np.float64)               #平铺数据
19  y_pos=np.ones(x_pos.shape[0],dtype=np.float64)     #数值精度控制
20  print('正样本: ',x_pos.shape,y_pos.shape)
21
22  #----------导入无汽车（负）样本数据--------------------
23  path2='%s%s' %(path,fileName2)
24  hog=[]
25  for pathfile in os.listdir(path2):
26      filename1='%s%s' %(path2,pathfile)
27      samplePlus=io.imread(filename1)
28      img11= cv2.cvtColor(samplePlus,cv2.COLOR_BGR2GRAY)
29      img11= resize(img11,reSize)
30      hog1d1,hogImg1 = feature.hog(img11,
                            feature_vector=True,
                               visualize=True)
31      hog.append(hog1d1)
32  x_neg=np.array(hog,dtype=np.float64)
33  y_neg=-np.ones(x_neg.shape[0],dtype=np.float64)
34  print('负样本: ',x_neg.shape,y_neg.shape)
```

2. 构建模型

图像数据属于超高维的数据分析，能够使用的机器学习模型极为有限，主要有支持向量机、弱集成学习（如随机森林），以及强集成的"主成分+估计器"[1]。

考虑到样本量和图像复杂度，我们使用支持向量机训练数据。因为支持向量机的超参数较多，所以代码中加入了网格搜索。又因为需要在很大的范围里进行搜索，所以引入了随机化搜索功能（第 4、5 行代码）。通过搜索找到超参数的最优组合（第 12 行代码），最终模型预测的精准度达到100%（第 14、15 行代码）。该精准度仅作参考，因为当前只有 22 个图片样本，所以模型的过拟合、外推效度均无法有效验证，只能等待更多未知数据的校验。

另外，网格搜索设计及复杂度计算可以参考"[{×}+{×}]"模式（第 8 行代码）。注意：这不是正则化语法。首先在中括号内设计规则，然后大括号内的所有设计都是相乘的关系，即大括号内的组合数呈指数级增加，大括号之间的组合是相加的关系，即常数倍的关系。因此，大括号内的超参数组合最好控制在 2、3 个。

```
1  x=np.concatenate((x_pos,x_neg))                    #合并数据
2  y=np.concatenate((y_pos,y_neg))
```

---

[1] 图像领域的强集成学习中，"核 PCA+SVM" 和 "NMF+RF" 是常用的强集成学习功能。

```
3
4  from sklearn.model_selection import RandomizedSearchCV
5  from scipy.stats import randint
6  from sklearn.svm import SVC

7  #------------随机化网格搜索------------
   svc_clf=SVC()
8  params=[{'kernel':['poly', 'rbf', 'sigmoid'],
           'C':randint(1,1000)},
          {'degree':[2,3,4],
           'gamma':[*range(1,10,2)]}]
9  Random_search=RandomizedSearchCV(svc_clf,
                                     param_distributions=params,
                                     verbose=1,
                                     random_state=123)
10 Random_search.fit(x,y)
11 print("测试得分：%s" %Random_search.score(x,y))
12 print("全部及最优系数：%s" %Random_search.best_estimator_)
13
14 svc_clf=SVC(C=366, kernel='sigmoid').fit(x,y)
15 svc_clf.score(x,y)
```

  3. 保存模型与测试数据

  joblib 库中提供了机器学习的保存（dump）和调用（load）功能。保存模型便于多次调用模型而不用重复训练样本，可以直接调用模型对新数据进行测试或更新模型。

  另外，测试集（第 6 行代码）和训练集的图片分开存放在不同文件夹里，测试集文件夹里有 4 张测试图片，需要与训练集执行相同的特征工程，如灰度变换、尺度变换，所以第 19~25 行的代码与之前训练集图片的操作相同。

  加载模型并用于测试数据（第 27~29 行代码），其中 np.c_ 语法可以对测试数据名和预测结果进行横向合并，便于计算模型的评估指标。

```
1  # ---------保存模型-------------
2  from joblib import dump, load
3  dump(svc_clf, r'……\svc_clf模型.joblib')
4
5  #---------导入测试数据------------
6  fileName_test='\\test\\'                        #测试集图片文件夹
7  path_test='%s%s' %(path,fileName_test)
8  hog_test=[]
9  test=[]
10 reSize_test=(200,200)
11
12 for pathfile_test in os.listdir(path_test):
```

```
13    filename_test='%s%s' %(path_test,pathfile_test)
14    samplePlus_test=io.imread(filename_test)
15

19    img1_test= cv2.cvtColor(samplePlus_test,cv2.COLOR_BGR2GRAY)
20    img1_test= resize(img1_test,reSize_test)
21    hog1d1_test,hogImg1_test = feature.hog(img1_test,
                                   feature_vector=True,
                                       visualize=True)
22

23    test.append(pathfile_test)
24    hog_test.append(hog1d1_test)
25 x_test=np.array(hog_test,dtype=np.float64)
26

27 svc=load(r'……\svc_clf模型.joblib')
28 svcPredict=svc.predict(x_test)
29 d=np.c_[test,svcPredict]
```

4. 加载模型与测试评估

　　运行下面代码将指定文件夹中的图片进行分类，这里仅对测试文件夹中的 4 张图片进行分类。第 8 行代码的数据格式是根据上一段代码第 29 行中 np.c_ 的输出定义的。若满足预测条件（有汽车的图片），则将相对应的图片保存（imsave）在指定的文件夹中（exist_pred）。

```
1  fileName_empty01='\\empty_pred\\'         #无汽车的图片文件夹
2  fileName_exist01='\\exist_pred\\'         #有汽车的图片文件夹
3  pathSave_empty='%s%s' %(path,fileName_empty01)
4  pathSave_exist='%s%s' %(path,fileName_exist01)
5  fileCount=len(os.listdir(path_test))      #计算测试文件夹里的文件数
6

7  for i in range(fileCount):
8      if d[i,1]=='-1.0':
9          imageTest1=io.imread('%s%s' %(path_test,d[i,0]))
10         io.imsave('%s%s' %(pathSave_empty,d[i,0]),imageTest1)
11     else:
12         imageTest2=io.imread('%s%s' %(path_test,d[i,0]))
13         io.imsave('%s%s' %(pathSave_exist,d[i,0]),imageTest2)
```

　　可见，imsave 语法的效率好像不高。如果只有数千张图片，那么这段语法还能应付，如果涉及数十万张图片的分类问题，那么最好还是替换为 shutil.copy 等移动功能，效率会更高一些。

第 8 章　关联分析

撰写本书时，Sklearn 软件并未嵌入关联分析算法，主要考虑的因素还是运算性能问题。基于大数据常量级别的关联分析需要大数据架构的支持，显然，2022 年，官方并未做好准备，而作为应用者，如果可以稍微牺牲运算性能，那么机器学习拓展包 mlxtend 是实现关联分析最便利的工具。

机器学习关注频率，关联分析也从频率开始。如果将关联分析比作一个模型，那么关联分析更接近于"相关性+算法"的模式，相关性借助了描述性统计，算法借助了计算机的搜索策略，形成了一套数据挖掘规则。关联分析常用于模型多阶段管理的前半阶段，是市场细分的重要模型。

8.1　数据源格式

机器学习对数据格式的关注远远不及深度学习，机器学习和统计学习的数据格式大多是统一的，机器学习的数据一般有两种格式：事务格式和表格格式。

8.1.1　标准数据格式

关联分析使用标准数据格式：每行对应一个事务，每列对应一项。

关联分析的数据格式也分为事务格式和表格格式两种。如果应用场景是电商，那么订单表格式和客户表格式是常见的表示方式；如果应用场景是统计学习，那么长型数据和宽型数据是常见的表示形式。其中，表格格式对应客户表格式（见表 8-1-1）或宽型数据。

表 8-1-1　客户表格式

客 户 编 号	花 生 油	西 瓜	牙 膏
001	F	T	T
002	F	F	T
003	T	T	F

注：F 和 T 是指示符，分别表示未购买和购买两种状态。

另外，关联分析的两种常用算法 Apriori 算法和序列算法都可以使用订单表格式（见表 8-1-2）。订单表格式数据的显著特征是客户编号可以重复，表示一个客户的多次下单，时间戳表示下单的先后顺序，但客户表格式的数据没有先后顺序，并且客户编号不重复，因此后者不能用于关联规则的序列分析。

表 8-1-2　订单表格式

客 户 编 号	时 间 戳	商 品
001	1	花生
001	2	西瓜
002	1	牙膏
002	3	毛巾
003	1	牛奶

从应用来看，订单的时序性并不明显，考虑到运算性能和业务需求，甚至有时会故意忽略这种序列。因为 Apriori 算法使用客户表格式，所以该算法被视为关联分析的标准算法。

8.1.2　概念的层级性

关联分析的一大优势是可以随着项目需求的变化，让算法在项目概念层级上"游走"，不同的需求对应不同的概念层级。

商品的不同概念层级如图 8-1-1 所示，确定概念层级的依据是业务需求和数据的可获得性。

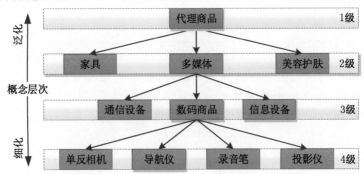

图 8-1-1　商品的不同概念层级

1. 概念层级的泛化

概念层级向上泛化，项目数将减少，规则复杂度降低，规则的支持度也相应提高，但业务结论会比较笼统。如果能满足业务需要，那么无须细化商品项目就可以达到销售目的。

2. 概念层级的细化

概念层级向下细化，项目数将增加，规则复杂度提高，规则的支持度也相应降低，业务结论也较为具体。例如，餐饮连锁店需要向地区客户推荐餐饮套餐，这就涉及套餐的具体内容，因此需要细化概念，从更微观的层面上回答问题。

3. 概念层级既泛化又细化

假设我们的问题是购买家具的客户是否会购买导航仪，两者似乎无关，但分析结论是商务区的家具与接待用车往往具有相关性。数据层面上回答这个问题需要项目概念在层级上移动，可能带来的问题是不同概念层级的频繁程度不同，因此需要数据层级间的标准化处理。

8.2 关联规则与度量指标

关联分析由搜索算法和关联指标两部分组成。搜索算法解决的是算力问题，关联指标解决的是相关问题，从而使得关联分析可以分析大型项集间的频繁程度。

8.2.1 关联规则度量

与标准的决策树算法相比，关联分析的优势是可以构建任意属性间的关联，具有数据的探索意义。不过其局限性也很明显，即生成规则的效率相对较低，并且因为关联算法缺少动机建模能力和因果推理能力，所以很难进行预测分析和因果判断。下面将介绍关联指标。

购物篮数据表（见表 8-2-1）仍然使用关联分析的标准数据格式，数据由 6 个客户和 5 个项目集组成。T 表示客户购买了产品，F 表示客户未购买产品。

表 8-2-1　购物篮数据表

客户编号	化妆品	厨具	电器	食品	贵金属
0001	F	T	F	F	F
0002	T	T	F	T	F
0003	T	T	F	F	T
0004	F	F	T	F	T
0005	T	F	F	F	F
0006	T	T	F	F	F

在关联规则 $x \to y$ 中，使用强关联定义 x 与 y 间的关系，而强关联的度量指标包括支持度（Support）、置信度（Confidence）、提升度（Lift）、卡方等。

支持度表示规则在数据集中的频繁程度，即规则模式同时发生的概率，可以表示为

$$s(X \to Y) = \sigma(X \cap Y) / N \tag{8-2-1}$$

式中，σ 表示支持度计数；N 表示总事务数或总样本量。在表 8-2-1 中，化妆品与厨具同时购买的行为出现了 4 次（$X \cap Y$），此时化妆品是前项 X，厨具是后项 Y，样本总量 N 为 6，因此支持度为

$$s(X \to Y) = 4/6 \approx 66.7\% \tag{8-2-2}$$

但是，如果我们感兴趣的是化妆品与厨具对食品的关联规则，那么化妆品与厨具是前项 X，食品是后项 Y，支持度为

$$s(X \to Y) = 2/6 \approx 33.3\% \tag{8-2-3}$$

可见，支持度是一种频率分析，而且规则前项与后项是对等的，没有指向关系。

置信度表示 Y 在包含 X 的事务中出现的频繁程度。例如，在{化妆品，厨具}→{食品}规则中，置信度可以表示为

$$c(X \to Y) = \sigma(X \cap Y) / \sigma(X) = 2/4 = 50\% \tag{8-2-4 a}$$

$$c(X \to Y) = \frac{\sigma(\{化妆品，厨具\} \cap \{食品\})}{\sigma(\{化妆品，厨具\})} \tag{8-2-4 b}$$

$$= 2/4 = 50\%$$

可以使用度量规则"if 真 then 真"的概率表示后项 Y 的好坏程度，具有数值上的指向关系。

最后，提升度综合借助了支持度与置信度的计算，可以表示为

$$l(X \rightarrow Y) = \frac{c(X \rightarrow Y)}{s(Y)}$$

$$=0.5/0.33 \qquad\qquad (8\text{-}2\text{-}5)$$

$$\approx 1.52$$

规则对 then 部分的预测相较于没有规则的提升度可以解释为交易事务中发生 $X \rightarrow Y$ 的概率约为没有前项 X 的概率的 1.52 倍。

综上所述，关联规则的三个度量指标（支持度、置信度和提升度）之间的关系：支持度提供频繁项集间的相关性，没有指向，可以用双向箭头"↔"表示；置信度具有指向关系，可以用单箭头"→"表示，具有朴素的因果关系[①]；提升度通过消除前项进一步论证因果关系，相当于执行了评估功能。

8.2.2　频繁项集

数据挖掘的原始方法是计算所有规则对应的支持度、置信度等指标，即产生的候选项集数是 $D = 2^d - 1$，而总规则数多达 $R = 3^d - 2^{d+1} + 1$，其中 d 表示项集数。以电商为例，大多数平台的项集数高达十几万，除去低频类商品，也有数万种项目。如果代入公式，那么显然是一个天文级的数字，运算效率太低。

除此之外，综合事务数、事务最大宽度、支持度阈值等因素也决定了最终的运算效率，于是关联分析的数据挖掘过程开始产生频繁项集与非频繁项集的概念，以递归形式缩减项集的运算。

8.2.3　Apriori 算法

Apriori 算法能够更好地说明关联分析算法的运算过程，并且可以在此基础上理解其他算法，频繁项集的产生代码如下[②]。

```
1  K=1
2  Fₖ={i|i∈I({i})≥N × min sup}
3  repeat
4     K=K+1
5     Cₖ = apriori-gen(Fₖ₋₁.)
6     for 每个事务 t∈T do
7        Cₜ = subset(Cₖ,t)
8        for 每个候选项集 c∈Cₜ, do
9           σ(c)=σ(c)+1
10       end for
11    end for
12    Fₖ={c|c∈Cₖ∧σ(c)≥N×min sup}
```

[①] 朴素的因果关系是指满足密尔推理，并不是真正意义上的因果关系。

[②] Pang-Ning Tan，Michael Steinbach，Vipin Kuman. 数据挖掘导论[M]. 范明，范宏建，译. 北京：人民邮电出版社，2020.

```
13 until Fₖ=∅
14 result=∪ Fₖ
```

第 1、2 行代码：通过扫描数据集，确定每个项集的支持度，根据支持度的单调性，得到频繁 1-项集（项集中只有 1 个取值）的集合 F_K，其中 $K=1$。遵循的单调性规则：如果项集是频繁的，那么其子集也是频繁的；如果项集是非频繁的，那么其超集也是非频繁的。

包括 K 项的数据集将产生 2^K-1 个候选项集（空集除外），候选项集如图 8-2-1 所示，项集 $I=\{a,b,c,d\}$ 将产生 15 个候选项集，因为支持度需要逐层计算项集的事务数，所以包含项集 I 的事务必然也包含其子集。如果 cd 是频繁的，那么其子集{c,d}也是频繁的；如果 ab 是非频繁的，那么其超集{abc,abd,abcd}也是非频繁的。因此，一个项集的支持度不会超过其子集的支持度。

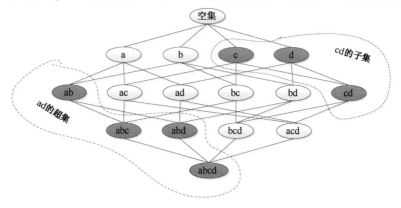

图 8-2-1　候选项集

第 3、4 行代码：利用循环语句，从频繁 1-项集到频繁 K-项集逐层搜索。

第 5 行代码：$F_{K-1} \times F_{K-1}$ 方法如图 8-2-2 所示，在上一次迭代中产生频繁（$K-1$）-项集，使用 Apriori-gen 函数产生新的候选 K-项集。Apriori-gen 函数在前 $K-2$ 个项相同的情况下，合并一对（$K-1$）-项集，即 $F_{K-1} \times F_{K-1}$ 方法，该方法具有完备和避免重复（字典序）的特性。

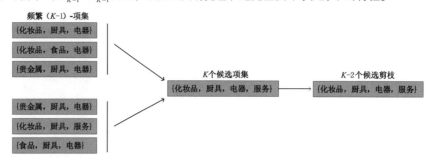

图 8-2-2　$F_{K-1} \times F_{K-1}$ 方法

注意：由于 K-项集产生于一对（$K-1$）-项集，但并不能确保其余（$K-2$）-项集是频繁的，如{电器，服务}，因此需要候选剪枝。

第 6~10 行代码：对候选项集的支持度计数每次都需要重新扫描数据，使用子集函数先识别每个事务中 C_k（候选 K-项集的集合）的所有候选项，再通过累加语句对支持度计数。

枚举法产生项集如图 8-2-3 所示，子集函数对支持度计数的 Hash 树原理：结合 Hash 函数促使树生长，首先将事务及其子集分配在 Hash 树不同的叶节点中，然后在节点内进行匹配比较，如果候选项集是该事务的子集，那么支持度累计增加。

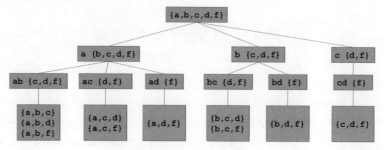

图 8-2-3　枚举法产生项集

第 12～14 行代码：支持度计数大于阈值，提取频繁 K-项集，直到频繁 K-项集为空集，汇总输出结果。

8.2.4　强关联规则

频繁项集更加强调对支持度的使用，进一步考虑置信度，则"频繁项集+高置信度≈强关联规则"。支持度产生的频繁 K-项集，将产生多达 $2^K - 2$ 个关联规则（前项或后项均不为空集），提取高置信度规则有助于提高效率（剪枝），发现强关联规则。

假设两个规则 $X' \rightarrow Y - X'$ 与 $X \rightarrow Y - X$（$X' \subset X$）的置信度分别为 $\sigma(Y)/\sigma(X')$、$\sigma(Y)/\sigma(X)$、$\sigma(X') \geqslant \sigma(X)$。由此可见，$\sigma(Y)/\sigma(X') \leqslant \sigma(Y)/\sigma(X)$，因此高置信度可以用于规则剪枝。

不过，使用该规则剪枝时，频繁项集与高置信度有时会产生一种虚假关联模式。例如，在某些商品购物篮的分析中，消费者的性别差异悬殊，导致一些特殊商品的销售分布不均衡，性别购买倾向分布表如表 8-2-2 所示。

表 8-2-2　性别购买倾向分布表

	化 妆 品	贵 金 属	总 数
男	1360	356	1716
女	13561	1479	15040
总数	14921	1835	16756

可以计算得到，{男 → 化妆品}的置信度为 79%，{女 → 化妆品}的置信度为 90%。如果忽略性别因素，那么购买化妆品行为占总体的比例为 89%。置信度忽略规则后项化妆品的支持度，因此女性购买化妆品表面上是高置信度，但这种规则是误导的，需要结合提升度或其他指标综合衡量。

女性购买化妆品行为的提升度可以表示为

$$l(\text{女} \rightarrow \text{化妆品}) = \frac{c(\text{女} \rightarrow \text{化妆品})}{s(\text{化妆品})}$$

$$= 0.9/0.89$$

$$\approx 1.01$$

（8-2-6）

可见，高置信度对应微小的提升度（参考值为 1），因此该规则不可信。为什么女性购买化妆品的行为没有得到数据支持？实际上，数据没有进行细分，考虑促销季、批发等因素，女性对化妆品的规则模式才可能成立。

8.3 案例：商品关联过滤与营销推荐

关联分析主要用于研究产品间的相关性，但在实际应用中，关联分析通常与聚类分析一样，主要进行第一阶段强集成学习的数据细分。聚类分析强调数据分组，与关联分析功能没有本质上的区别，只是更加强调不同项集间的频繁程度，如产品、服务、工序等都可以作为分析项集。

本案例使用电商订购行为数据 store_data，使用机器学习拓展包 mlxtend 来实现关联分析功能。与此类似的包还有 association_rules，也是一款小巧便利的软件包，但这两个包对于大型数据可能都无能为力。

```
1  import pandas as pd
2  import numpy as np
3  import matplotlib.pyplot as plt
4  import seaborn as sns
5  import plotly.express as px                              #绘制关联分析树状图
6  import plotly.graph_objects as go
7  from mlxtend.preprocessing import TransactionEncoder     #关联分析预处理
8  from mlxtend.frequent_patterns import apriori,association_rules
                                                            #关联分析拓展包
9  plt.style.use('default')
10 plt.rcParams["font.sans-serif"]=["SimHei"]               #中文显示
```

1. 数据整理

第 1~7 行代码用于提取购买项，并将其转化为数据框的形式。第 9~11 行代码汇总购买项，计算频数并为频繁项排序。

```
1  transaction=[]
2  for i in range(0,data.shape[0]):
3      for j in range(0,data.shape[1]):
4          transaction.append(data.values[i,j])            #汇总购买项
5  transaction=np.array(transaction)
6  df=pd.DataFrame(transaction,columns=['items'])
7  df['incident_count']=1                                  #汇总购买项的临时变量
8
9  indexNames=df[df['items']=='nan'].index
10 df.drop(indexNames,inplace=True)
11 df_table=df.groupby('items') \
                .sum()\
```

```
            .sort_values('incident_count',
                      ascending=False)                  #计算频数，并为频繁项排序
```

2. 数据可视化

1）词云图绘制

第 1 行代码载入词云图（pip 安装）。首先将原始数据转化为数列 list，然后通过字符串 str 功能将缺失值替换为空值。第 5 行代码是词云图的实例化，包括颜色、大小等设置，第 6、7 行代码用于生成图形。

此外，考虑到 WordCloud 的版本兼容性问题，可以使用兼容性更好的可视化包 pyecharts 的词云功能（第 12 行代码）。需要注意的是，word_size_range 用于控制词频，data_pair 对应元组类型的数据源格式（第 15 行代码）。

```
#-------------- WordCloud 词云图----------------
1  from wordcloud import WordCloud                    #词云图
2
3  char=str(transaction.tolist()).replace('nan','')   #删除 nan
4
5   wordcloud = WordCloud(background_color = 'white',
                   width = 600,
                   height = 600,
                      max_words =500)
6  wordcloud.generate(char)
7  plt.imshow(wordcloud)
8  plt.axis('off')
9  plt.title('高频词云',fontsize = 50)
10 plt.show()
#-------------- pyecharts 词云图----------------
11 df_wordcloud=list(zip(df_table.index.tolist(),
                      df_table.values.tolist()))   #数据格式变换
12 from pyecharts.charts import WordCloud
13 (
14  WordCloud()
15   .add(series_name="商品关联",
       data_pair=df_wordcloud,                    #数据格式
       word_size_range=[20, 66])                  #词频
16   .render(r"……\wordcloud.html")                 #图像保存路径
17 )
```

图 8-3-1 所示为高频词项的词云图，但词云图与大部分统计图形一样，无法显示精确的数量关系，其重点在于整体观感。图形使用了大小、颜色、排列等属性来凸显高频词汇。仅停留在大小、形状的描述上可能会忽略词云图的核心功能。词云图更擅长帮助和启发团队执行头脑风暴、主题联想、连接式创新等创造性工作。

图 8-3-1 高频同项的词云图

2）树状图绘制

第 1 行代码载入 plotly（pip 安装）。path 对应购买项，values 对应频数。

```
1   import plotly.express as px
2
3   fig = px.treemap(df,
                path=['items'],
                values='incident_count',
                color_continuous_scale='RdBu')
4   fig.show()
```

输出结果：树状图如图 8-3-2 所示，可以看到项集的具体数量，将每个购买项用不同方格大小和颜色表示。区别于词云图的整体性，树状图更强调数据的具体频数和内部结构。例如，cookies 对应的数量是 603，不存在父节点。注意，当前数据只是一个平面数据，没有结构性问题。

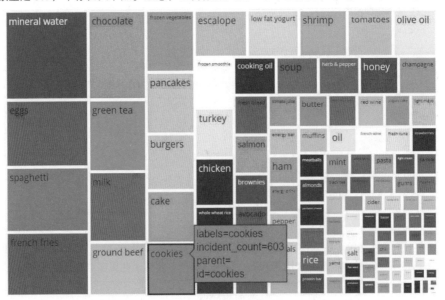

图 8-3-2 树状图

3）标记数据转换

这段代码可以将原始的频数转化为一种标记数据，将原来的购买项转化为变量，每一行对应一个客户的购买行为，1 表示购买，0 表示未购买。

```
1  top20=np.array(df_table.head(20).index)
2  dfTop20=pd.DataFrame(columns=top20)
3  ary27=np.zeros([data.shape[0],top20.shape[0]])
4
5  for i in range(0,top20.shape[0]):
6      for j in range(0,data.shape[0]):
7          if data.iloc[j,i] in (top20):
8              ary27[j,i]=1
9          else:
10             continue
11 dfT=pd.DataFrame(ary27,columns=dfTop20.columns)
```

4）关联分析

第 1 行代码载入关联分析模型和关联指标（如支持度、置信度、提升度）的计算。第 2 行代码为关联分析的主体部分，通过超参数的设置，尤其是支持度界值的设置，可以直接执行频繁规则计算。第 4～6 行代码是输出表格的格式设置。第 7 行代码为最终的数据框赋予可视化特征。

```
1 from mlxtend.frequent_patterns import apriori,association_rules
2 frequent_itemsets=apriori(dfT,                      #也可以直接使用 fpgrowth 算法
                        min_support=0.1,              #支持度界值
                        use_colnames=True,
                        verbose=3,
                        max_len=3,                    #关联规则的数量
                        low_memory=True)
3
4 ar=association_rules(frequent_itemsets,
                    metric="support",
                    min_threshold=0.2)                #关联规则筛选
5 ar['antecedents'] = ar['antecedents'] \
                        .apply(lambda a: ','.join(list(a)))
                                                      #标签消除
6 ar['consequents'] = ar['consequents']\
                    .apply(lambda a: ','.join(list(a)))
7 ar.style.background_gradient(cmap='OrRd')
```

输出结果：关联指标如图 8-3-3 所示，筛选的规则因设置的界值而不同，产生的输出结果也不同。按照支持度、置信度、提升度的顺序进行筛选[①]。具体的关联规则数量需要结合人力来看，因为每条数值支持的规则是否有业务价值需要团队的讨论。例如，矿泉水和鸡蛋、意大利面和鸡蛋两组商品存在一定的关联。

---

① 参考界值：支持度大于 0.3、置信度大于 0.6、提升度大于 1.2。

	前项	后项	前项支持度	后项支持度	支持度	置信度	提升度
0	矿泉水	鸡蛋	0.669377	0.465138	0.313825	0.468831	1.007939
1	鸡蛋	矿泉水	0.465138	0.669377	0.313825	0.674692	1.007939
2	矿泉水	意大利面	0.669377	0.335555	0.225970	0.337582	1.006040
3	意大利面	矿泉水	0.335555	0.669377	0.225970	0.673421	1.006040
4	意大利面	鸡蛋	0.335555	0.465138	0.211039	0.628923	1.352122
5	鸡蛋	意大利面	0.465138	0.335555	0.211039	0.453712	1.352122

图 8-3-3　关联指标

综上所述，关联分析可以用于协同过滤和产品的联合推荐。除此之外，在机器学习中，关联分析一般用于强集成学习的市场细分，即根据关联规则产生数据分组，对分组内有意义的购买项组合进行潜在动机分析。

第 3 部分 模型关系管理

"模型集成犹如相互咬合的齿轮，某个齿轮转动也决定了相距甚远的其他齿轮转动。"

第三部分 内容概要

分 类 器	基 分 类 器	集成学习模式
弱分类器	树桩	提升树类：AdaBoost、XGBoost
	决策树	套袋类：随机森林、极端树
	感知器	感知器类：多层感知器神经网络
强分类器	机器学习模型	主成分+分类器：主成分+神经网络
		聚类+分类器：异常评分+决策树
		经验+分类器：贝叶斯+逻辑回归
		分类器+分类器：决策树+线性回归
混合专家	神经网络	数值分析：全连接神经网络
		图像识别技术：卷积神经网络
		自然语言处理：循环神经网络
自动化	自动化机器学习	库：TPOT、AutoSklearn 等
		自定义流程："清理+特征工程+模型+评估+可视化"自动化
		管道集成：数据分析流水线、高性能运算

注：第 3 部分（第 9～12 章）的主要知识点。

统计学习、机器学习、深度学习都在以各自不同的方式向多阶段模型集成方向进化，使得模型更具有综合性能，归纳起来，存在以下四种主要的集成方式。

统计学习：联立回归模式——回归+回归[1]；

机器学习：弱集成模式——精确+平稳；

集成学习：强集成模式——数据细分+模型；

深度学习：混合专家模式——网络结构+神经网络。

统计学习强调数据的微观精确性，以线性回归为基础，通过联立实现更复杂的结构体，如结构方程、混合模型等；机器学习更强调数据宏观层面上的集成，强调模型间的协调关系，如随机森林、主成分回归等；深度学习强调数据的基础单元和重构规则，通过设计网络来实现数据建模。

---

① 丁亚军 . 统计分析：从小数据到大数据[M]. 北京：电子工业出版社，2020.

第 9 章　集成学习方法：弱集成

机器学习模型中有统计背景的模型，如逻辑回归、聚类、主成分等，也有机器学习的"本土"模型，如决策树、最近邻、支持向量机等，还有集成学习模型，如随机森林、提升树、神经网络等。将集成学习归属于机器学习也没问题，只不过它的进化速度更快，导致人们经常忽略集成学习阶段，直接看到深度学习。

大数据的特性导致结构化数据与非结构化数据的区别应用，迫使模型在底层设计就已泾渭分明——弱集成和强集成被限定在结构化数据的应用范畴内，而混合专家则成为一把处理非结构化数据的"利器"。

本章着眼于弱集成的构建和案例解析。所谓弱集成，其实与简单规则有关，常见的弱分类器包括树桩、决策树、感知器等模型，偶尔也会用到最近邻模型。这些弱分类器通过算法规则进行组合，进而产生标准的或狭义的集成学习方法，如决策树的横向组合构建了随机森林模型、树桩的纵向组合形成了提升树模型。

9.1　集成学习：弱分类器

Sklearn 软件在 ensemble 包中提供了弱集成学习，按其功能分为六类。比较经典的集成模型是随机森林和提升树，又根据功能实现进一步分为算法升级的不同版本，本节分别用 1.0、2.0 和 3.0 表示。

Sklearn 软件中的 ensemble 功能如表 9-1-1 所示，按功能分为六类，第一类是套袋（Bagging）类模型设计，它不是模型，而是模型架构。可以在套袋类模型中设计和组合分类器，功能类似于随机森林，以稳定性著称；第二类功能可以直接实现随机森林；第三类孤立森林整体上也属于套袋类模型；第四类是提升树（Boosting）模型，以准确性为特点；第五类设计并组装堆叠（Stacking）类模型；第六类，多模型集成后，通过投票（Voting）集合输出，执行决策。

表 9-1-1　Sklearn 软件中的 ensemble 功能

类　　别	方　　法	特　　点
第一类	ensemble.BaggingClassifier	套袋类模型设计
第二类	ensemble.RandomForestClassifier	随机森林 1.0
	ensemble.ExtraTreesClassifier	随机森林 2.0，随机性
	ensemble.RandomTreesEmbedding	随机森林 3.0，高维稀疏数据

续表

类　别	方　法	特　点
第三类	ensemble.IsolationForest	异常值诊断
第四类	ensemble.AdaBoostClassifier	提升树 1.0
	ensemble.GradientBoostingClassifier	提升树 2.0，速度较快
	ensemble.HistGradientBoostingClassifier	提升树 3.0，缺失值，速度最快
第五类	ensemble.StackingClassifier	堆叠类模型设计
第六类	ensemble.VotingClassifier	投票法

以上是集成学习模型的功能布局，下面将以随机森林和提升树为主线，介绍这六类功能的算法和应用。

综上所述，集成算法包括套袋法、提升树法、堆叠法三种常见的算法，其中套袋法和提升树法算法倾向于使用同一种弱分类器，并通过整合形成强分类器，而堆叠法倾向于使用不同的强分类器来构建多阶段模型。

9.1.1　自抽样法

自抽样（Bootstrap）是用小样本估计总体值的方法，包括参数化和非参数化的方法。

自抽样示意图如图 9-1-1 所示，非参数化方法的基本思路：假如需要判断相关关系数 $r = 0.28$ 是否显著为 0。原始样本量为 300，现从样本中有放回的抽取一个样本量为 300 的子样本（自抽样样本的数量也可以是其他值），观测行可以重复出现。这样每个样本被抽中的概率相同（因为是有放回的），就可以得到第一个自抽样样本，并计算相关系数 r_1，重复以上动作 1000 次，可以得到 r_1、r_2、…、r_{1000}。

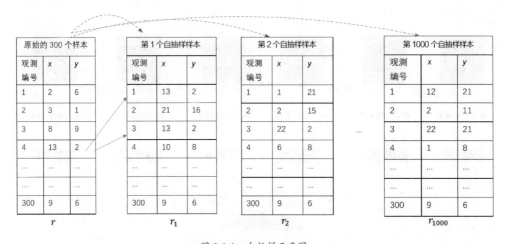

图 9-1-1　自抽样示意图

将新样本按相关系数的降序排列，选取前 2.5% 和 97.5% 位置的相关系数，即第 25 个 r_{25} 和第 975 个 r_{975}。这两个相关系数就是界值，检查 r 是否落在界值之外，这就是显著性检验。同样的操作也可以用于其他统计量，如均值、标准差、标准误等。

参数化方法的思路：假设已知总体分布的函数形式，先根据样本估计参数，得到经验分布函数，再从经验分布函数中抽样，得到自抽样样本。

机器学习比较关注以下两方面的自抽样技术。

第一，自抽样法是数据匮乏时代的产物，也是样本量受限时的处理技术。这种分析方法原本在机器学习中不受关注，但集成学习的输出数据往往是模型的二次聚合，因此也相应产生了样本量受限的场景。另外，集成学习技术本身就包含了大数据平台的元分析（Meta-analysis）过程，是数据整合的重要技术渠道。

第二，抽样及随机性是套袋类模型，也是随机森林方法的算法基础，主要用于行抽样的数据分组和列抽样的特征筛选，因而自抽样的显著性判断、随机抽样技术等广泛应用于机器学习领域。

9.1.2 套袋法与随机森林

1. 套袋法（Bagging）

套袋法是一种集成算法，借助自抽样技术形成多个自抽样样本，并使用同一弱分类器（如决策树 CART）拟合每组数据，形成多个弱分类器的预测结果，最后通过投票等方式整合输出结果。

套袋法示意图如图 9-1-2 所示。

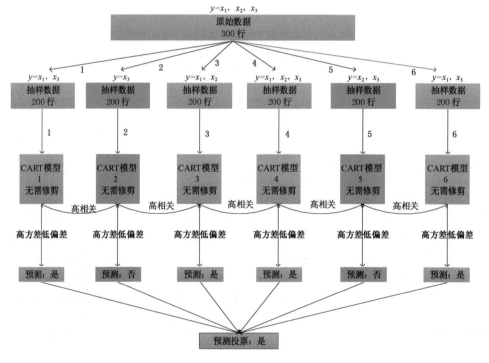

图 9-1-2　套袋法示意图

套袋法具有以下特征。

第一，根据原始数据进行自抽样，形成一组自抽样样本，样本量一般小于原始样本量，因为运行效率和预测（oob_score）问题，所以需要择时考虑。

第二，每组样本使用的变量数相同，但每个弱分类器中的自变量数可以定制化（如随机森林）。

当然，特征筛选是机器学习的主要任务，会随着稀疏数据特征的变化而变化，也会随着特征筛选的需求而变化。

第三，随机森林中决策树模型的特点是高方差、低偏差，CART 决策树正好符合这一特点，所以常用该算法来训练弱分类器。值得一提的是，CART 决策树无需修剪，可以自由生长，所以每个决策树的层数都可能很大，但无需担心过拟合，因为结合器可以避免这类问题。

第四，每个模型独立地使用自抽样样本，模型之间或数据之间理论上没有交叉。但因为样本和变量数的随机性质，模型间存在的一定程度相关反而不利于预测的准确性，有时候是需要重视的。

第五，最终的预测结果是通过投票器完成的，根据少数服从多数的投票原则实现预测分类，投票器本身就可以作为一个元估计器实现预测。

综上所述，套袋法提供了数据行抽样和数据列抽样的两类随机性，因此可以极为便利地自定义 BaggingClassifier(base_estimator)的基估计器，也就是说，除了决策树外，其他机器学习模型同样可以充当基估计器的角色。选择估计器的常用标准是特征筛选功能、弱分类器性质、弥补主模型的缺点三个方向。

2. 随机森林（Random Forest）

可以将随机森林模型看作套袋法模型的改进版，在模型的两类随机性上做了很多改进，如每组抽样数据的独立性、特征筛选的随机性和模型间的相关性等方面都做了诸多改进。随机森林与套袋法的显著不同：

第一，随机森林引入行的"加强版"随机性，以确保每组数据间相互独立。

第二，随机森林也引入了列的"加强版"随机性，因此自变量数可以剧烈变化，如稀疏问题。变量重要性的依据是自变量被选择的次数或自变量在决策路径规则中的深度。

第三，模型间往往低相关或零相关，提高了模型的泛化能力和预测能力。

3. Bagging 类模型

1）优点

避免了过拟合；可以应用于高方差、低偏差的场景；对原始数据的依赖程度不大；擅长处理携带缺失值的数据，对异常值比较稳健，对分布基本没有要求，也可以用于数据量很少的场景；用于搭建分布式运算。

2）缺点

很难处理高偏差问题；计算效率偏低；很难进行归因性判断（正负相关、规则归因）；需要调参以增加模型间的差异性。

9.1.3 套袋法的运算

CART 决策树算法经常用于集合模型，若将 CART 算法用于分类问题，则损失函数为

$$\text{gini}(二叉) = \sum_{k=1}^{n} p_k \times (1 - p_k) \tag{9-1-1}$$

若将 CART 算法用于回归问题，则损失函数为

$$\text{gini}(回归) = \sum_{i=1}^{n} (y_i - \hat{y}_i)^2 \tag{9-1-2}$$

其中，CART 算法通过搜寻拆分点，计算并评估 gini 系数来判断最优点的位置。原始数据展示

如表 9-1-2 所示。若将 $x_1 \leqslant 2.2$ 作为拆分点，则左侧组（$x_1 \leqslant 2.2$）的概率为 $\frac{0}{1}$（$y=0$）、$\frac{1}{1}$（$y=1$）。其中，分母 1 表示 $x_1 \leqslant 2.2$ 的拆分条件对应一行数据，分子 0 和 1 分别表示 $y=0$ 时不满足、$y=1$ 时有一条满足。右侧组（$x_1 > 2.2$）的概率为 $\frac{2}{4}$（$y=0$）、$\frac{2}{4}$（$y=1$），所以总 $\mathrm{gini}\left(x_1 = 2.2\right) = \frac{0}{1} \times \left(1 - \frac{0}{1}\right) + \frac{1}{1} \times$

$\left(1 - \frac{1}{1}\right) + \frac{2}{4} \times \left(1 - \frac{2}{4}\right) + \frac{2}{4} \times \left(1 - \frac{2}{4}\right) = 0.5$。

表 9-1-2　原始数据展示

x_1	x_2	y	x_1=2.2	x_1=5
2.1	1.1	1	左	左
3.0	6.2	1	右	左
6.5	3.0	0	右	右
5.4	3.2	0	右	右
2.3	1.0	1	右	左

注："左"对应的预测是 1，"右"对应的预测是 0

同理，若将 $x_1 \leqslant 5$ 作为拆分点，则左侧组的概率为 $\frac{0}{3}$（$y=0$）、$\frac{3}{3}$（$y=1$），右侧组的概率为 $\frac{2}{2}$（$y=0$）、$\frac{0}{2}$（$y=1$），所以总 $\mathrm{gini}\left(x_1 = 2.2\right) = \frac{0}{3} \times \left(1 - \frac{0}{3}\right) + \frac{3}{3} \times \left(1 - \frac{3}{3}\right) + \frac{2}{2} \times \left(1 - \frac{2}{2}\right) + \frac{0}{2} \times \left(1 - \frac{0}{2}\right) = 0$。

可见，$x_1 = 5$ 时 gini 系数最小，纯度最高，无需再寻找其他拆分点，因此取值为 5 可以作为最优拆分点。按照贪心算法可以促使决策树生长。

如果选择随机森林预测新样本，由于随机森林使用的变量数是变动的，那么每个模型的预测准确度也不同。大部分场景下，集成模型的准确度要高于任何单个模型。而若单个模型过拟合，则更可能会出现准确度较高的情况，因此集成的另一个优点是可以避免过拟合。

模型预测如表 9-1-3 所示，分别列出了三种拆分标准及对应的随机森林。

表 9-1-3　模型预测

x_1	x_2	y	RF1 $x_1 \leqslant 6$ 时，4/5=80%	RF2 $x_2 \leqslant 3$ 时，3/5=60%	RF3 $x_2 \leqslant 0.15$ 时，2/5=40%	集成模型 4/5=80%
2.1	1.1	1	左*	左*	右	左*
3.0	6.2	1	左*	右	右	右
6.5	3.0	0	右*	左	右*	右*
5.4	3.2	0	左	右*	右*	右*
2.3	1.0	1	左*	左*	右	左*

注：*表示当前模型预测正确；"左"对应的预测是 1，"右"对应的预测是 0。

当 $x_1 \leqslant 6$ 时，随机森林 RF1 的准确度是 80%；

当 $x_2 \leqslant 3$ 时，随机森林 RF2 的准确度是 60%；

当 $x_2 \leqslant 0.15$ 时，随机森林 RF3 的准确度是 40%。

可见，单个模型的准确度参差不齐，但经过结合后的集成模型的准确度是 80%，不低于任何单个模型的准确度。这不是特例，实践和理论均有证明，结合后的模型准确度通常大于或等于单个模型，当然这也是有条件的——数据间的独立性、模型间的独立性、足够多的弱分类器等。当这些条件全部或大多可以满足时，该结论更加"稳定"。

9.1.4　随机森林与特征工程

作者习惯将随机森林称为机器学习的"贤内助"，一方面体现了该算法高频应用的特点，另一方面也反映了它在建模过程的辅助地位。从实践来看，它是重量级别的特征工程算法。

随机森林与特征工程如表 9-1-4 所示，特征工程中"轻量级"算法并不涉及严格意义上的模型运算，因此有运算速度快的特点，但相对的是准确度不够，而"重量级"算法正好弥补了这一点。随机森林模型是比较经典的机器学习模型，在特征工程上有着不可替代的功能，尤其是在"重量级"的算法中。

表 9-1-4　随机森林与特征工程

预 分 析	"轻量级"算法	"重量级"算法
缺失值	中位数、分类法、删除法等	RF、KNN、RegEM、BayesianRidge 等
异常值	箱图法、缩尾法、经验法等	RF、OCSVM、残差法等
特征筛选	经验法、相关法、合并法等	RF、向前删除法、正则化回归等

随机森林在特征工程中的功能主要来自决策树。例如，决策树的分类算法有助于填补缺失值，其分箱能力有助于缓解异常值，其决策规则判断有助于特征筛选。另外，随机森林的随机性也有助于控制特征数量和数据量，弱分类器的集成性有助于架构分布式运算，这些特点已经可以解决特征工程的大部分问题了。

总之，随机森林在模型准确度、稳定度和运算速度三者上提供了大量超参数，可以根据需求在三者之间选择。一般而言，在数据挖掘的应用场景中，随机森林主要用于强集成环境。

9.1.5　提升法与提升树

集成算法包括套袋法、提升法、堆叠法三种常见的集成器，套袋法和提升法倾向于使用同一种弱分类器，如决策树、树桩、感知器等，而堆叠法倾向于使用不同强分类器，如神经网络、逻辑回归、主成分等。

增强模型准确性的提升法的工作原理是首先按常规方式构建第一个模型，然后针对误分类的样本训练第二个模型，依此类推，最后，通过加权投票整合序列模型。该方法主要用于提高模型的准确性，但耗时较长。

1. 提升树模型 AdaBoost

提升法是一类集成算法，比较著名的是提升树模型 AdaBoost，主要用于因变量为二分类的问题。理论上，提升法可以使用任何机器学习模型，而 AdaBoost 算法提供了组合这些算法的通用性框架，常用的是弱分类器，如单层决策树、决策树桩（Decision Stump）模型、单层感知器等。

AdaBoost 算法示意图如图 9-1-3 所示。

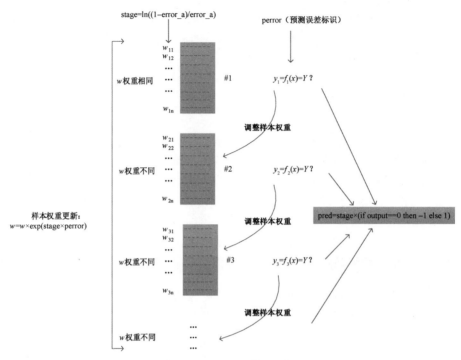

图 9-1-3　Adaboost 算法示意图

Adaboost 算法的步骤如下。

（1）起始阶段的所有样本的权重相同（ $w = 1 / N$ ， N 表示总样本数）。

（2）训练弱分类器，如构建树桩模型，计算模型预测值的准确度：

$$\text{correct} = \left(y_1 = Y\right) \tag{9-1-3}$$

计算误分率：

$$\text{error} = 1 - \text{correct} / N \tag{9-1-4}$$

对误分率进行加权：

$$\text{error}_a = \sum_{i=1}^{n}\left(w_i \times \text{error}_i\right) / \sum_{i=1}^{n}\left(w_i\right) \tag{9-1-5}$$

式中， error_i 表示因变量与预测值是否相符； w_i 表示权重。代码如下。

```
If  因变量==预测值  then 0 else 1
```

因此，可以给每个分类器分配一个权重值：

$$\text{stage} = \ln((1 - \text{error}_a) / \text{error}_a) \tag{9-1-6}$$

进而为每个样本更新权重：

$$w = w \times e^{\text{stage} \times \text{perror}} \tag{9-1-7}$$

（3）在同一个数据上获得更新后的样本权重，使用 perror 表示预测误差，代码如下。

```
if 因变量==预测值 then 0 else 1
```
，

前一个模型误差的样本则以权重大小的方式传递给下一个模型，因此当前模型给予误分样本更多的权重或更加"重视"误分样本。

（4）在同一训练数据上反复调整权重（模型重复以上循环），直到误分率达到指定标准。

（5）由一系列弱分类器组合而成的强分类器，使用 stage 加权预测，代码如下。

```
pred=stage×(if output==0 then -1 else 1),
```

因为 stage 体现了每个弱分类器的重要性，因此弱分类器中较强的分类器将拥有更多的预测"话语权"。

2．提升类模型

1）优点

避免过拟合、偏差低、准确度高；弱分类器不需要特征筛选，需要较少的特征工程。

2）缺点

用于二分类问题时，异常值会带来更长的运行时间和更大误差。

9.1.6　提升法的运算

1．树桩模型 1 的运算

假设 x_1 已经选择最优拆分点 5，代码如下。

```
"If x1<=5 then 左 else 右",
```

通过对照因变量 y 的取值，树桩模型 1 的准确度是 60%，下面将在此基础上介绍树桩模型的运算过程。因为初始样本的权重相同，即 $w = 1/N = 1/5 = 0.2$，所以将每行预测信息代入误分率公式，可以得到

$$\text{error}_a = \frac{\sum_{i=1}^{n}(w_i \times \text{error}_i)}{\sum_{i=1}^{n} w_i}$$
$$= (0 + 0 + 0.2 + 0 + 0.2)/(0.2 + 0.2 + 0.2 + 0.2 + 0.2)$$
$$= 0.4$$

代入 stage 公式，可以得到

$$\text{stage} = \ln((1 - \text{error}_a)/\text{error}_a)$$
$$= \ln((1 - 0.4)/0.4)$$
$$= 0.405$$

其中，stage 本质上描述的是模型的准确度，0.405（正值）在指数空间中将放大权重估计，负值将以小数倍级缩减取值。也就是说，这种约束是非线性的，有利于提高模型在复合函数中的决策能力。

提升法的运算展示如表 9-1-5 所示，根据样本权重更新式（9-1-7），将第一行数据的权重更新为

$$w = w \times e^{\text{stage} \times \text{weighterror}}$$
$$= 0.2 \times \exp(0.405 \times 0)$$
$$= 0.2$$

表 9-1-5　提升法的运算展示

x_1	x_2	y	$x_1<=5$	y 估计	error	weight	weighterror
2.1	1.1	1	左*	1	0	0.2	0
3.0	6.2	1	左*	1	0	0.2	0
6.5	3.0	1	右	0	1	0.2	0.2

续表

x_1	x_2	y	$x_1<=5$	y 估计	error	weight	weighterror
5.4	3.2	0	右*	0	0	0.2	0
2.3	1.0	0	左	1	1	0.2	0.2

注：*表示当前模型预测正确；"左"对应的预测是 1，"右"对应的预测是 0；若 $y=y$ 估计，则为 0，否则为 1。

可见，权重的更新一方面受到正面 stage 的约束，另一方面也受制于反面 weighterror 的修正。同理，依次更新数据如下。

第二行更新为 $w=w\times e^{\text{stage}\times\text{weighterror}}=0.2\times\exp(0.405\times0)=0.2$；

第三行更新为 $w=w\times e^{\text{stage}\times\text{weighterror}}=0.2\times\exp(0.405\times0.2)=0.217$；

第四行更新为 $w=w\times e^{\text{stage}\times\text{weighterror}}=0.2\times\exp(0.405\times0)=0.2$；

第五行更新为 $w=w\times e^{\text{stage}\times\text{weighterror}}=0.2\times\exp(0.405\times0.2)=0.217$。

可见，没有误分的样本权重仍然保持不变，存在误分的样本权重变大，误分增加了样本分析权重，并将分析权重继续向后传递，原始数据的拓展计算如表 9-1-6 所示。

表 9-1-6　原始数据的拓展计算

y	y 估计	error	weight	weighterror	newweight	样本权重变化
1	1	0	0.2	0	0.2	误分的样本权重不变
1	1	0	0.2	0	0.2	误分的样本权重不变
1	0	1	0.2	0.2	0.217	误分的样本权重变大
0	0	0	0.2	0	0.2	误分的样本权重不变
0	1	1	0.2	0.2	0.217	误分的样本权重变大

注：*表示当前模型预测正确；左对应的预测是 1，右对应的预测是 0；若 $y=y$ 估计，则为 0，否则为 1。

2. 树桩模型 2 的运算

原始数据及运算如表 9-1-7 所示，以同样的方式假设 x_2 选择最优拆分点 4.1，代码如下。

"If x1<=4.1 then 左 else 右"，

表 9-1-7　原始数据及运算

x_1	x_2	y	$x_2<=4.1$	y 估计	error	weight	weighterror
2.1	1.1	1	左*	1	0	0.2	0
3.0	6.2	1	右	0	1	0.2	0.2
6.5	3.0	1	左*	1	0	0.2	0
5.4	3.2	0	左	1	1	0.2	0.2
2.3	1.0	0	左	1	1	0.2	0.2

注：*表示当前模型预测正确；"左"对应的预测是 1，"右"对应的预测是 0；若 $y=y$ 估计，则为 0，否则为 1。

可见，树桩的预测准确度是 40%。同时，初始样本权重都相同，为 $w=1/N=1/5=0.2$。

首先将每行预测信息代入误分率公式，可以得到

$$\begin{aligned}
\text{error}_a &= \frac{\sum_{i=1}^{n}\left(w_i\times\text{error}_i\right)}{\sum_{i=1}^{n}\left(w_i\right)} \\
&= \left(0+0.2+0+0.2+0.2\right)/\left(0.2+0.2+0.217+0.2+0.217\right) \\
&\approx 0.58
\end{aligned}$$

然后代入 stage 公式，可以得到

$$stage = \ln((1 - error_a) / error_a)$$
$$= \ln\left((1 - 0.58) / 0.58\right)$$
$$\approx -0.323$$

根据样本权重更新公式，依次更新数据如下。

第一行更新为：$w = w \times e^{stage \times weighterror} = 0.2 \times \exp(-0.323 \times 0) = 0.2$；

第二行更新为：$w = w \times e^{stage \times weighterror} = 0.2 \times \exp(-0.323 \times 0.2) = 0.187$；

第三行更新为：$w = w \times e^{stage \times weighterror} = 0.217 \times \exp(-0.323 \times 0) = 0.217$；

第四行更新为：$w = w \times e^{stage \times weighterror} = 0.2 \times \exp(-0.323 \times 0.2) = 0.187$；

第五行更新为：$w = w \times e^{stage \times weighterror} = 0.217 \times \exp(-0.323 \times 0.2) = 0.203$。

进一步观察表 9-1-8，weight 来自树桩模型 1 的权重更新结果，newweight 是树桩模型 2 在 weight 基础上的更新结果。通过对比新、旧权重，权重不变仍然是不存在误分的情况（$e^0 = 1$）。发生改变的权重是因为 stage 的取值为负，导致了数据的小数倍级变化。

表 9-1-8　原始数据的拓展计算

y	y 估计	error	weight	weighterror	newweight	样本权重变化
1	1	0	0.2	0	0.2	误分的样本权重不变
1	0	1	0.2	0.2	0.187	误分的样本权重变小
1	1	0	0.217	0	0.217	误分的样本权重不变
0	1	1	0.2	0.2	0.187	误分的样本权重变小
0	1	1	0.217	0.2	0.203	误分的样本权重变小

注：*表示当前模型预测正确；"左"对应的预测是 1，"右"对应的预测是 0；若 y=y 估计，则为 0，否则为 1。

3. 整合模型预测

最终，整合模型是通过 stage 加权预测而来的，利用预测公式如下。

```
"Pred=stage×(if output==0 then -1 else 1)"，
```

可以实现新样本的预测，如第 1 个模型的第 1 行不存在误差，因此 pred11 的预测值为

$$pred11 = 0.405 \times (-1)$$
$$= -0.405$$

同理，整理所有模型的预测值，数值预测如表 9-1-9 所示。

表 9-1-9　数值预测

数 据 行	预 测 值
第 1 个模型的第 1 行，不存在误差	pred11 =0.405× （-1） =-0.405
第 1 个模型的第 2 行，不存在误差	pred12=0.405× （-1） =-0.405
第 1 个模型的第 3 行，存在误差	pred13=0.405×1=0.405
第 1 个模型的第 4 行，不存在误差	pred14=0.405× （-1） =-0.405
第 1 个模型的第 5 行，存在误差	pred15=0.405×1=0.405
第 2 个模型的第 1 行，不存在误差	pred21=-0.323× （-1） =0.323
第 2 个模型的第 2 行，存在误差	pred22=-0.323×1=-0.323
第 2 个模型的第 3 行，不存在误差	pred23=-0.323× （-1） =0.323

续表

数 据 行	预 测 值
第 2 个模型的第 4 行，存在误差	pred24=-0.323×1=-0.323
第 2 个模型的第 5 行，存在误差	pred25=-0.323×1=-0.323

整合模型的预测输出如表 9-1-10 所示，最终通过模型整合的方式实现决策。使用简单的加法来判断样本归属，y 预测为负值则为 1 组，否则为 0 组，准确度为 60%。

表 9-1-10　整合模型的预测输出

y	树桩模型 1	树桩模型 2	sum(树桩模型 1+树桩模型 2)	y 预测	准确度
1	-0.405	0.323	-0.082	1	
1	-0.405	-0.323	-0.728	1	
1	0.405	0.323	0.728	0	60%
0	-0.405	-0.323	-0.728	1	
0	0.405	-0.323	0.082	0	

综上所述，提升树的最终准确度受制于样本量、异常值、迭代次数等因素，但可以通过自定义模型间的聚合方式来优化性能，操作上并不复杂，可以是简单的投票，也可以是复杂的模型，详情见 9.2 节。

9.1.7　XGBoost 的原理与应用

AdaBoost 是提升类的典型算法，通过集成弱学习器达到强学习器的效果。而 Gradient Boosting 是提升类的另一种实现方法，突出特点是将损失函数梯度下降的方向作为优化目标，实现 Gradient Boosting 的代表性算法有 GBDT、HGBoosting（HistGradientBoosting）、XGBoost 等算法。

提升类算法对比如表 9-1-11 所示。

表 9-1-11　提升类算法对比

算　法	Sklearn 功能	优　势
GBDT	ensemble. GradientBoostingClassifier	相比于 AdaBoost：可以处理更大的数据量，速度更快
HGBoosting	ensemble. HistGradientBoostingClassifier	相比于 GBDT：允许缺失值，分箱优化，处理更大的数据量，速度更快
XGBoost	xgboost.XGBClassifier[①]	兼具提升类和套袋类的大部分优点，如增量式、并行式、分布式运算，行或列采样，缺失值处理，排序功能，直方图和分位数算法，正则化提升（Regularized Boosting）等

注：在 Sklearn 中无法直接实现，需要安装 XGBoost 的 Sklearn 接口。

1. XGBoost 的原理

Gradient Boosting 区别于 AdaBoost 的主要功能是对损失函数的梯度方向进行优化，如果是回归问题，那么可以使用损失函数：

---

① 可以在 XGBoost 官网中搜索 Scikit-learn API 接口了解相关内容。

$$L(\theta) = \sum_i (y_i - \hat{y}_i)^2 \qquad (9\text{-}1\text{-}8)$$

如果是分类问题，那么可以使用类似逻辑回归的损失函数：

$$L(\theta) = \sum_i \left[y_i \ln\left(1 + e^{-\hat{y}_i}\right) + (1 - y_i) \ln\left(1 + e^{\hat{y}_i}\right) \right] \qquad (9\text{-}1\text{-}9)$$

通过求偏导的方式估计模型参数。而 Gradient Tree Boosting（或 XGBoost Tree Boosting）是 Gradient Boosting 的主要实现方式。以决策树为例的 XGBoost 模型可以表示为

$$\hat{y}_i = F_K(x_i) = F_{K-1}(x_i) + f_K(x_i) \qquad (9\text{-}1\text{-}10)$$

其中，$f_K(x_i)$ 表示第 K 个决策树（可以以回归的方式添加），在 $F_{K-1}(x_i)$ 基础上添加新模型可以提高模型的准确性。不管是回归还是分类问题，XGBoost 模型的目标函数都需要对原函数添加正则化①，可以表示为

$$\text{Obj} = \sum_{i=1}^{n} L(y_i, \hat{y}_i) + \sum_{k=1}^{K} \Omega(f_k) \qquad (9\text{-}1\text{-}11)$$

其中，目标函数的第一项是损失函数，第二项是正则化。

2. XGBoost 的应用

使用"自闭倾向"数据集，并将"监督"视为因变量，其他作为自变量。本案例重点介绍了个案的归因功能，并没有做复杂的超参数网格筛选。

第 1、2 行代码用于获取数据和数据分区。第 4 行代码载入 XGBoost 模型，并需要转换数据为 DMatrix 格式（第 5~7 行代码），这是软件指定的数据源格式。第 7 行代码是本案例重点关注的编号为 344 的个案，对其进行归因分析和预测分析。第 8 行代码表示 logistic 和 gbtree 是 XGBoost 模型的超参数。另外，直方图方法 hist 可以提高模型的运算速度。第 9 行代码用于构建模型 train。注意：语法中没有 fit，可以直接调用模型进行预测（第 10 行代码）。

```
1  from sklearn.model_selection import train_test_split
2  trainX,testX,trainY,testY=train_test_split(dataXG.iloc[:,3:22],
                                               dataXG['监督'],
                                               test_size=0.1,
                                               random_state=123)
3
4  import xgboost as xgb
5  xgb_train=xgb.DMatrix(trainX,trainY)        #转成 xgb 的数据格式
6  xgb_test=xgb.DMatrix(testX,testY)
7  xgb_case=xgb.DMatrix(dataXG.iloc[[343],[*range(3,22)]],
                dataXG.iloc[[343],1])
                                               #本案例重点关注的编号为 344 的个案

8  params={'objective': 'binary:logistic',    #logistic 输出概率，logitraw 输出原始评分
          'booster': 'gbtree',                #XGBoost 的树模型
          'tree_method': 'hist'}              #使用直方图优化算法
9  model=xgb.train(params=params,dtrain=xgb_train)
```

① 可以在 XGBoost 官网中搜索 Introduction to Boosted Trees 查看相关内容。

```
10 preTest=model.predict(xgb_test)                    #预测测试集
```

本案例的重点并不在于整体预测，因此下文代码中的第 1 行用于预测编号为 344 的个案。第 4 行代码用于提取变量。因为建模后的文件中多出了偏置项，因此第 4 行代码的结尾处通过"+"连接列表。第 5 行代码用于展示 XGBoost 模型的归因结果（SHAP 法）。

```
1 modelarr=model.predict(xgb_case,pred_contribs=True)    #预测个案
2
3 plt.style.use('ggplot')
4 col=dataXG.iloc[[343],[*range(3,22)]].columns.tolist()+['偏置项']
                                                        #连接列表
5 pd.DataFrame(modelarr,columns=col)\
                        .iloc[0,:]\
                        .plot(figsize=(9,8),
                        kind="barh",color='orange')
                        #横向条形图
```

SHAP 法的归因结果如图 9-1-4 所示，人口学特征中真正产生影响的是父亲职业、母亲职业和母亲文化程度。另外，研究维度中影响最大的是学业压力，而且是正向关系，也就是说，学业压力越大，导致自闭倾向的可能性也会越大。与此类似的还有英语、同学关系等变量。

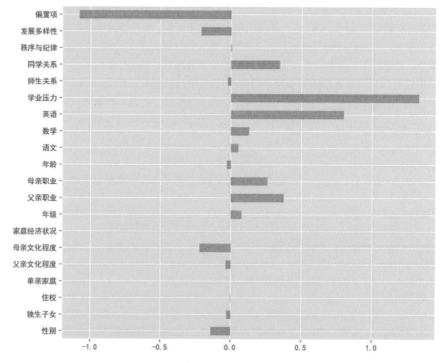

图 9-1-4　SHAP 法的归因结果

为了进一步解释主要变量如何影响儿童的自闭倾向，可以结合雷达图来描述自变量与因变量取值间的对应关系。第 4 行代码载入绘图包（安装 yellowbrick 包）。第 5 行代码用于设置图例和颜

色。第 6 行代码用于拟合数据。

```
1 XGX=dataXG[['学业压力','英语','同学关系','父亲职业','母亲职业',
               '母亲文化程度','发展多样性','性别']]
2 XGY=dataXG['监督']
3
4 from yellowbrick.features import RadViz
5 visualizer = RadViz(classes=["无自闭", "自闭"],
                      alpha=0.6,
                      colors=['orange','g'])
6 visualizer.fit(XGX, XGY);
7 plt.legend()
```

自变量与因变量取值的关系图如图 9-1-5 所示，绿色部分（自闭倾向）主要分布于主轴的右侧，尤其是学业压力。此外，英语和性别两者间可能存在交互关系，英语较好的学生倾向于是女生。同学关系和发展多样性存在关联，但是应该为弱关联。另外，左侧的父亲和母亲职业对应着个别自闭儿童，可以作为单独的异常组来分析。

注意，RadViz 方法用于单变量解释，与多变量模型的结论大多是相互吻合的，但单变量提供了更清晰的可视化解释，也是常见的数据分析方法，用于高维探索、低维图像解释等场景。

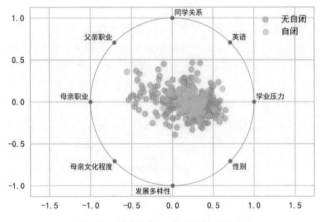

图 9-1-5　自变量与因变量取值的关系图

至此，细心的读者可能已经注意到，前文介绍过个案归因方法 LIME，与这里的个案归因有什么不同呢？两种方法在具体解释上有诸多相似之处，但背后的模型及假设并不相同。LIME 更加关注局部细分数据，也就是局部区域的个案归因情况，但 XGBoost 的 SHAP 法更强调整体表现。

9.2　集成学习：聚合策略

弱集成学习的显著特点是集成了多个相同模型，因此需要对多模型的结论进行整合，也就是聚合策略。很遗憾，Sklearn 只提供了投票法（ensemble.VotingClassifier）和堆叠法（ensemble.StackingRegressor），在实际工作中可能会根据需求变化选择不同的聚合技术。

聚合方法特点如表 9-2-1 所示，投票法本质上是对多组数据集中趋势的描述；堆叠法是强集成学习的重要成员，当数据源的列维存在组间效应时尤其适用；元分析法更加强调数据的分布描述；理论判断法强调理论或经验的作用；结构方程法正好相反，强调数据本身（即共享方差）的价值。

表 9-2-1　聚合方法特点

聚 合 方 法	侧 重 点	特　　点
投票法	集中性	综合多模型的预测结果，如硬投票和软投票
堆叠法	组间方差	关注数据源自变量的组间效应
理论判断法	经验	经验判断法
元分析法	总体方差	关注多模型的输出方差
结构方程法	离散性	强调权重分配的模型化功能

9.2.1　简单投票法

简单投票法以简易高效的方式执行多模型预测结果的聚合，具体投票的过程中需要注意如下几点。

第一，基估计器的选择差异化。机器学习的多数问题是归因、预测、准确度、平稳性、性能、稀疏等，因此基估计器需要具备上述的部分或全部内容，如选择用于归因的决策树、稀疏问题的正则化、准确性的支持向量机等。

第二，投票法有硬投票和软投票之分。硬投票是聚合预测值，软投票则是加权后的聚合策略。需要注意的是，某个基估计器拟合失败将会导致投票失败，因此需要确保局部估计的顺利完成。

第三，基估计器的预测权重分为两种——小数点和整数。设置小数点表示每个基估计器携带的权重，建议约束和为 1。如果是整数形式，那么建议根据业务准则设置取值，如营收数量、KPI 指标等，最终通过归一化与业务语言相通。

以随机梯度下降回归为例（第 7 行代码），voting 设置为硬投票或软投票，weights 可以设置为软投票中基估计器的权重。

```
1  from sklearn.tree import DecisionTreeClassifier
2  from sklearn.linear_model import SGDClassifier
3  from sklearn.svm import SVC
4  from sklearn.ensemble import VotingClassifier
5
6  clf1 = DecisionTreeClassifier(max_depth=3)
7  clf2 = SGDClassifier(penalty="l2")
8  clf3 = SVC(kernel='rbf', probability=True)        #软投票对应的概率
9  clf = VotingClassifier(estimators=[('dt',clf1),    #定义基估计器
10                          ('sgd',clf2),
11                          ('svc',clf3)],
12                          voting='soft',
                                                       #若基估计器拟合失败，则报错
13                          weights=[0.2,0.5,0.3])
                                                       #基估计器的权重
```

9.2.2　堆叠法

堆叠法是对多模型输出结果进行再建模的过程，除了提高运算性能外，还可以充分利用二次数据的平滑性、多模型的集成性、多元变量分组拟合等优势。

堆叠分类器示意图如图 9-2-1 所示，从训练集开始分别拟合分类器模型 $C_1, C_2, \cdots, C_m$ ，这些模型将产生预测结果 $P_1, P_2, \cdots, P_m$ ，并将 $P_1, P_2, \cdots, P_m$ 同时作为元分类器的自变量重建模型，这样产生的 P_f 是堆叠分类器的最终预测。

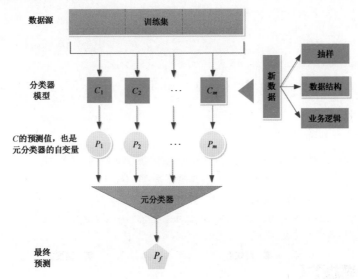

图 9-2-1　堆叠分类器示意图[①]

使用堆叠法时的一些注意事项也涉及堆叠法在实践中的应用。

首先，新数据来自对原始数据（也就是分类器 C 使用的原始数据）的处理，有三种比较常见的处理形式。

第一种是利用抽样技术产生新数据。在数据的同质性基础上充分利用强分类器的差异性，引入共享方差，进而提升元估计器的预测准确度。

第二种是当原始数据的列之间存在分组效应时，如有的列来自图像数据，有的列来自结构化的数值，结构化数据与半结构化数据的巨大差异必然带来列维的分组效应，因此需要分类建模。

第三种是来自于同一业务架构下不同业务组的数据。例如，汽车刹车安全问题中涉及刹车油和刹车片，这两个业务组的数据不一定指向同一潜在安全性，可能会因为指向温度而破坏安全性建模。在汽车安全性评估分析中可以发现，刹车油和刹车片共享的主题除了安全性，还包括温度、驾驶习惯、季节、车龄等。排除这些因素进行安全性建模的统计效用远远不及堆叠式建模。

然后，选择分类器模型 $C_1, C_2, \ldots, C_m$ 的标准是差异化和运算性能的平衡。

上述数据处理方式需要差异性提供模型变异保障，就模型管理而言，这种差异性可以是同一模型不同超参数间的差异，也可以是不同模型间的差异。

最后，元分类器的选择并无特殊要求，根据机器学习特点选择即可，通常优先选择可以平衡归

① 可以在 mlxtend 官网中搜索 StackingClassifier 了解相关内容，本节对官方图形做了部分改动。

因问题、预测精度和运算性能的元分类器。

```
1 from sklearn.ensemble import RandomForestClassifier
2 from sklearn.linear_model import LogisticRegression
3 from sklearn.ensemble import StackingClassifier      #堆叠分类器
4
5 estimators=[('rf1', RandomForestClassifier(
                    n_estimators=6,max_depth=6).fit(x1,y)),
            ('rf2', RandomForestClassifier(
                    n_estimators=21,max_depth=3).fit(x2,y)
           ]                                     #测试两种超参数，注意数据源不同
6 clf = StackingClassifier(
        estimators=estimators,
        final_estimator=LogisticRegression())      #元估计器逻辑回归
```

9.2.3 理论判断法

理论判断法是经验和理论的综合体，长期的经验积累有利于形成实践理论。

风险值的三元素如图 9-2-2 所示，以金融业的风险值评估为例，根据《GB/T 27921-2011 风险管理 风险评估技术》，风险值 R 由资产价值、威胁和脆弱性三元素组成，其中，资产价值与脆弱性影响后果、脆弱性与威胁影响可能性，并形成权重。另外，后果 C 和可能性 P 可以共同产生风险值，并同样需要权重层的连接。

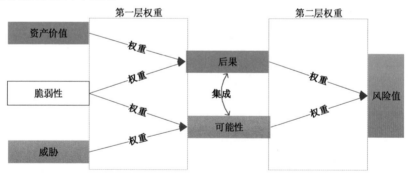

图 9-2-2   风险值的三元素

连接层数的增加将导致分析误差递增。处理这类问题的传统方法包括层次分析法、德尔菲法等，但这些方法过多依赖专家知识，而专家知识是不能批量复制的，因此也决定了规模化的程度。真正有实践意义的操作是"少许行业知识+数据分析"的模式，这是金融业长期以来的实践经验。

下面以银行业数据分析产生的实践模式为例介绍理论判断法。

第一，模型预测："威胁+脆弱性→可能性"。

相较而言，威胁类的数据比资产价值更能产生数据分析价值。例如，影响信用的全息数据包括征信数据、部门业务数据、第三方平台电商数据、网络数据等，可以更全面地分析客户信用行为。最终的预测以概率的形式出现，但为了进一步对接业务语言，可以将其转化为评分卡，如申请评分卡、催收评分卡等。可见，"威胁+脆弱性"的模式主要用于业务增益。

第二，事后业务评估："资产价值+脆弱性→后果"。

批量化数据分析可以具体到每个业务环节中，由于业务细分和模型辅助，资产价值的损失评估可以故意淡化专业性，普通员工也可以参与判断，这些都可能存在于批量化数据分析。可见，"资产价值+脆弱性"的模式主要用于业务损失。

综上所述，风险值的评分结合了数量模型、行业经验和理论三元素，并以理论的形式集成了可能性和后果，同时也完成了批量化处理，即第一层权重的量化可以自动化或半自动化地完成。而第二层权重由于数量较少，相对来说比较简单。风险管理理论认为，后果 C 和可能性 P 的常见形式如下。

$$R = P \times C \tag{9-2-1}$$
$$R = \lambda_1 \times P + \lambda_2 \times C \tag{9-2-2}$$

式中，λ_1 和 λ_2 分别表示可能性的权重和后果的权重，乘法的形式最为常见。

9.2.4　元分析法

元分析（Meta-Analysis）法本质上是对数据的再分析，因此特别适用于集成学习的聚合策略。元分析法将数据方差的倒数作为加权对象，充分利用数据的波动性。考虑到元分析的大数据效率，本节并没有一一执行完整的元分析过程，而是借助元分析方差加权的思路对预测输出进行聚合。

在集成学习中，模型预测值的形式有回归和分类两种，因此，数据分析师很有可能更关注：数值聚合（回归）、概率与极端概率聚合（分类）[1]。

1. 数值聚合

连续型因变量的回归是对普通数值进行算术平均的过程。元分析理论认为，预测值就是效应值，而平均效应值是指对每个效应值的方差进行导数加权，如均数的效应值可以表示为

$$\mathrm{ES}_m = \Sigma x_i / n \tag{9-2-3}$$

式中，i（$i = 1, 2, \cdots, n$）为每个模型的预测输出，其权重可以表示为标准误平方的倒数，即

$$\mathrm{SE}_m = s / \sqrt{n} \tag{9-2-4}$$
$$w_m = 1 / \mathrm{SE}_m^2 \tag{9-2-5}$$

式中，s 为预测值 x 的标准差；w 为权重。加权后的平均效应数值可以表示为

$$\overline{\mathrm{ES}}_m = \mathrm{ES}_m \times w_m \tag{9-2-6}$$

2. 概率与极端概率聚合

对于机器学习而言，大部分的算法都可以输出预测概率，有助于在更细分的层面上研究数据规律。但概率不同于数值，根据相同的平均效应值计算公式，概率效应值、标准误和权重的公式如下。

$$\mathrm{ES}_p = p \tag{9-2-7}$$
$$\mathrm{SE}_p = \sqrt{p(1-p) / n} \tag{9-2-8}$$
$$w_p = 1 / \mathrm{SE}_p^2 \tag{9-2-9}$$

其平均效应值可以表示为

$$\overline{\mathrm{ES}}_p = \mathrm{ES}_p \times w_p \tag{9-2-10}$$

---

[1] 马克·W·利普西,戴维·B·威尔逊.元分析方法应用指导[M]. 重庆：重庆大学出版社，2019.

概率在中心点和两侧极端区域的误差完全不同，因此如果我们更加关注概率的极端形式，那么上述公式需要通过 logit 变换进行修正，以减少泛化误差问题，其概率效应值、标准误、权重的公式如下。

$$ES_L = \log_e \left[p/(1-p) \right] \tag{9-2-11}$$

$$SE_L = \sqrt{\frac{1}{np} + \frac{1}{n(1-p)}} \tag{9-2-12}$$

$$w_L = 1/SE_L^2 \tag{9-2-13}$$

其平均效应值可以表示为

$$\overline{ES_L} = ES_L \times w_L$$

9.2.5 结构方程模型

结构方程模型（Structural Equation Modeling，SEM）是一种统计学方法，通过联立方式统一构建测量模型与结构模型，主要用于复杂归因问题，它也是著名的客户满意度模型的标准量化方法。基于 SEM 在联立和集成方面的强大功能，机器学习通常将 SEM 广泛应用于复杂归因、模型可视化、非监督变量权重判断等。

结构方程模型及第三方库 semopy 使用了协方差结构[1]，并通过绘制图形来构建理论假设。导入数据后模型进一步根据理论假设计算数据的协方差，这样两个协方差结构的契合程度就构成了所有拟合指标（semopy.calc_stats）的计算依据。集成学习的预测输出具有固定效应和共享潜变量的特点，因此潜变量指标的权重计算可以通过验证性因子分析（CFA）完成。

运行 semopy 代码如下。

```
1 from semopy import Model
2 m = Model("eta =~ a + b + c + d + e + f")   #定义模型 CFA
3 m.fit(sem)
4 g = semopy.semplot(m, "sem.png")            #SEM 输出路径图
5 m.inspect(std_est=True).round(3)            #模型输出的详细结果
6 stats = semopy.calc_stats(m)                #模型拟合指标
7 print(stats.T)
```

验证性因子分析如图 9-2-3 所示，semopy 运行的理论表达式为

$$a = eta + \varepsilon_1 \tag{9-2-14 a}$$
$$b = eta + \varepsilon_2 \tag{9-2-14 b}$$
$$c = eta + \varepsilon_3 \tag{9-2-14 c}$$
$$d = eta + \varepsilon_4 \tag{9-2-14 d}$$
$$e = eta + \varepsilon_5 \tag{9-2-14 e}$$
$$f = eta + \varepsilon_6 \tag{9-2-14 f}$$

式中，$a{\sim}f$ 表示六个模型的内生变量；eta 是理论假设对应的共享潜变量；ε 是每个测量模型携带的误差；图 9-2-3 中路线上的系数表示估计的非标准化系数及显著性（p-value），数值大小反映了

---

[1] 更多内容请参阅 semopy 官网中的理论说明部分。

每个指标与潜变量的相关性强弱。

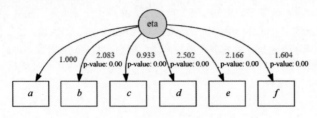

图 9-2-3　验证性因子分析

CFA 输出系数及检验如表 9-2-2 所示，模型输出的详细结果包括显变量与潜变量间的回归关系、估计值[①]（Estimate，也是非标准化系数）、标准化系数（Est.Std）、Z 值和显著性。标准化系数是我们比较感兴趣的，通过约束其权重可以分别表示为

a=0.683/sum≈13.6%；

b=0.881/sum≈17.5%；

c=0.802/sum≈15.9%；

d=0.783/sum≈15.6%；

e=1/sum≈19.9%；

f=0.883/sum≈17.5%。

其中，sum=0.683+0.881+0.802+0.783+1+0.883=5.032。由于最后三列指标极易受到样本量的影响，因此在大数据环境下仅作为参考。

表 9-2-2　CFA 输出系数及检验

	lval	op	rval	Estimate	Est. Std	Std. Err	z-value	p-value
0	a	—	eta	1.000	0.683	—	—	—
1	b	—	eta	2.083	0.881	0.03522	59.143524	0.0
2	c	—	eta	0.933	0.802	0.017189	54.294839	0.0
3	d	—	eta	2.502	0.783	0.047115	53.110776	0.0
4	e	—	eta	2.166	1.000	0.033026	65.597354	0.0
5	f	—	eta	1.604	0.883	0.027066	59.255797	0.0

最后，模型输出评估指标如下。

```
CFI = 0.869794（参考标准>=0.8，严格标准>=0.9）
GFI = 0.869576（参考标准>=0.8，严格标准>=0.9）
AGFI = 0.782627（参考标准>=0.8，严格标准>=0.9）
NFI = 0.869576（参考标准>=0.8，严格标准>=0.9）
TLI = 0.782991（参考标准>=0.8，严格标准>=0.9）
RMSEA = 0.305666（参考标准<=0.08，严格标准<=0.06）
```

可见，多数指标可以勉强达标，说明模型拟合效果尚可接受，这也是最终可接受权重的判断标准。

---

① a 的路径系数默认固定为 1，误差为 0，并以此为参照计算其他指标。

综上所述，上文讨论的方法，如堆叠法、元分析法、结构方程模型等仍局限于统计范畴的描述。读者可以尝试借助运筹优化算法，例如，在生产调度、库存优化等工业实践中，将决策变量（统计模型的估计值）通过约束完成目标函数优化。类似的约束方法有仿真实验，由于仿真实验对环境控制特别严格，因此可以通过统计方法进行控制，最后根据实验规则设计集成策略。

第 10 章　多阶段模型管理：强集成

如果将弱集成学习比作一个算法，那么强集成学习就是组团算法。协调组团成员并发挥更大的团队效应是强集成学习的主要功能，也是模型关系管理中最主要的一环。值得一提的是，强集成学习并不像弱集成学习在 Sklearn 库中有对应的类功能，更多依靠的是业务逻辑和模型关系管理。

业务逻辑具体到项目，可以遵循项目管理的思路，在项目主线的引导下，协调各痛点间的有效联系，从而为解决整个业务项目做准备。

模型关系管理涉及两部分内容，第一是模型本身具有的优、缺点或假设条件，第二是如何据此组建多阶段模型——可以通过多阶段的组合处理痛点问题，也可以协调项目流中的多个痛点。

下面将沿着"业务逻辑→模型关系管理→案例"的思路来阐述业务逻辑和模型关系管理间的协调，尽量将软件包和数据分析规则的知识点包罗在内，这样读者可以在实践背景下更好地掌握相关知识。

10.1　特征工程与模型集成

强集成学习的模型关系管理主要体现为"特征工程+模型"的模式，特征工程在机器学习中主要包括聚类分析和降维分析两大类。本节首先介绍机器学习与模型关系管理，然后阐述多阶段模型管理与案例解析。

10.1.1　机器学习与模型关系管理

统计学每个领域都涉及集成学习。例如，早期的测量学通过多个显变量集成潜变量，统计学倾向于使用回归联立或集成结构方程，机器学习的集成分为弱集成、强集成和混合专家三类技术。

机器学习的模型关系管理示意图如图 10-1-1 所示，弱集成学习目前归属于机器学习，强集成学习归属于自动化机器学习（AutoML）领域，相比弱集成更加关注数据分析流的自动化和超参数的自动化搜索功能。而混合专家是"神经网络+网络结构"的集成模式，广泛应用于非结构化数据，底层运算也更依赖 GPU。

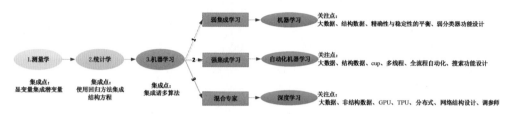

图 10-1-1　机器学习的模型关系管理示意图

为了更好地说明机器学习的集成点，下面从工程化项目管理的角度，介绍任务分解的三种常见模式。

其一，将问题平行分解为各子问题，子问题间的关联性较弱或相互独立，而且总问题的成败概率是由其子概率相加（再平均）而来的——弱集成学习。

其二，将一个复杂的问题分成多个紧密相连的子问题，问题间具有顺序性，解决上一问题的成败会决定下一问题，最终总问题的成败概率是由其子概率相乘而来的。所谓的多阶段其实就是二阶段或三阶段，不太可能出现过多阶的组合。例如，五阶段的模型管理中，每个阶段完成的概率都是90%，看起来很有把握，但最终问题解决的概率仅约为59%（$0.9 \times 0.9 \times 0.9 \times 0.9 \times 0.9$）——强集成学习。

其三，深层学习属于混合专家模型，通过设计网络结构完成数量建模，这类模型的特点是从表面上看（图论）是相乘的关系，但作者认为，深度学习本质上是网络结构随机化的加法关系。如果该观点存在争议，那么稍微温和一点的说法是深度学习来自神经网络式的集成。

综上所述，"强集成学习≈两阶段模型管理≈特征工程+模型"，即特征工程是第一阶段，模型构成了第二阶段。

10.1.2　"主成分+"与"聚类+"模式

机器学习的四种类型为回归、分类、聚类、降维。分类针对因变量的离散状态，主要用于稳定性问题，也是机器学习最主要的方法群；回归针对因变量的连续状态，用于精确性问题；聚类用于数据行的分组（机器学习很少用于列分组）；降维用于数据列的分组。

四种方法可以单独使用，也可以组合使用。聚类和降维通常用于构建两阶段模型的第一阶段；分类或回归构成第二阶段模型。通过有效地组建两阶段模型，可以在更加细分的数据环境下构建强集成学习。此外，数据细分的场景分为三类：降维产生的数据、聚类产生的数据和降维聚类共同产生的局部区域数据。

1. "主成分+"模式

主成分是降维技术，可以实现数据的压缩功能，本质上也是一种列分组技术。由于机器学习对特征数量有特别严格的要求，如15列以上为高维、500列以上为超高维。不同的数量范围对应不同的分析方法，否则可能产生速度灾难和维度灾难。同时，主成分可以对超大型数据进行压缩，也包括半结构化数据，通过压缩实现数据的分组聚合，以产生更加精简、有效的特征变量。

主成分在其应用前提下，往往可以对模型产生更有效的数据贡献，但缺点是很难对压缩后的数据进行解释，因此建议将模型集成应用于强集成学习，主成分的模型搭配如表 10-1-1 所示。

在主成分的所有适用性模型搭配中，除神经网络无需解释之外，其他变量都强调少数重要变量的可解释性，如果数据价值大于业务解释价值，那么恰好匹配主成分的应用场景。另外，不适用是指不常见的搭配组合，并不是完全不能组合。

表 10-1-1　主成分的模型搭配

基 模 型	场 景	主 模 型	特 征
主成分+	适用	逻辑回归（如 SGD）	强调少数可解释变量
		神经网络	无需解释
		线性回归（如 SGD）	强调少数可解释变量
		贝叶斯	强调少数可解释变量
	不适用	决策树	破坏决策规则的解释性
		支持向量机	对列维不做要求
		弱集成学习（如 RF、AdaBoost）	算法自带特征筛选功能
		最近邻模型	对列维不做要求
		深度学习	破坏特征变量的完整性

2. "聚类+" 模式

有价值的结论都隐藏在数据细分后的模型里。

聚类是市场细分中最主要的模型，在没有细分的数据上建模很难得到有价值的数据结论。市场细分适用于各种模型及各种组合搭配，通常用于多阶段组合的初始阶段。

聚类通过对数据行进行分组来实现市场细分，除此之外，在机器学习中还有一个非常重要的市场细分技术，就是决策树。决策树相比于聚类而言，具有更多假设。例如，重要变量优先参与数据分组的假设，这也往往更加符合业务环境。某电商平台可能优先对电器进行分类，电视购物可能更多基于年龄进行分类。同时，如果重要变量的数量较多，那么需要借助模型来判断其细分规则。

10.2　多阶段模型管理与案例解析

数据分析总希望从数据中有所发现，但事实上，并不是每次都能成功，即使在前期做了充分探索，失败的概率也较大。尝试多种模式总不是坏事，或许会重新有所发现。实践应用中可以总结出以下八种常见的数据分析模式。

（1）降维①：主成分+回归——数据压缩后构建模型的典型模式。

（2）细分：聚类+回归——没有发现数据价值是因为数据没有得到足够的细分。

（3）线性与非线性：决策树+回归——每次数据分析都能找到有价值的结论。

（4）异常诊断一：异常评分+主次归因+规则归因——针对未知数据最有效的异常诊断模式。

（5）异常诊断二：异常规则+复杂归因——经验规则指导下的异常诊断。

（6）经验法：贝叶斯规则+回归——经验至上的数据分析方法。

（7）专家系统：（Logistic+ANN+SVM）+预测加权——数据测试中，如果无法确定哪些方法更好，那么可以试试。

（8）不平衡修正：平衡性抽样+模型集成+动态评估——模型集成与项目管理的契合。

---

① 关于降维和市场细分的相关案例说明，请阅读第 1 部分机器学习概念与特征工程。

10.2.1 线性与非线性：决策树+回归

数据模式可以分为线性和非线性两种模式。

从广义数据来看，小数据以线性模式为主，大数据以非线性模式为主。多条件规则下（如细分市场下）的大数据也表现为线性模式。总之，大数据的一个基本特征是局部线性和整体非线性。

1. 多阶段模型关系管理

两阶段模型示意图如图 10-2-1 所示，决策树模型是除了聚类分析之外的第二大市场细分模型。相比聚类分析，决策树增加了列维关系的规则假设，优点是可以借助经验判断市场细分特征，也可以通过数据分析方法判断，因此多层决策树生长后的细分市场往往具有线性特征。因为决策树是一种非线性模型，与线性回归联合可以构成线性和非线性的组合模式。

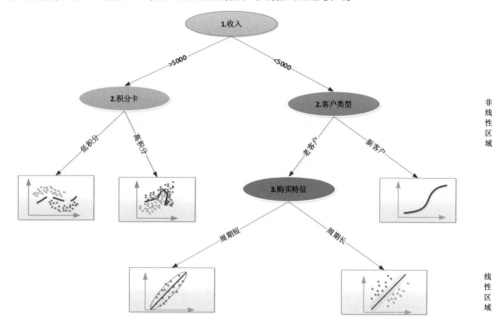

图 10-2-1　两阶段模型示意图

使用两阶段线性模型与非线性模型之前，以下实践结论可以作为有益参考。

（1）决策树的 1～3 层多为非线性区域，构建模型也以选择非线性模型为主；决策树的 3～6 层往往对应线性区域，可以选择线性回归组建两阶段模型。

（2）在同一层决策树里同时构建线性模型与非线性模型不足为奇，极端情况下也会遇到浅层为线性模式，深层却出现非线性模式的情况。

（3）线性模式便于业务解释，但这种线性受到双层约束——一是决策规则，二是线性适中性。因此，业务转换的前提是双层约束后的特定应用场景。

（4）决策树"枝叶繁茂"，叶节点增多意味着更多潜在市场细分被挖掘出来，但也存在叶节点样本数下降的问题，因此决策树 1～6 层间的选择考验了数据分析师的建模能力和业务判断能力。

（5）如果因为样本量或其他任何原因担心模型稳定性不足，那么可以将决策树换成随机森林，查阅输出结果（特征重要性或元估计器）。

2. 案例 1：决策树与规则可视化

本案例使用机械故障数据。

构建多阶段模型时，第一阶段的模型仍然选择决策树，根据模型的区域决策图（plot_decision_regions）判断第二阶段的模型是线性还是非线性的，或者两者兼具。本案例的重点在第一阶段，第二阶段的模型构建与普通模型并无差异。

第 1、2 行代码是必要的特征工程，其中，第 1 行代码用于数据填补和抽样，随机抽样是必须的，因为第一阶段的模型选择主要依靠预分析实现，对于时间控制和模型的稳定性都有益处。第 2 行代码通过相关系数（Spearman）来判断影响因素的重要性。

```
1 data_null=data_mbd.\
            fillna(value=data_mbd.median()).\      #填补缺失值
            sample(frac=0.01,random_state=123)     #随机抽样
2 data_null.iloc[:,1:-2]\
            .corrwith(data_mbd['交换故障'],
                method='spearman')\
                                     #通过相关系数来判断影响因素的重要性
            .plot(kind='barh',color='orange')
```

相关性判断如图 10-2-2 所示，第一阶段的模型选择需要控制在 6 个变量以内，使用决策树时，树的深度不能太深，否则会影响市场细分的准确性。最终根据相关系数的大小选择最重要的 4 个变量，重要性可以以相关系数为 0.06 或 0.08 为判断标准。在多数场景中，包括大数据的场景，将 0.06 作为相关性的判断标准仍然是极为保守的。

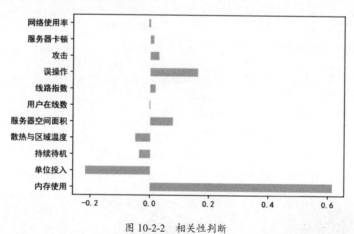

图 10-2-2　相关性判断

区域决策图（plot_decision_regions）极大地提高了选择第一阶段模型时的便利性。下面第 8 行代码是上面相关分析选出择 4 个变量，并对 4 个变量进行两两组合构建模型，产生 6 幅图形，在第 9 行代码中通过 subplots 实现。

第 10 行代码看起来有些复杂，它利用了 zip 和 enumerate 的嵌套关系实现数据的对称分组（第 6 行代码），其中 combinations 可以对 4 个变量执行两两组合，并通过 zip 输入元组 (i,t)，将 zip 的另一对象 product 产生的笛卡儿积输入 j。第 12 行代码用于构建决策树，决策树的超参数 max_depth 建议控制在数值 3 左右，一般设置为 3，最后通过交叉验证查看模型的准确度。

第 1 行代码与第 15 行代码用于绘制区域决策图，其中前两个超参数（第 15 行代码）是数据格式转换，ax 对应第 10 行代码的 product 功能，用于绘图。

```
1  from mlxtend.plotting import plot_decision_regions
2
3  from sklearn.model_selection import train_test_split
4  from sklearn.tree import DecisionTreeClassifier
5  from sklearn.model_selection import cross_val_score
6  from itertools import combinations,product
7
8  data_imp=data_null.iloc[:,[1,2,5,7]]
9  fig,ax= plt.subplots(2,3,figsize=(10,5),squeeze=False)
10 for (i,t),j in zip(enumerate(combinations(
                         data_imp.columns.tolist(),r=2)),
                    product([0,1],[0,1,2])):
11    tree_X,tree_y=data_imp.loc[:,[t[0],t[1]]],
                         data_null['交换故障']
12    tree_clf = DecisionTreeClassifier(random_state=123,
                                    max_depth=3)
13    tree_clf.fit(tree_X,tree_y)
14    print('{}的准确度: {}'.format([t[0],t[1]],
           cross_val_score(tree_clf,tree_X,tree_y,cv=6).
                                          mean()))
15    fig = plot_decision_regions(tree_X.values,
                             tree_y.values.astype('int16'),
                             clf=tree_clf,
                             ax=ax[j])
16 plt.show()
```

树深设为 2 的区域决策图如图 10-2-3 所示，黄色区域中的 1 组（黄色三角形）表示正确预测的样本，该区域中的 0 组（蓝色正方形）表示误分的样本。如果将树深设置为 2，那么决策数的精确度可能并不高，模型倾向于拟合更简单的模型，从图形中可以观察到整体线性。

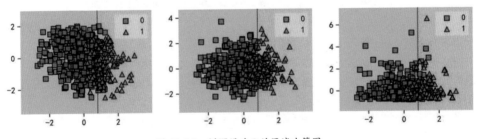

图 10-2-3　树深设为 2 的区域决策图

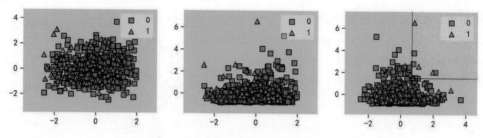

图 10-2-3　树深设为 2 的区域决策图（续）

如果将树深设置为 6，那么意味着拟合更精确的模型。树深设为 6 的区域决策图如图 10-2-4 所示，图形将过于强调局部分类，在更细分的小组中执行预测可以带来更高的准确度，但弊端是可能出现过拟合。不过，图形整体仍然以线性关系为主要模式。

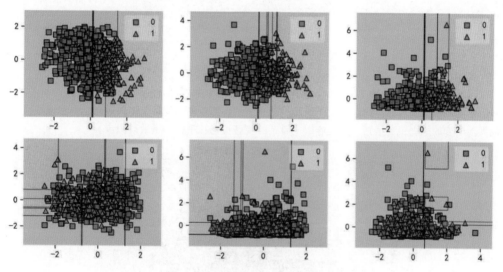

图 10-2-4　树深设为 6 的区域决策图

可以从图中得出结论：

第一，区域决策图提供了模型超参数设置的合理区间，以决策树为例，树深设置为 6 的模型更精确但会出现过拟合，树深设置为 2 或更低将大幅拉低准确度。

第二，区域决策图提供了清晰的决策边界及决策边界对应的变量取值，这些为业务价值的确定和新规则的发现提供了必要数据信息。

第三，假设选择其中一组变量作为第一阶段模型，其他变量作为第二阶段模型。图形中观测到的数据模式将是选择具体模型的依据。例如，如果第二阶段模型判断为线性模式，那么可以选择线性回归、逻辑回归、可加模型等线性模型；如果判断为非线性模式，那么可以选择 SVM、神经网络、XGBoost 等。

第三条结论（"非线性+线性"模式）在多阶段模型管理中起到了非常重要的作用，第二阶段模型的选择主要依据该规则。

考虑到模型的准确度和业务规则，我们选择"内存使用"和"服务器空间面积"作为第一阶段模型使用的变量。这一组的预测准确度相对较高（88.5%）。下面第 2 行代码将树深设置为 3，重点关注该组变量对交换故障产生的影响。

```
1 tree_X=data_imp.loc[:,['内存使用','服务器空间面积']]
tree_y=data_null['交换故障']
2 tree_clf = DecisionTreeClassifier(random_state=123,max_depth=3)
3 tree_clf.fit(tree_X,tree_y)
4 print('准确度: {}'.format(cross_val_score(tree_clf,
                    tree_X,
                    tree_y,
                    cv=6).mean())))
5 plot_decision_regions(tree_X.values,
                    tree_y.values.astype('int16'),
                    clf=tree_clf)
6 plt.xlabel('内存使用')
7 plt.ylabel('线路指数')
8 plt.title('第一阶段：非线性模型')
9 plt.show()
```

区域决策关系如图 10-2-5 所示，在内存使用取值为 1 的两侧分别产生决策边界，而且两个边界值之间的横向距离并不短，因此不是随机因素所致，可以进一步将整体关系判断为非线性模式。如果两者间的横向距离很短，那么施以更复杂的模型拟合几乎必然导致过拟合。

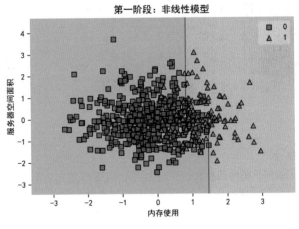

图 10-2-5　区域决策关系

这里使用 dtreeviz 的树形绘制功能来展示决策树规则。

```
1 from dtreeviz.trees import *
2 viz=dtreeviz(tree_clf,tree_X,tree_y,
            feature_names=['memory','server'],
            target_name='交换故障',class_names=list(tree_y),
            title='决策树可视化',
            show_node_labels = True)
3 viz
```

　　第一阶段变量组的树形图如图 10-2-6 所示，根节点对应的内存使用切分点是 0.82，第一层由节点 1 和节点 6 组成，第二层对应节点 2、3、7、10，第三层由其余节点组成。其中，确定性比较强的节点是节点 2 和 10，没有误分，因此也无需构建第二阶段模型。节点 4、5、8、9 可以直接构建第二阶段模型，但需要讨论其是否具有潜在的业务价值，哪一节点更值得分析。本节选择节点 8 讲解具体规则。

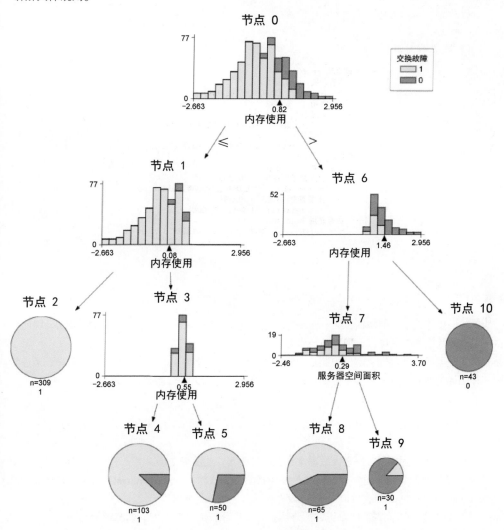

图 10-2-6　第一阶段变量组的树形图

　　节点 8 对应的交换故障几乎各占一半。在 "0.82<内存使用<1.46 并且服务器空间面积<0.29" 的条件规则下，第二阶段模型可以使用逻辑回归进行数据分析，以增加对次要变量的业务解释。

```
1 data[((data['内存使用']>0.816)
              &(data['内存使用']<= 1.461)
              &(data['服务器空间面积']<= 0.286))]
```

下面代码使用 export_text 功能将决策规则文本化，可以结合图形获取条件规则。

```
1 from sklearn.tree import export_text
2 r = export_text(tree_clf,
                feature_names=['内存使用','服务器空间面积'],
                decimals=3,
                show_weights=True)
3 print(r)
```

决策树文本输出如图 10-2-7 所示。

```
|--- 内存使用 <= 0.816
|   |--- 内存使用 <= 0.082
|   |   |--- weights: [309.000, 0.000] class: 0
|   |--- 内存使用 > 0.082
|   |   |--- 内存使用 <= 0.546
|   |   |   |--- weights: [91.000, 12.000] class: 0
|   |   |--- 内存使用 > 0.546
|   |   |   |--- weights: [36.000, 14.000] class: 0
|--- 内存使用 > 0.816
|   |--- 内存使用 <= 1.461
|   |   |--- 服务器空间面积 <= 0.286
|   |   |   |--- weights: [37.000, 28.000] class: 0
|   |   |--- 服务器空间面积 > 0.286
|   |   |   |--- weights: [4.000, 26.000] class: 1
|   |--- 内存使用 > 1.461
|   |   |--- weights: [0.000, 43.000] class: 1
```

图 10-2-7　决策树文本输出

10.2.2　异常诊断一：异常评分+主次归因+规则归因

异常是指非常小众的数据，对于统计学习而言需要清除，对于机器学习而言需要细分，因此机器学习对异常值的关注度远远超过统计学习。

监督模型无法准确预测超出规则外的模式，在数据库分析中更是如此，解决方法之一是通过类似模糊归因的方式，首先对异常数据进行评分，然后对评分进行归因分析。

1. 多阶段模型关系管理

探索性异常诊断如图 10-2-8 所示，探索性异常诊断的模式为"模糊归因→主次归因→规则归因"。

首先是模糊归因问题。探索大数据本身就比较困难，在没有监督的情况下更为困难。前期的异常诊断主要依靠数量分析，常规性建议是使用孤立森林技术（IsolationForest）或支持向量机技术（linear_model.SGDOneClassSVM）[①]，可以直接获得大数据的异常评分。

然后是主次归因问题。获得异常评分后，可以将评分值作为监督，训练评分与所有变量间的监督模型，建议使用逻辑回归（linear_model.SGDClassifier）或随机森林（ensemble.RandomForestClassifier），这样就能找到模糊归因中异常评分的计算依据，进而推测主次关系。

最后，分清影响异常值的主次变量后，选择其中主要的影响变量用于规则归因，即分析主要的

① linear_model.SGDOneClassSVM 与样本量存在线性复杂度的关系，因此相较于 svm.OneClassSVM，它能够处理更大的数据量。

影响因素间如何产生异常评分规则，建议使用决策树模型（tree.DecisionTreeClassifier）。

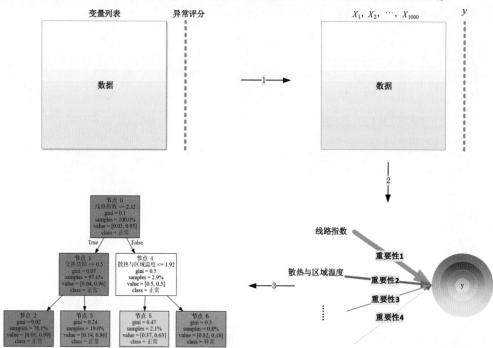

图 10-2-8　探索性异常诊断

探索性异常诊断的三阶段模型关系管理中需要注意以下问题。

（1）三阶段模型关系管理是监督模型与非监督模型的组合，直接越过半监督模型。如果有充分理由标记一部分监督样本，那么可以使用半监督模型直接替代三阶段模型，这在多数场景下表现更好。

（2）异常诊断的三阶段模型关系管理适用于数据探索，借助了三阶段的模型组合模式寻找和探索数据规律用于归因场景，极少用于预测。

（3）在多阶段模型中，第一阶段的随机森林对应结构化数据，支持向量机对应半结构化数据；第二、三阶段的逻辑回归与决策树组合是主次归因和规则归因的组合，而随机森林（各种元估计器）与决策树组合是各种规则归因的组合。

2．案例 2：异常诊断：监督与非监督

异常诊断可以分为监督、半监督和非监督三种模式。

监督的异常诊断主要用于验证性数据分析，评估指标比较成熟，如模型的库克值、残差值等。而非监督模型主要用于数据探索中，因为并不知道数据的异常评分，需要通过原始数据计算异常评分，所以测量问题更加凸显。而半监督模型表面上似乎介于两种之间，但原理上更接近监督模型。

本案例使用机器故障数据 mechanicalBD。

1）缺失值填补

由于案例数据中存在缺失值，而且前期通过缺失值描述发现缺失变量间存在相关关系，因此使用随机森林进行缺失值填补。直到本书撰写之时，Sklearn1.1 版本的模型填补仍然是实验阶段，所以第 2、3 行代码需要同时运行。第 5 行代码设置了随机森林的超参数，第 6 行代码的最近邻常设置为 3～6，最后一个超参数 skip_complete 表示若数据不存在缺失值，则直接跳过。

```
1  from sklearn.ensemble import RandomForestRegressor
2  from sklearn.experimental import enable_iterative_imputer
                              #实验阶段的 Sklearn1.1 版本
3  from sklearn.impute import IterativeImputer
4
5  rfr=RandomForestRegressor(n_estimators=20,min_samples_leaf=3000)
6  imput=IterativeImputer(estimator=rfr,          #随机森林
                         random_state=0,
                         n_nearest_features=6,
                         skip_complete=True)      #跳过完整数据
7  mechaArray=imput.fit_transform(mecha)
8  mechaImput=pd.DataFrame(mechaArray,
                         columns=mecha.iloc[:,0:].columns)
```

2）异常评分

在机器学习领域中，几乎没有模型能比孤立森林拥有更多的特征工程优势，因此作者在多数场景中都倾向于使用孤立森林。第 3 行代码中的 n_estimators 用于设定孤立森林的弱分类器数量，而 contamination 的指定需要更多的行业经验，如在机器故障的预测性维修中，通常会把 3%～8% 作为界值，所以这里使用了 5%。最终，异常评分可以保存为后续模型的监督指标，其中-1 表示异常。

```
1  from sklearn.ensemble import IsolationForest      #孤立森林模型
2
3  Is_forest=IsolationForest(n_estimators=60,
                            contamination=0.05)       #异常值比例
4  Is_forest.fit(mechaImput)
5  outer=Is_forest.predict(mechaImput)                #-1 表示异常
6  mechaImput['outer']=outer
```

3）特征筛选

第 1 行代码是对上一段代码的原始数据进行切片处理。此处使用特征筛选作为预分析的一部分，主要为了缓解列维带来的稀疏问题，更少的主要因素参与分析也有利于减轻后续模型的计算压力。第 9 行代码用于设置随机森林，并保留 8 个主要变量，最后将数据转化为数据框类型（第 10 行代码）。

```
1  xMecha,yMecha=mechaImput.iloc[:,[*range(1,14)]],mechaImput.iloc[:,-1]
2
3  #-------------特征筛选---------------
4  from sklearn.feature_selection import RFE,SelectFromModel
5  from sklearn.ensemble import RandomForestClassifier
                              #常用于结构高维问题
6  from sklearn.svm import LinearSVR        #常用于非结构高维问题
7
```

```
8  rfrClf=RandomForestClassifier(n_estimators=10,
                                  min_samples_leaf=3000)      #随机森林
9  rfrSelect=RFE(rfrClf,
           n_features_to_select=8).fit(xMecha,yMecha)
                                                   #保留 8 个特征
10 rfrGet=pd.concat([yMecha,
               xMecha[xMecha.columns[
                   rfrSelect.get_support(True)]]],
                   axis=1)
11 rfrGet.info()
```

4）规则归因：决策树

第 1、2 行代码用于数据的分区处理。第 5、6 行代码分别载入决策树模型及可视化功能。第 8 行代码将树深设为 2，可以达到 96% 的准确度，准确度较高。第 13 行代码中的 feature_names 和 class_names 分别用于指定自变量和因变量的取值标签，其余超参数分别表示颜色填充、小数位、显示比例和节点编号。

```
1  from sklearn.model_selection import train_test_split
2  xtrain,xtest,ytrain,ytest=train_test_split(
                              rfrGet.iloc[:,[*range(1,9)]],
                              rfrGet.iloc[:,0],
                              test_size=1/5,
                              random_state=0)
3
4  #----------分类预测------------
5  from sklearn.tree import DecisionTreeClassifier,
                            export_graphviz
6  import graphviz
7
8  tree_clf=DecisionTreeClassifier(max_depth=2)
9  tree_clf.fit(xtrain,ytrain)                    #拟合训练集数据
10 tree_clf.score(xtest,ytest)                    #模型评分
11 # y_pre=tree_clf.predict(xtest)                #预测 predict_proba
12
13 dotdata=export_graphviz(tree_clf,
                    feature_names=rfrGet.columns\
                    .values[[*range(1,9)]],
                      class_names=['异常','正常'],
                      filled=True,
                      precision=2,
                      proportion=True,
                      node_ids=True)
```

运算代码“display(graphviz.Source(dotdata))”可以展示结果。

异常诊断的决策树输出如图 10-2-9 所示，根节点（节点 0）的颜色最深，决策树向下分组分为两种颜色，左侧是比较深的蓝色，右侧是逐渐变深的橘色，说明左侧分叉对应正常样本 0，而右侧分叉对应的是取值为 1 的异常样本，两者泾渭分明。

节点颜色的深浅对应基尼系数的大小，可以据此判断每个节点的置信度。例如，散热与区域温度是最重要的变量，线路指数其次，由两个变量产生的规则为"散热与区域温度>1.43 并且路线指数>1.99"对应的可能机器故障率为 86%。此处的概率不是判断方法而是概率策略。不过，这对于机器故障的预测性维修而言，已经足够了，因为事前增益大于事后损失。

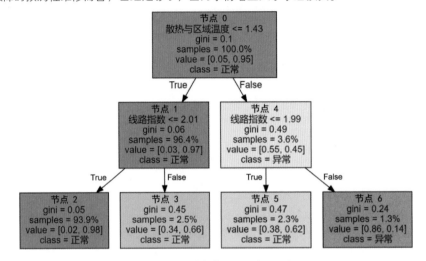

图 10-2-9 异常诊断的决策树输出

5）主次归因：逻辑回归

下面第 1 行代码的抽样是为了节省时间。第 2 行代码用于将因变量的取值转化为 1 和 0 的标记，这是逻辑回归的格式要求。第 5 行代码借助 seaborn 包实现逻辑回归可视化（logistic = True），其中，ci 表示绘制的置信区间为 99%。

使用逻辑回归进行主次归因并不是必然选择，但主次归因对于规则归因而言是辅助解释项，某种程度上是很有必要的。如图 10-2-9 所示，散热与区域温度、线路指数这两个关键变量对应的界值分别为 1.43 和 1.99。由于决策树更加强调数据的组合规则，因此需要整体规则的解释。

```
1  rfrSample=rfrGet.sample(1000)
2  r=rfrSample['outer'].replace(1,0).replace(-1,1)      #1 编码为 0,-1 编码为 1
3  rfrSample['outer']=r
4
5  sns.regplot(x =rfrSample['散热与区域温度'], y = "outer",
6          data = rfrSample,
7          logistic = True,
8          ci=99)                    #ci 表示置信区间为 99%
```

可视化功能 regplot 的输出结果为逻辑回归与 S 形图解释（见图 10-2-10），从散热与区域温度来看，产生异常对应的界值接近数值 4。从单变量的角度来看，线路指数的保守性界值接近数值 5。但实际上通过决策树可以发现，决策树用于分段的界值相比单变量要低一些。这就是单变量和多变量之间的区别。

若只考虑单变量可能出现的偏差，则无法有效地回答多变量问题。多变量和单变量模型间的信息差往往可能带来知识发现。因为它一方面能解释为何多变量的结果决策依据更充分，另一方面也能解释为何建立多变量模型时仍然不能放弃单变量描述。就本案例而言，决策区间[1.43,4]和决策区间[1.99,5]都是单变量分析的决策"失误"之处，它提示了多变量的控制区域，也为更多特征间的模糊性提供了多元归因视角。

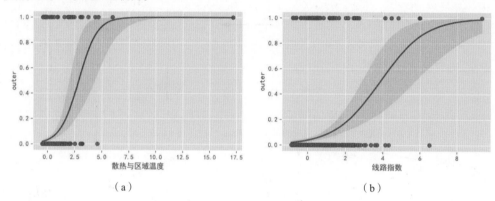

（a）　　　　　　　　　　　　　（b）

图 10-2-10　逻辑回归与 S 形图解释

可见，虽然归因问题看似复杂，尤其是在多变量的情况下，但是我们有许多工具（包括个案归因、复杂问题解释等）可以解析模型的控制区域和进行局部解释。

10.2.3　异常诊断二：异常规则+复杂归因

10.2.2 节中异常诊断一适用的场景是探索性数据分析，而本节的异常诊断二更适用于验证性数据分析。使用分析模式来表示异常诊断一的模式："数据库→异常评分→主次归因→规则归因"。异常诊断二可以表示为"数据库→经验规则→主次归因→复杂归因"。其中，前者强调主因中的规则策略，而后者强调经验规则下的归因路径。此外，数据库表示大型数据。异常评分是指探索性，而经验规则是指验证性。两者主次归因的功能类似，都是为了筛选列维中的主要因素。最后对主要因素进行规则归因还是复杂归因属于两种不同的归因模式和业务诉求。

1. 多阶段模型关系管理

验证性异常诊断如图 10-2-11 所示，验证性异常诊断的模式为"数据库→经验规则→主次归因→复杂归因"。

首先，验证性数据分析不存在模糊归因的问题，主要依据业务逻辑判断指标是否存在异常。例如，气压超过 100Pa 和低于 20Pa 为异常，可以标记异常并量化新指标，使用新指标替代原指标。另外，凡是存在异常的数据行，均予以量化，并用于监督。

然后，主次归因的目的仍然是筛选主要因素，因此仍然建议使用随机森林（ensemble.Isolation Forest）。

最后是复杂归因。复杂归因强调中介作用，原来的自变量之间也可以产生相互影响的关系图 10-2-11（d）中标记为黄色实线，可以作为假设关系予以验证，如硝酸盐分 1 是否通过土壤肥沃程度导致植被的异常生长。建议通过结构方程软件包 semopy 的路径分析技术（semopy.Model）来实现。

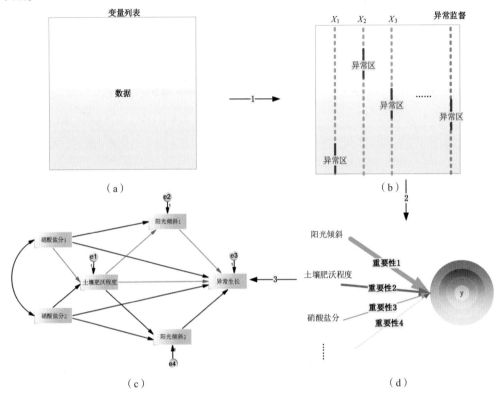

图 10-2-11　验证性异常诊断

验证性异常诊断的多阶段模型关系管理需要注意以下问题。

（1）自变量异常区的判断依据是经验（图 10-2-11（b）中的红色部分），并据此量化总异常评分（绿色），可以直接根据出现异常的次数进行量化，也可以使用模型量化。

（2）复杂归因产生的路径数呈指数级增加，全路径搜索对于大数据而言过于"奢侈"，因此验证少数重要的路径即可。若需要进行全路径搜索，则需要对结构方程进行大数据优化。例如，将原始数据转化为协方差矩阵 Model.fit(cov=, n_samples=)，其中 cov 指定协方差的数据结构，n_samples 指定样本量，或者针对不同路径执行分布式运算。

2．案例 3：异常诊断：异常规则+复杂归因

本案例使用"植物生长因素"数据，将连续型变量按照百分位进行离散化，将变量分布中 5% 以下和 80% 以上的数据定为异常。两侧界值不对称的主要原因是分布在 80% 以上的异常变量对植物生长产生的影响更明显。

对于复杂归因而言，结构方程技术可以便利地构建复杂路径间的关系，因此下面第 1、2 行代码用于载入结构方程库和对应的模型。除了结构方程软件包之外，社会网络关系库和贝叶斯网络库同样也可以完成类似功能，下面仅介绍结构方程库的使用。

第 4 行代码用于定义模型。第 5～12 行代码用于构建具体的模型，代码中的符号"~"左侧是

内生变量（近似理解为因变量），右侧是外生变量（近似理解为自变量），相当于构建了四个回归模型，这些模型构建了复杂变量间的导向关系，从下文中的路径图中可以一窥究竟。第 11 行代码中的符号 "~~" 表示变量间的相关关系（协方差）。因为结构方程是验证性分析，所以路径关系往往来自经验假设，通过模型验证是否成立。

第 14、15 行代码分别是模型实例化和数据拟合。第 16 行代码用于保存路径图，可以在指定的路径中打开名为 pathplot 的图片文件，剩下两个超参数 plot_covs 和 latshape 分别用来控制协方差的输出及图片形状。第 17 行代码用于保存模型中的标准化系数，此处比较关键，因为多方程组联立对应的标准化系数才有比较的意义，否则很难排除量纲的影响。第 18 ~ 21 行代码用于输出结构方程的评估指标，包括整体和局部两类指标。

```
1   import semopy
2   from semopy import Model
3
4   model_spec ="""
5     # 回归
6       vegetative ~S_inclined11_1+\
                    S_inclined22_1+\
                    Soil_fertile+\
                    nitrate1_1+\
                    nitrate2_1
7     S_inclined11_1 ~Soil_fertile+nitrate1_1
8     S_inclined22_1 ~Soil_fertile+nitrate2_1
9     Soil_fertile ~nitrate1_1+nitrate2_1
10    # 相关
11    nitrate1_1~~nitrate2_1
12  """
13
14  modelPgr = Model(model_spec)                    #构建路径分析模型
15  modelPgr.fit(data_pgr)
16  modelPlot = semopy.semplot(modelPgr,
                    r"……\pathplot.png",
                    plot_covs=True,
                    latshape='circle')             #输出路径图
17  ests=modelPgr.inspect(std_est=True).round(3)    #输出模型的详细结果
18  stats = semopy.calc_stats(modelPgr)             #模型拟合指标
19  print('\033[1m',stats[['GFI', 'AGFI','NFI','TLI','RMSEA']])
20  print('\033[1m',
            ests[['lval','op','rval','Estimate','Est. Std']],
            sep='')
```

第 19、20 行代码的输出结果：结构方程系数与评估指标（见图 10-2-12），整体拟合指标包括 GFI、AGFI、NFI、TLI、RMSEA，RMSEA 以小于 0.08 为标准，其他指标以大于 0.9 为标准。可见，模型整体拟合良好。其他指标可以查看估计值（Estimate）及其标准化估计（Est.std）（最后两列），取值越大表示该路径越重要，取值为负表示负相关。

	GFI	AGFI	NFI	TLI	RMSEA
Value	0.958307	0.858242	0.958307	0.93305	0.072285

	lval	op	rval	Estimate	Est. Std
0	S_inclined11_1	~	Soil_fertile	-0.103	-0.387
1	S_inclined11_1	~	nitrate1_1	0.222	0.224
2	S_inclined22_1	~	Soil_fertile	-0.004	-0.015
3	S_inclined22_1	~	nitrate2_1	0.914	0.803
4	Soil_fertile	~	nitrate1_1	1.010	0.271
5	Soil_fertile	~	nitrate2_1	1.002	0.234
6	vegetative	~	S_inclined11_1	-0.014	-0.005
7	vegetative	~	S_inclined22_1	0.217	0.075
8	vegetative	~	Soil_fertile	-0.077	-0.099
9	vegetative	~	nitrate1_1	0.063	0.022
10	vegetative	~	nitrate2_1	-0.781	-0.236
11	nitrate1_1	~~	nitrate1_1	-0.011	-0.068
12	S_inclined22_1	~~	S_inclined22_1	0.068	0.360
13	Soil_fertile	~~	Soil_fertile	2.339	0.881
14	S_inclined11_1	~~	S_inclined11_1	0.158	0.844
15	vegetative	~~	vegetative	1.506	0.950

图 10-2-12 结构方程系数与评估指标

将回归系数及显著性置于路径图中显示会更加直观，结构方程路径图如图 10-2-13 所示。图中的双向虚线箭头表示相关关系，其相关系数为-0.011，显著性 p-val=0.4，并不显著，即两者之间实际上不存在相关关系。其他单向箭头表示预测关系，显著性小于 0.05 表示该条路径成立，进而可以验证假设关系是否成立。

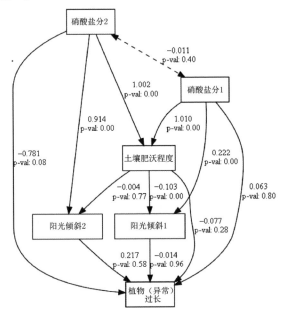

图 10-2-13 结构方程路径图

当然，结构方程的输出远不止于此，因为它是多模型的联立方程组，所以输出的整体和局部两类指标都需要多指标的配合使用。上面输出的模型、系数及路径图的背后还对应着很多其他指标，可以通过 semopy.report 功能统一输出，并且以网页的格式呈现。可以参阅以下功能，更便于阅读。

代码中 SEM Output Report 表示输出文件名，std_est 和 se_robust 分别表示输出标准化系数和稳健标准误。

```
1  from semopy.report import report
2  report(modelPgr,
        'SEM Output Report',
        path=r"……\案例",
        std_est=True,
        se_robust=True)
```

10.2.4　经验法：贝叶斯规则+回归

1. 贝叶斯定理

贝叶斯定理（Bayes Theorem）是指将先验知识与数据信息协同组合，并研究后验概率的方法，主要用于分类预测。常见的两种类型为朴素贝叶斯分类与贝叶斯网络分类。

假设两个随机变量 X，Y，其联合概率可以表示为 $P(X=x,Y=y)$，即 X 取值为 x、Y 取值为 y 的联合概率。条件概率是指随机变量在其他随机变量取值既定的情况下的概率。联合概率可以表示为

$$P(X,Y)=P(Y\,|\,X)\times P(X)=P(X\,|\,Y)\times P(Y) \tag{10-2-1}$$

通过简单变换，其后验概率可以表示为

$$P(Y\,|\,X)=P(X\,|\,Y)\times P(Y)\,/\,P(X) \tag{10-2-2}$$

式中，X 表示多个预测变量，即 $\{X_1,\ X_2,\cdots,X_d\}$；Y 表示因变量。

可见，$P(Y)$ 表示先验概率，可以根据行业经验设定，也可以由训练数据得到。$P(X\,|\,Y)$ 是条件概率，在训练数据里可以直接获得。$P(X\,|\,Y)\,/\,P(X)$ 可以视作似然函数，边际概率 $P(X)$ 描述了所有可能假设的概率，由训练数据中因变量与预测变量间的关系确定。最终确定这些关系使用的方法是贝叶斯定理。

下文将分别讨论朴素贝叶斯与贝叶斯网络。

2. 朴素贝叶斯

例如，人们总是在雨后登山，这种现象可以解释为统计上的相关性，但这种相关有时可以被其他因素解释，如人们并不是喜欢下雨登山，而是因为雨后空气新鲜，所以才登山。在控制空气因素后，雨后与登山的相关就消失了，在空气既定的情况下，雨后事件独立于登山运动可以表示为

$$P(X_{登山}\,|\,Y_{雨后},\ Z_{空气})=P(X_{登山}\,|\,Z_{空气}) \tag{10-2-3}$$

可以变换为

$$P(X_{登山},Y_{雨后}\,|\,Z_{空气})=P(X_{登山},Y_{雨后},Z_{空气})\,/\,P(Z_{空气}) \tag{10-2-4 a}$$

$$=P(X_{登山},Y_{雨后},Z_{空气})\,/\,P(Y_{雨后},Z_{空气})\times P(Y_{雨后},Z_{空气})\,/\,P(Z_{空气}) \tag{10-2-4 b}$$

$$=P(X_{登山}\,|\,Y_{雨后},\ Z_{空气})\times P(Y_{雨后}\,|\,Z_{空气}) \tag{10-2-4 c}$$

$$=P(X_{登山}\,|\,Z_{空气})\times P(Y_{雨后}\,|\,Z_{空气}) \tag{10-2-4 d}$$

可见，条件概率的独立性可以表示为

$$P(X\,|\,Y=y)=\prod P(X_i\,|\,Y=y) \tag{10-2-5}$$

独立性假设对应概率的乘积运算，朴素贝叶斯中的"朴素"就是独立之意。

订单数据示例如表 10-2-1 所示, 记录并汇总了消费者的订单信息。希望使用朴素贝叶斯分类器训练数据, 并预测消费者是否产生重复购买 (以下简称重购) 行为, 其中, 积分是连续型变量, 其他变量都是分类型变量。

表 10-2-1　订单数据示例

客 代 号	性 别	年 龄	积 分	重 购
0001	女	[16,25)	5	Yes
0002	男	[25,40)	11	No
0003	男	[25,40)	3	No
0004	女	[16,25)	2	Yes
0005	男	[40,60)	3	Yes
0006	女	[25,40)	1	Yes

某消费者产生了一笔订单, 性别为女, 年龄区间为[16 25), 使用了 4 个积分, 希望预测该消费者是否产生第二笔订单 (yes 或 no), 即重购行为。回答这个问题需要计算后验概率 $P(\text{yes}\,|\,X)$ 与 $P(\text{no}\,|\,X)$, 并比较其大小进行判断。

重购的先验概率为 $P(\text{yes})=4/6$、$P(\text{no})=2/6$, 其条件概率可以按分类型变量和连续型变量分开计算。

分类型变量的条件概率, 每类 y_i 对应 x_i 的条件概率可以依次表示为

$$P(\text{性别}=\text{男}|\text{yes})=1/4$$

$$P(\text{性别}=\text{女}|\text{yes})=3/4$$

$$P(\text{性别}=\text{男}|\text{no})=2/2$$

$$P(\text{性别}=\text{女}\,|\,\text{no})=0/2$$

年龄的条件概率与此类似, 不再赘述。

计算连续型变量的条件概率需要先假设连续型变量的分布为正态分布, 再由训练数据估计正态分布参数, 如均数和方差。每类 y_i 对应 x_i 的条件概率可以表示为

$$P(X=x_i\,|\,Y=y_i)=\frac{1}{\sqrt{2\pi}\sigma_{ij}}e^{-\frac{1}{2}\frac{(x_i-\mu_{ij})^2}{\sigma_{ij}^2}} \tag{10-2-6}$$

因此, 积分卡的条件概率可以表示为

$$P(\text{积分}=4|\text{重购}=\text{yes})=1/\left(\text{sqrt}(2\times3.1415926)\times5.657\right)\times\exp\left((4-7)\times2/(-2\times32)\right)$$

$$\approx 0.061$$

$$P(\text{积分}=4\,|\,\text{重购}=\text{no})=1/\left(\text{sqrt}(2\times3.1415926)\times1.708\right)\times\exp\left((4-2.75)\times2/(-2\times2.917)\right)$$

$$\approx 0.179$$

这样可以直接计算后验概率:

$$P(\text{重购}=\text{yes}|X)=P(\text{性别}=\text{女}|\text{重购}=\text{yes})\times P(\text{年龄}=[16,25)|\text{重购}=\text{yes})\times$$

$$P(\text{积分}=4|\text{重购}=\text{yes})\times\frac{P(\text{yes})}{P(X)}$$

$$=3/4\times2/4\times0.061\times4/6$$

$$\approx 0.015$$

$$P(\text{重购}=\text{no}|X)=P(\text{性别}=\text{女}|\text{重购}=\text{no})\times P(\text{年龄}=[16,25]|\text{重购}=\text{no})\times$$

$$P(\text{积分}=4|\text{重购}=\text{no})\times\frac{P(\text{no})}{P(X)}$$

$$=0\times0\times0.179\times2/6$$

$$=0$$

可见，$P(\text{重购}=\text{yes}|X)>P(\text{重购}=\text{no}|X)$，所以该消费者倾向于产生重购行为。

朴素贝叶斯的特征：

（1）在估计条件概率时，异常值"被平均"，因此较为稳健。此外，也可以处理缺失值问题。

（2）针对无关变量 X_i，条件概率 $P(X_i|Y)$ 几乎为均匀分布，对后验概率只会产生微弱的影响，因此对于冗余变量同样稳健。若变量间相关性太强，则违反假设，此时可以使用贝叶斯网络分类的方法。

3. 贝叶斯网络（Bayesian Networks）

朴素贝叶斯对所有影响因素间相互独立的假设过于严格，相反，假设所有影响因素间都具有不同的相关关系或预测关系势必会增加额外的计算，但可以极大地提高建模的灵活度（主要指条件概率）。贝叶斯网络是"概率+图结构"的模型结构体。

贝叶斯网络拓扑结构图如图 10-2-14 所示，如果雨后与登山运动是一种虚假关系，那么删除此路径，但它们又存在着间接影响，即雨后是登山运动的祖（父）节点，空气质量是直接影响的父节点（即称登山事件是它们的后代），贝叶斯网络认为直接影响更能反映变量间的关系。

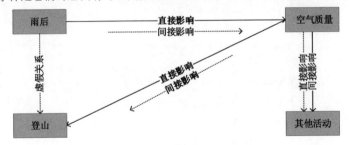

图 10-2-14　贝叶斯网络拓扑结构图

贝叶斯网络假设："在贝叶斯网络中，如果节点的父节点已知，那么该节点条件独立于它的所有非后代节点"。

消费者购买信息数据如表 10-2-2 所示，记录并汇总了消费者的购买行为信息。我们希望使用贝叶斯网络分类器训练数据并预测消费者会不会成为 VIP。需求说明的是，活跃度与购买周期是 VIP 的重要影响因素，但事先得知 VIP 的潜在需求有利于判断消费者的 VIP 特性。

表 10-2-2　消费者购买信息数据

客　代　号	活　跃　度	购买周期	VIP	潜 在 需 求
0001	高	短	是	低
0002	高	长	是	高
0003	低	短	否	高
0004	低	长	否	低
0005	高	短	是	高

续表

客 代 号	活 跃 度	购买周期	VIP	潜 在 需 求
0006	低	长	否	低
0007	高	短	否	低
0008	高	长	是	高

贝叶斯网络由网络拓扑结构和概率表组成，VIP 特性拓扑结构图如图 10-2-15 所示。

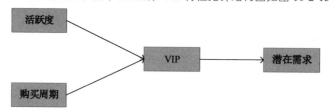

图 10-2-15　VIP 特性拓扑结构图

根据拓扑结构图计算无父节点与有父节点情况下的条件概率。

（1）无父节点的情况下的活跃度和购买周期为

$$P(活跃度 = 高) = 0.652$$

$$P(活跃度 = 低) = 0.375$$

$$P(购买周期 = 长) = 0.5$$

$$P(购买周期 = 短) = 0.5$$

（2）有父节点的情况下的 VIP 和潜在需求为

$$P(VIP = 是 | 活跃度 = 高，购买周期 = 长) = 1$$

$$P(VIP = 否 | 活跃度 = 高，购买周期 = 长) = 0$$

$$P(VIP = 是 | 活跃度 = 高，购买周期 = 短) = 0.667$$

$$P(VIP = 否 | 活跃度 = 高，购买周期 = 短) = 0.333$$

$$P(VIP = 是 | 活跃度 = 低，购买周期 = 长) = 0$$

$$P(VIP = 否 | 活跃度 = 低，购买周期 = 长) = 1$$

$$P(VIP = 是 | 活跃度 = 低，购买周期 = 短) = 0$$

$$P(VIP = 否 | 活跃度 = 低，购买周期 = 短) = 1$$

$$P(潜在需求 = 高 | VIP = 否) = 0.25$$

$$P(潜在需求 = 低 | VIP = 否) = 0.75$$

预测没有先验信息和潜在需求增加这两种情况下消费者的 VIP 特性。

（1）没有先验信息时，消费者成为 VIP 的概率为

$$P(VIP = 是) = \sum_{\alpha} \sum_{\beta} P(VIP = 是 | 活跃度 = \alpha，购买周期 = \beta) P(活跃度 = \alpha) P(购买周期 = \beta)$$

$$= 1 \times 0.625 \times 0.5 + 0.667 \times 0.625 \times 0.5 + 0 \times 0.375 \times 0.5 + 0 \times 0.375 \times 0.5$$

$$\approx 0.521$$

所以 $P(VIP = 否) = 1 - P(VIP = 是) = 0.479$，即消费者成为 VIP 的概率稍大一些。

（2）若获悉消费者潜在需求较高，则可以通过比较后验概率得到消费者成为 VIP 的概率。

$$P(VIP = 是 | 潜在需求 = 高) \quad\quad\quad\quad (10\text{-}2\text{-}7 \text{ a})$$

$$P(\text{VIP}=\text{否}|\text{潜在需求}=\text{高}) \tag{10-2-7 b}$$

所以

$$P(\text{潜在需求}=\text{高})=\sum_{\gamma} P(\text{潜在需求}=\text{高}|\text{VIP}=\gamma)P(\text{VIP}=\gamma)$$

$$=0.75\times0.521+0.25\times0.479$$

$$\approx0.511$$

$$P(\text{VIP}=\text{是}|\text{潜在需求}=\text{高})=\frac{P(\text{潜在需求}=\text{高}|\text{VIP}=\text{是})P(\text{VIP}=\text{是})}{P(\text{潜在需求}=\text{高})}$$

$$=0.75\times0.521/0.51$$

$$\approx0.766$$

$$P(\text{VIP}=\text{否}|\text{潜在需求}=\text{高})=1-P(\text{VIP}=\text{是}|\text{潜在需求}=\text{高})$$

$$\approx0.234$$

可见，在同等情况下，如果消费者的潜在需求高，那么消费者成为 VIP 的可能性将由原来的 52.1% 提升至 76.6%。

贝叶斯网络的特征：

（1）贝叶斯网络相较于朴素贝叶斯而言，放宽了独立性假设，增加了建模灵活性，但也增加了计算量。

（2）贝叶斯网络更加强调变量间的拓扑结构，实践上主要用于复杂归因问题，可以用于路径分析、中介分析、社会网络分析等场景。

（3）贝叶斯网络也是一种极为重要的模型可视化，数据挖掘领域的三大模型可视化技术为决策树（树形图）、逻辑回归（S 形图）、贝叶斯（网络图）。

综上所述，在实践上，朴素贝叶斯主要用于经验导向的"先验+贝叶斯"的模式，又因为朴素贝叶斯在特征冗余、异常等方面的稳健性，主要用于存在大量稀疏问题的文本分类中。贝叶斯网络因为更加强调变量间的拓扑结构、变量关系的可视化等功能，所以常用于强集成学习模式。

4. 多阶段模型关系管理

贝叶斯模型也是强集成环境的重要算法，贝叶斯本身强调经验规则，因此业务经验如何参与或修正模型是这类集成学习的主要应用方向，包括探索归因链、设计先验概率等功能。

1）探索归因链：特征筛选→分箱化→探索规则路径→后验概率

数据库分析中监督变量的影响因素众多，尤其是数据存在稀疏问题时将产生大量冗余变量，因此首先要对特征进行筛选，然后可以进行分箱化处理。这一步很关键，因为分箱化涉及业务标签的设计，决定了最终的业务可操作问题。探索规则路径及可视化是贝叶斯网络的最主要功能，可以直观地观察变量间的影响关系。

可见，贝叶斯网络可以有效地协调验证性分析和探索性分析，验证性分析主要是指行业经验、前期的数据发现等，而探索性分析主要是指依据贝叶斯概率理论探索变量间的拓扑关系。

2）设计先验概率：业务指标→概率化→先验概率→后验概率

因为先验概率更多依赖于行业经验，所以不是每次数据分析都需要先验概率的参与。当数据分析结论明显违背常识时，如数据量严重不足、结论与以往明显不同、数据质量不佳、业务专家参与等，往往可以借助先验概率的巧妙设计实现模型校正。

值得注意的是，概率只是一种数据表现形式，计算概率的途径多种多样。例如，通过透视表汇总过去一年典型月份的数值作为先验概率、通过元分析排除异常月份后的汇总值（如业绩、KPI、营收等指标），但最终指标都需要归一化或采用概率和为 1 的形式。

5. 案例 4：贝叶斯规则+回归

本案例将从设计先验概率和探索归因链两部分展开讨论。

1）设计先验概率

先验知识的获取渠道是多样化的，可以是行业长期形成的经验，也可以是对过往二次数据的汇总，来自案例库、机理模型的条件参数等，最终需要将数值转化为概率来修正当前模型。

本案例使用 bnlearn 和 pgmpy[①]库对数据预先做了缺失值填补和分箱处理。为了便于阅读，本案例统一对数据进行二分类处理，按照 50%分位数分为高、低两组。下面第 3、4 行代码用于缺失值填补，因为变量攻击和服务器卡顿属于分类型变量，因此使用众数填补，而连续型变量统一使用中位数填补。第 6 ~ 10 行代码用于数据分箱，使用 n_bins=2 和 strategy="quantile"自动执行 50%分位数的分组处理。

```
1  import bnlearn as bn              #载入 bnlearn 包
2
3  fill={"攻击":data_mbd['攻击'].mode()[0],
        "服务器卡顿":data_mbd['服务器卡顿'].mode()[0],
        "单位投入":data_mbd['单位投入'].median(),
        "持续待机":data_mbd['持续待机'].median(),
        "散热与区域温度":data_mbd['散热与区域温度'].median(),
        "服务器空间面积":data_mbd['服务器空间面积'].median(),
        "误操作":data_mbd['误操作'].median()}
4  data_mbd.fillna(fill,inplace=True)
5
6  from sklearn.preprocessing import KBinsDiscretizer
7  x=data_mbd.iloc[:,1:9]
8  binsM = KBinsDiscretizer(n_bins=2,
                            encode="ordinal",
                            strategy="quantile")
9  binsM.fit(x)
10 xt=binsM.transform(x)
11 dataMC=pd.concat([pd.DataFrame(xt,columns=x.columns),
                    data_mbd.iloc[:,9:14]],
                    axis=1)
```

下面第 1 行代码可以截取前 1000 行数据用于测试，为了便于后续的模型解释，此处只使用 3 个变量说明如何定义先验概率。第 5 行代码用来定义网络路径。例如，网络使用率对交换故障产生影响，多任务标注分别对交换故障和网络使用率产生影响。

针对 cpt_1 的定义，由于多任务标注是外生变量，没有被预测的关系，并且只有 2 个取值（variable_card=2），因此对应的先验概率分别设置为 0.4 和 0.6。针对 cpt_2 的定义，由于多任务标

---

① 读者可以参阅 pgmpy 官网的相关内容。

注仍然是外生变量，网络使用率是内生变量，它们对应的取值（variable_card 和 evidence_card）都是 2 个，因此对应 4 个先验概率，即 values 的取值。cpt_3 的定义同理，不再赘述。

　　第 11 行代码用于整合 3 组条件概率分布（Conditional Probability Distribution，CPD）。第 12 行代码用于检验假设关系是否成立，默认使用卡方统计检验。第 14 行代码用于计算后验概率，第 15 行代码用于绘制贝叶斯网络图。为了便于阅读，我们将第 14、15 行代码的输出整合在一幅图中，原软件包中没有自动输出的功能。

```
1 data=dataMC.head(1000)
2 data1=data[['网络使用率','多任务标注','交换故障']]
3
4 #-------定义网络路径--------
5 edges = [('网络使用率', '交换故障'),
          ('多任务标注', '交换故障'),
          ('多任务标注', '网络使用率')]

6 #-----定义CPD-----
7 from pgmpy.factors.discrete import TabularCPD
8 cpt_1 = TabularCPD(variable='多任务标注',
                     variable_card=2,
                     values=[[0.4], [0.6]])
9 cpt_2 = TabularCPD(variable='网络使用率',
                     variable_card=2,                #variable 对应内生变量
                     values=[[0.2, 0.3 ],
                             [0.8, 0.7]],
                     evidence=['多任务标注'],          #evidence 对应外生变量
                       evidence_card=[2])
10 cpt_3 = TabularCPD(variable='交换故障',
                     variable_card=2,
                       values=[[0.2, 0.1, 0.1, 0.2],
                               [0.8, 0.9, 0.9, 0.8]],
                       evidence=['多任务标注', '网络使用率'],
                       evidence_card=[2, 2])
11 dDAG = bn.make_DAG(edges, CPD=[cpt_1,cpt_2,cpt_3])
12 print(bn.independence_test(dDAG, data1))        #检验假设关系是否成立
13
14 model_mle = bn.parameter_learning.fit(dDAG,
                                          data1,
                                          methodtype='bayes')
                                                   #计算后验概率
15 bn.plot(dDAG,node_color='#FF8C00',node_size=900)   #绘制贝叶斯网络图
```

　　假设路径与显著性检验如表 10-2-3 所示，由于使用了 1000 个样本[dataMC.head(1000)]，这个样本量下的显著性比较准确，可以以 0.05 为界值。统计检验 independence_test 的结果都不显著

（False），意味着以上的"先验概率+模型"假设并不合理。

表 10-2-3　假设路径与显著性检验

源　变　量	目　标　变　量	统　计　检　验	显　著　性	卡　　方
网络使用率	交换故障	False	0.447108	0.577972
多任务标注	交换故障	False	1.000000	0.000000
多任务标注	网络使用率	False	0.934394	0.006776

此处使用了统计检验，小数据场景下的统计量极易受样本量的影响。大数据会造成显著性不准确，或者以 0.05 为界值并不准确。因此，建议按显著性（p_value）的大小排序，取值越小表示该路径越重要，观察相对性即可。"网络使用率→交换故障"路径的显著性最小，该路径最可能满足假设。

贝叶斯网络结构如图 10-2-16 所示。

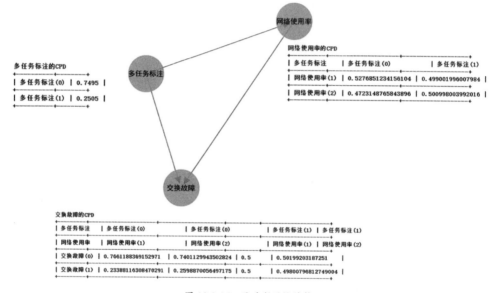

图 10-2-16　贝叶斯网络结构

"多任务标注→网络使用率"路径的检验不成立（显著性=0.9），从后验条件概率也能获得相似信息。较低的网络使用率（1）与较少的多任务标注（0）对应的条件概率约为 52.8%，网络使用率（1）与多任务标注（1）的条件概率约为 49.9%，两者相差较小，因此较多的多任务标注更容易导致较高的网络使用率，两者之间呈正相关，但是这种微弱的概率差异很可能是随机的或没有意义的。

"网络使用率→交换故障"路径相对来说可能存在意义，但"多任务标注→交换故障"路径完全没有统计意义，在解释交换故障的后验概率时需要删除多任务标注的影响。可以将（0.766+0.5）/2 近似为网络使用率（1）对交换故障（0）的影响，（0.234+0.5）/2 近似为网络使用率（1）对交换故障（1）的影响。

可见，上述分析都是出于验证的目的，这正是贝叶斯网络强调先验概率对模型修正的影响的原因，因此 bnlearn 库在实现相应功能上起到了非常重要的作用。

2）探索归因链

尽管贝叶斯网络的重点在于数据验证，但是在数据分析的初始阶段或者在分析高维复杂关系时，数据探索往往占据上风。尤其在大数据环境下，贝叶斯网络可以极大地缓解运算压力，不会产生指数级运算，再加上贝叶斯网络的可视化效果，因此其在数据探索和归因问题上具有不可替代的作用。

第 1 行代码的样本截取并不是为了节约时间，而是为了确保独立检验的显著性不会受到大数据的干扰，因为大数据会导致路径看起来很显著，但是实际上并非如此。第 2 行代码用于拟合贝叶斯模型（structure_learning[①]）。第 3 行代码是统计模型的独立性检验，会产生字典形式的数据文件，其中，独立性检验（independence_test）部分包括显著性对应的源变量和目标变量。第 7～13 行代码对显著性路径进行颜色标注，第 14 行代码的 plot 方法用于加载颜色格式及绘制贝叶斯网络图。

```
1  data1=dataMC.head(1000)
2  slDAG = bn.structure_learning.fit(data1,
                                      methodtype='cl')  #拟合模型
3  a=bn.independence_test(slDAG, data1)
4  test=a["independence_test"]
5  testTrue=test[test["stat_test"]==True]
6
7  edge_properties = bn.get_edge_properties(slDAG)
8  aSource=testTrue["source"].values.tolist()
9  bTarget=testTrue["target"].values.tolist()
10 for i,j in zip(aSource,bTarget):
11     edge_properties[i,j]['color']='#8A0707'
12
13 params_static={'arrowstyle':'->', 'arrowsize':30}
14 bn.plot(slDAG,
         edge_properties=edge_properties,
         params_static=params_static)
```

贝叶斯网络结构图如图 10-2-17 所示，通过搜索快速找到复杂关系中的路径和指向关系，尽管这种关系不一定是最精确的，但它平衡了速度和准确度。

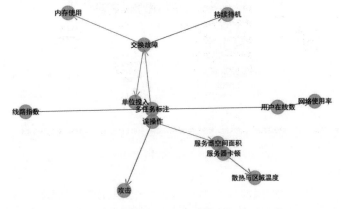

图 10-2-17　贝叶斯网络结构图

---

① 可以在 bnlearn 的官网中搜索 structure-learning-algorithms 了解相关内容。

对于双变量的路径关系，"交换故障→单位投入"路径具有条件概率的显著性意义，该路径也可以延伸为中介性质，如"误操作→交换故障→内存使用"，该路径是否成立会受到条件概率的约束，但最主要的确认依据是业务规则是否支持，或者是否意味着有价值的数据发现。

此处再次强调，当前使用的样本量是 1000，所以显著性的判断比较准确。如果使用全部样本，那么每条路径都是显著的，是没有意义的。

10.2.5　不平衡修正：平衡性抽样+模型集成

机器学习着眼于频率分析，而数据的平衡性对于模型而言往往至关重要，尤其对于因变量而言，若取值不平衡则需要平衡性修正，修正方法包括欠抽样（NearMiss）、过抽样（SMOTE）、综合抽样（SMOTE+Tomek Links）等数据处理方法，以及发展模型的弱集成学习。

通常而言，数据处理方法属于特征工程，服务于普通模型，而发展模型可以直接处理不平衡数据，不需要数据预清理。因为不平衡问题具有普遍性，所以软件包 imblearn、imbalanced-ensemble 等均提供平衡性修正功能。

如果着眼于实践，那么很容易发现不平衡问题往往是数据分析的诸多问题之一，因此需要可以同时缓解或消除多问题的方法，但数据处理方法无法胜任，往往需要借助特征工程技术，这恰巧是强集成学习及模型关系管理的基本思路。

1．多阶段模型关系管理

多阶段模型关系管理如图 10-2-18 所示，首先对多阶段模型进行局部说明，以各节点为单位阐述功能应用，同时介绍各节点间的协调关系，然后总结模型关系管理的必要性并进行场景说明。

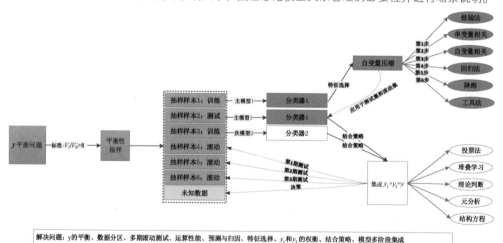

图 10-2-18　多阶段模型关系管理

1）y 平衡问题

因变量是监督的对象，因此因变量的取值不平衡会直接影响模型的稳定性和准确性，这对于机器学习而言是致命的，而实践中因变量的取值不平衡也并非小众问题，如安检违禁率、邮件丢失率等都小于千分之一，但如此小的概率并不是我们的参照标准。本节建议将因变量的最大取值与最小取值之比大于 4 的情况判断为不平衡，大于 8 的情况判断为严重不平衡。

2）平衡性抽样

解决不平衡问题的主要方法为数据处理方法和发展模型。两种方法均借助了抽样技术处理不平衡问题，后续的多阶段模型也综合了这两种方法。

3）抽样样本

将抽样样本拆分为 6 份，其中，因变量取值为 1 对应的样本量较少，因此这部分样本不进行任何抽样，直接使用所有样本。另外，取值为 0 对应的样本量较多，在此基础上进行 6 次独立的随机抽样，并将这 6 份样本分别与取值为 1 的样本合并，产生 6 份完整数据集。

获取完整数据集后，首先构建主模型，主模型是最终决策的参考依据，需要分区测试其平稳性和准确性。而次模型依附于主模型，可以略过分区甚至直接使用全体数据建模（无需担心数据污染问题），最终通过分类器集成的方式在滚动集中评估模型的优劣。

4）自变量压缩

自变量的筛选过程借助了 6 个步骤，这是 2.6 节阐述的特征筛选功能。这一步的主要目的是精简模型，可以将精简后的自变量用于测试集和后期的滚动测试，以减少后续模型的运算压力。

5）集成 $y_1 \times y_2 = y$

模型分类器的结合策略有多种备选方式，本节介绍了图 10-2-18 中的 5 种方式，可以阅读 9.2 节的集成学习：聚合策略，了解详细情况。

2．多阶段模型管理的优点

对因变量随机抽样的做法有些近似于欠抽样的数据处理方法，通过抽样产生 6 个性质近似相同的样本，一方面可以完成数据测试及多期滚动测试，另一方面可以解决不平衡问题。因为 6 个分组数据的样本量通常较小，因此可以保障分类器 1 在执行自变量压缩时的运算性能，也避免了后续模型重复进行特征筛选。

因为抽样样本 1 的自变量压缩避免了后续模型的重复运算，也消除了冗余特征的影响，因此分类器 1 选择的方法可以直接决定模型功能是归因还是预测。因为分类器 2 是次模型，作者认为无需分区测试，理由是强集成学习的稳健特征。单一模型的过拟合并不意味多模型的过拟合，多数场景无需重视这类问题。

最后根据场景使用结合策略，如果 3 期滚动测试的模型和业务判断均比较理想，那么强集成学习的稳定性和准确性也大概率是达标的。用于未知数据时，事先评估的业绩营收也比较可靠。

3．案例 5：不平衡修正：平衡性抽样+模型集成

不平衡修正的软件包较多，比较著名的是 imblearn 库，该库提供了多种模型，但正如 10.1.1 节机器学习与模型关系管理中阐述的内容，实际建模过程中不仅会遇到不平衡问题，而是要借助不平衡问题的解决方法处理其他不满足假设的统计问题，这也是本案例的初衷。

本案例使用的数据集为"残耗（分类）"和"能耗"。

当前数据的目标变量是污染标注，其取值 1 的比例为 3.2% 和 0 的比例为 96.8%，两者相差过大，因此首先按照因变量的取值对数据进行拆分（第 1、2 行代码），并且在污染标注取值为 0 的数据中进行随机采样（第 5 行代码，注意 random_state 的设置），然后将随机抽样的 6 份数据与污染标注取值为 1 的数据合并，这样就构成了 6 份具有完整监督的数据（第 8 ~ 13 行代码）。

```
1  residual_one=residual[residual['污染标注']==1]
2  residual_zero=residual[residual['污染标注']==0]
```

```
3
4  xdatas=[]
5  for t in range(6):
       xdata,_=train_test_split(
                       residual_zero.iloc[:,[*range(1,33)]],
                       train_size=0.05,
                       random_state=t)
       xdatas.append(xdata)
6  xdatas[0]
7
8  resid_1=residual_one.append(xdatas[0],sort=False)
9  resid_2=residual_one.append(xdatas[1],sort=False)
10 resid_3=residual_one.append(xdatas[2],sort=False)
11 resid_4=residual_one.append(xdatas[3],sort=False)
12 resid_5=residual_one.append(xdatas[4],sort=False)
13 resid_6=residual_one.append(xdatas[5],sort=False)
```

此处使用 missingpy 库分别对 6 份数据进行缺失值填补。使用 missingpy 而没有使用 sklearn.impute 进行填补并没有统计上的理由，只是使用习惯而已。其中，第 1~3 行代码是由于版本问题加入的修正项。第 6 行代码中随机森林的超参数设置参见 2.3.3 节的相关内容。第 9、10 行代码用于通过循环实现数据填补。

```
1  import sklearn.neighbors._base
2  import sys
3  sys.modules['sklearn.neighbors.base'] = sklearn.neighbors._base
4
5  from missingpy import MissForest
6  imput=MissForest(n_estimators=10,min_samples_leaf=40);
7
8  # ------填补数据1、2、3、4、5、6-----
9  resid_miss=[]
10 for i in [resid_1,resid_2,resid_3,resid_4,resid_5,resid_6]:
       resid_miss1=imput.fit_transform(i.iloc[:,[*range(1,33)]])
       resid_miss.append(resid_miss1)        # resid_miss[0],即数据集1

11 data1=pd.DataFrame(resid_miss[0],
                   columns=resid_1.iloc[:,[*range(1,33)]].columns)
```

由于数据文件中涉及的变量较多，因此首先选择第一份数据用于筛选变量，然后将筛选出的特征作为其他模型的默认特征。此处仍然使用递归特征消除法（RFE）框架和随机森林模型，筛选出最主要的 10 个变量。参考代码如下。

```
1 from sklearn.feature_selection import RFE
2 from sklearn.ensemble import RandomForestClassifier
3
```

```
4  x1,y1=data1.iloc[:,[*range(1,32)]],data1['污染标注']
5  rfr=RandomForestClassifier()
6  selector=RFE(rfr,n_features_to_select=10).fit(x1,y1)
                              #最主要的 10 个变量
7  data_select=pd.concat([data1['污染标注'],
                  x1[x1.columns[selector.get_support(
                                  indices=True)]]],
                  axis=1)
```

下面第 3 ~ 7 行代码是第二份数据构建的模型，其准确度可以达到 85%。第 9 ~ 13 行代码是第三份数据构建的模型，其准确度是 62%。可见，两个模型的准确度相差较大，意味着模型的稳定性较差。但要注意，稳定性差的模型并非不能使用，当前模型的准确度还是较高的，只是在具体实践中可能出现模型准确度和实际业绩相差较大的情况。

```
1  x_columns = [i for i in data_select.columns
                      if i not in ['污染标注']]
2
3  #-----------第二组数据：构建模型-------------
4  data2=pd.DataFrame(resid_miss[1],
                  columns=resid_2.iloc[:,[*range(1,33)]].columns)
5  x2,y2=data2[x_columns],data2['污染标注']
6  sgd2=SGDClassifier(loss='log',random_state=111).fit(x2,y2)
7  print(sgd2.score(x2,y2))
8
9  #-----------第三组数据：构建模型-------------
10 data3=pd.DataFrame(resid_miss[2],
                  columns=resid_3.iloc[:,[*range(1,33)]].columns)
11 x3,y3=data3[x_columns],data3['污染标注']
12 sgd3=SGDClassifier(loss='log',random_state=111).fit(x3,y3)
13 print(sgd3.score(x3,y3))
```

首先保存模型 3（第 2 行代码），便于后续重复调用模型（第 3 行代码）。考虑到需要使用所有数据，因此填补所有数据的缺失，调用模型进行预测，获得预测值（1 表示污染严重），这就是第一组模型（第 6 ~ 12 行代码），至此完成了污染标注的预测分析。获得预测值后，还要预测污染的投入成本，因此构建第二组模型进行成本预测（第 15 ~ 22 行代码）。

```
1  from joblib import dump, load
2  dump(sgd3, '……/sgd3 模型.joblib')          #保存模型 3
3  sgdP=load('……/sgd3 模型.joblib')           #加载模型 3
4
5  #------------------第一组模型及预测------------------------
6  residualAll=imput.fit_transform(residual.iloc[:,[*range(1,33)]])
                              #填补所有数据
7  residualMiss=pd.DataFrame(residualAll,
              columns=residual.iloc[:,[*range(1,33)]].columns)
```

```
8
9  residual_predict=sgdP.predict(residualMiss[x_columns])
                                          #预测所有数据
10 residual['预测值1']=pd.DataFrame(residual_predict)
11 data_residual1=residual[['编号','预测值1']]
12 data_residual
13
14 #------------------第二组模型及预测------------------------
15 from sklearn.linear_model import LinearRegression
16 energy_x,energy_y=energy.iloc[:,[*range(2,8)]],energy.iloc[:,1]
17 ols=LinearRegression().fit(energy_x,energy_y)
18 ols.score(energy_x,energy_y)
19 energy_predict=ols.predict(energy_x)
20
21 energy['预测值2']=pd.DataFrame(energy_predict)
22 data_energy2=energy[['编号','预测值2']]
```

将污染的预测值和成本的预测值通过相乘的方式进行整合，获得最终的评分，并对评分进行降序处理，取值越大表示越有必要进行业务干预。例如，8997 行的预测值 1 与预测值 2 相乘约为 3.05（1×3.05=3.05），其中，1 表示污染超标，3.05 表示成本（原始数据进行了反向变换）。参考代码如下。

```
#y₁×y₂=评分
1 data_residual['评分']=data_residual1['预测值1']×
                                          data_energy2['预测值2']
2 data_residual[['编号','评分']]
```

输出结果整合如图 10-2-19 所示。

	编号	预测值1			编号	预测值2			编号	评分
0	GA#C0001	0.0		0	GA#C0001	0.038951		0	GA#C0001	0.000000
1	GA#C0002	0.0		1	GA#C0002	3.592448		1	GA#C0002	0.000000
2	GA#C0003	0.0		2	GA#C0003	2.716703		2	GA#C0003	0.000000
3	GA#C0004	0.0		3	GA#C0004	2.592352		3	GA#C0004	0.000000
4	GA#C0005	0.0		4	GA#C0005	2.794405		4	GA#C0005	0.000000
...	...	...	×	...	...	...	=	...	...	...
8995	GG#T1022	0.0		8995	GG#T1022	3.002486		8995	GG#T1022	0.000000
8996	GG#T1023	0.0		8996	GG#T1023	2.995768		8996	GG#T1023	0.000000
8997	GG#T1024	1.0		8997	GG#T1024	3.046616		8997	GG#T1024	3.046616
8998	GG#T1025	0.0		8998	GG#T1025	3.053671		8998	GG#T1025	0.000000
8999	GG#T1026	1.0		8999	GG#T1026	3.051582		8999	GG#T1026	3.051582
9000 行 × 2 列				9000 行 × 2 列				9000 行 × 2 列		

图 10-2-19　输出结果整合

10.2.6　数据源：问卷+数据库

数据挖掘的数据主要来自数据库，爬虫数据、商业数据库、问卷数据、实验数据等也是主要的数据源。不同数据源的应用目的不尽相同，如问卷数据与数据库的配合是为了弥补数据库在归因问题上的缺陷。

1. 数据源的存储形式

数据源的存储形式如图 10-2-20 所示，下面将从四个方面分别阐述在实践中常见数据源组合及数据处理方法。

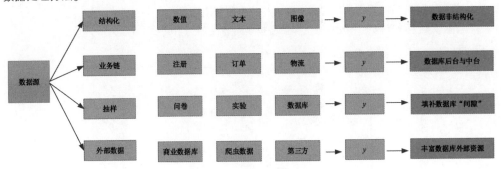

图 10-2-20 数据源的存储形式

1）数据源——结构化

鉴于存储成本，早期数据库存储的数据多为结构化数据，但非结构化数据可以极大丰富结构化数据在数据挖掘中的应用。如果分析是以结构化数据为主、非结构化数据为辅的，那么建议使用机器学习技术。同时，由于数据源存在巨大差异，需要针对不同数据源构建不同模型，并通过结合模型的方式获得最终决策依据。

2）数据源——业务链

数据库采集数据的初期倾向于从业务流程的角度存储数据，但随着业务的进一步发展，以人或物为中心的数据中台产生，进一步增加了数据间的区组效应和簇层现象。

关系型数据库初期的重点是以业务流程为节点定义数据表，这些表格会随业务需求的变化进一步形成以客户为中心的高一层的数据表。数据源被天然分割后产生同层间的区组效应和异层间的簇层现象。因此，在构建模型时并不建议将这些数据混合，需要以数据层和区组为单位进行细分，即分别构建强集成学习并结合输出结果。

3）数据源——抽样

数据库采集数据时并不知晓哪些数据真正有效，也不可能存储所有数据，因此业务链上的所有数据都可能是数据挖掘的对象。无论业务痛点是什么，都只能在该业务链上寻找影响因素，也可以更新数据采集的范围，但这个过程短则需要半年，长则需要数年，问卷技术恰好可以满足这类需求，用于归因分析。

问卷是一种抽样和提问的艺术，问卷调查对象具有灵活性，而且问卷数据的质量通常高于数据库。此处的问卷其实是一种典型场景，还有一种抽样加设计的场景为实验室，也有类似的功能。如果业务环境允许，有成熟的实验设计方案甚至是实验仪器，那么相较于问卷数据，实验数据的质量更高。

后面的案例将从如何协调问卷和数据库的角度阐述半监督模型的应用。

4）数据源——外部数据

因为外部数据和本公司数据天然存在孤岛现象，所以分别建模是必然的。

综上所述，由于数据源的存储形式受制于诸多因素，如业务需求、数据质量、存储成本等，因此组间效应愈发明显，数据细分的工作几乎成为数据挖掘的标配。通过不断分组、分别建模，构建强集成学习实现数据集成。除了上述非结构化数据的分析模式外，大多数场景都需要借助机器学习技术，尤其是强集成学习模式。

2. 多阶段模型关系管理

下面将介绍"问卷+数据库"的分析模式——半监督模型。

半监督模型主要有以下三条假设，半监督模型示意图如图 10-2-21 所示。

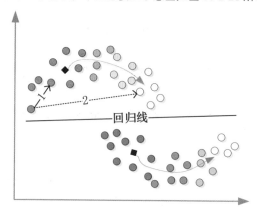

图 10-2-21　半监督模型示意图

（1）连续性：近邻点的标签权重分配。

（2）聚类假设：组内的标签相同。

（3）流形假设：规则形状假设。

如果提前获得了一份有监督的完整样本，那么为什么不直接对未知因变量进行预测呢？因为这样可以充分利用自变量的信息。

半监督模型可以充分利用数据的分布、形状、分组效应来建模，进而增加预测准确度。例如，黄色点和绿色点可以充分利用全部样本，将相似的数据信息传播到近邻点（颜色较浅的点），越向外传播，理论上准确度越低。但因为实践中很少需要全部样本的营销，确定性的那部分样本（颜色较深的点）才是重点。需要注意的是，如果上述假设不存在，那么半监督模型与直接预测的结果几乎等价（不考虑运算性能）。

半监督模型的 L2 正则化最小二乘可以表示为

$$J(\beta) = \frac{1}{2}\sum_{i=1}^{n}(y_i - X'\beta)^2 + \lambda\frac{1}{2}\sum_{i=1}^{n}(\beta_i)^2 + \delta\frac{1}{4}\sum_{i,i'=1}^{n+n'}W_{i,i'}(X\beta - X'\beta)^2 \qquad (10\text{-}2\text{-}8)$$

公式由三部分组成，第一项和第二项构造了整体回归线（或回归面），用于数据分类。第三项拉普拉斯正则化项让模型沿着样本的流形状态进行学习。

1）正则化参数 δ

正则化参数 $\delta \geq 0$，也是平滑参数。若取值为 0，则消除拉普拉斯正则化项；若取值大于 0，则表示近邻点的平滑程度加强。

2）近邻连接矩阵 $W_{i,i'}$

近邻连接矩阵 $W_{i,i'}$ 分别对应近邻点 i 和 i' 是否存在连接，也可以度量相似性。

3）拉普拉斯正则化误差项

误差项 $X\beta - X'\beta$ 表示近邻点距离产生的误差项，表示相距很远的点之间不会产生连接。

例如，一家电商公司的铜卡用户的占比高达 90%，VIP 用户的占比却不足 0.1%。此时，希望获得铜卡用户中是否存在用户可以直接达到 VIP 的跨级消费，并根据单件价格超过 5000 元的定义标准选取一批大宗商品。此次营销希望从铜卡用户中预测能产生购买行为的用户群，但是如果直接对 90% 的用户进行营销，那么据以往经验，成本高，风险大，并且效果不显著。于是，希望通过问卷的形式对精选用户进行调查，获得购买意愿。

半监督模型的运算示意图如图 10-2-22 所示，半监督模型运算中的自变量对应的数据集（黄色和绿色）表示铜卡用户特征，包括人口特征、行为特征等，因变量对应购买意愿调查（问卷调查部分），其中，绿色数据集用于测试。

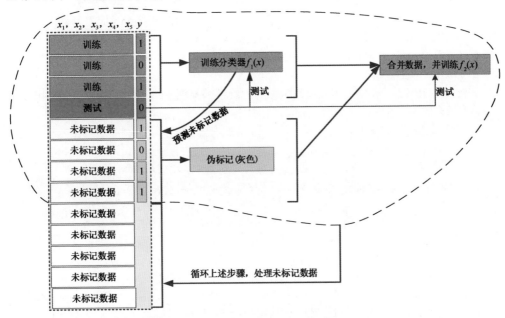

图 10-2-22　半监督模型的运算示意图

通过训练集训练分类器 $f_1(x)$ 可以使用半监督算法的传播模型，也可以使用自定义模型 SVM，并使用绿色数据集评估模型。如果模型评估尚可，那么可以用未标记数据进行预测，并将准确度高的样本（概率大于 0.75）打上伪标记（灰色）的标签。重复以上步骤，直至所有样本标记完成（或近似全部完成）。

3. 类方法及功能

半监督模型方法如表 10-2-4 所示，Sklearn 提供半监督模型的三种方法包括标签传播、标签蔓延和自定义分类器。从实践的角度来看，使用频率最高的标签蔓延法具有更强的稳健性和超参数灵活性。其次是自定义分类器，SVM 主要用于影响特征较多的情况。

表 10-2-4　半监督模型方法

软件包与方法	模型特征
Sklearn. LabelPropagation	标签传播：分类任务、硬夹持 a=0、核函数（RBF 准确度、KNN 性能）
Sklearn. LabelSpreading	标签蔓延：分类任务、异常值稳健（正则化）、软夹持 a 的取值范围为[0,1]、核函数（RBF 准确度、KNN 性能）
Sklearn. SelfTrainingClassifier	自定义分类器：SVM（base_estimator）应用

4. 案例 6：数据源：问卷+数据库

以问卷和专家访谈的方式收集了 426 行、21 列的"自闭倾向"数据集。

自闭倾向 y 是半监督模型中的因变量，其中，1 表示有自闭倾向，0 表示没有自闭倾向，−1 表示需要预测的评分（注意：−1 是半监督模型的格式要求）。在数据集中还有一个"监督"变量，这个变量是不可知变量，退回到过去 5 年，"监督"变量是无法获取的，因此"监督"变量的后期评估是一种伪评估。这份数据还包括 19 列特征，如人口特征、学业指标、关系指标等。

这份问卷调查的数据[①]，主要用于确定儿童的自闭倾向，目前已确定 55 名儿童具有自闭倾向，113 名儿童没有自闭倾向，还有 258 名儿童是否具有自闭倾向并不知晓。55 名具有自闭倾向的儿童需要领域专家的确认，成本问题凸显，为了控制成本，接下来将借助模型（即半监督模型），预测剩余 258 名儿童的自闭倾向。

下面第 1 行代码用于建模后对整体数据进行预测，获得概率评分。第 2、3 行代码分别用于分区载入和数据分区。

```
1 SemiX=dataSC.iloc[:,3:22]
2 from sklearn.model_selection import train_test_split,
                                cross_val_score
3 trainSemiX,testSemiX,trainSemiY,testSemiY=train_test_split(
                                dataSC.iloc[:,3:22],
                                dataSC['自闭倾向 y'],
                                test_size=0.1,
                                random_state=123)
```

目前使用半监督模型的自定义分类器，并选择 SVM 作为基础分类器。选择 SVM 的理由主要是数据量不足，并且数据的列数较多，SVM 可以提高模型的准确度，因此下面第 8 行代码设置了更大范围的超参数筛选。可见，筛选范围的扩大会导致运算量的增加，所以第 5、6 行代码设置了超参数筛选的随机化功能（HalvingRandomSearchCV）。调用 best_estimator_ 处理后的模型为 SVC(C=100,cache_size=381,degree=5, kernel='poly',probability=True,random_state=123)，其准确度为 58.1%。设置 probability=True 是后文获取预测概率的基础，否则二分类的预测（是或否）无法满足当前需求。

```
1 #---------------SVM 超参数搜索---------------------
2 from sklearn.semi_supervised import SelfTrainingClassifier
                                #半监督模型的自定义分类器
3 from sklearn.svm import SVC            #SVM 分类器
```

① 数据脱敏后经过项目方同意后使用，但数据分析结论尚不可用于任何形式的医学鉴定。

```
4  from sklearn.experimental import enable_halving_search_cv
                                              #实验阶段
5  from sklearn.model_selection import HalvingRandomSearchCV
                                              #搜索功能
6  from scipy.stats import randint           #随机化功能
7
8  parameters={'kernel':['poly','rbf','sigmoid'], #核函数
9          'C':randint(1,1000),             #搜索范围
10         'degree':[1,2,3,4,5,6,7,8],
11         'cache_size':randint(1,1000)
12         }
13 HR_search=HalvingRandomSearchCV(SVC(probability=True,
                                       random_state=123),
                                   parameters,
                                       verbose=1,
                                       random_state=123)
14 HR_search.fit(trainSemiX,trainSemiY)
15 print("测试得分: %s" %HR_search.score(testSemiX,testSemiY))
16 print("最优系数: %s" %HR_search.best_estimator_)
```

调用最优模型，将其视为自训练的基础分类器，其中，超参数（第 3 行代码）用于设置每轮迭代后更新伪标签的数量。该参数与模型准确度和数据量息息相关，并且在多数场景中为正相关。至于具体设置，则需要借助网格搜索，本书将该超参数设为 10。至此，半监督模型的准确度（第 5 行代码）下降为 34.8%，这属于正常现象，归因于多模型的纵向组合。

可见，相较于 SVM 的准确度，半监督模型的准确度有所下降。感兴趣的读者可以进一步结合正确率、f_1 指标、ROC 等多指标综合评估，结论是相似的，只是侧重点不同而已。

```
1  HRmodel=HR_search.best_estimator_              #调用最优系数构建模型
2
3  Straining = SelfTrainingClassifier(HRmodel,
                                       criterion='k_best',
                                       k_best=10)   #半监督模型
4  Straining.fit(trainSemiX,trainSemiY)
5  print(Straining.score(testSemiX,testSemiY))
6
7  #----监督是不可知变量-----
8  from sklearn.metrics import classification_report
9  dataSC["ypred"]=pd.DataFrame(Straining.predict(SemiX))
10 print(classification_report(dataSC["监督"],
                                dataSC["ypred"],
                                target_names=['非自闭','自闭']))
```

经过综合评估后，实际结果是可以接受的。模型自然无法与专家评估相提并论，但模型的主要价值是找到剩余儿童中（对应取值为-1）哪些儿童更有可能出现自闭倾向，为预防性干预做准备，

所以只需要保存结果（第 1 行代码），将原来取值为-1 并且预测概率最大的儿童筛选出来（第 2 行代码），进行重点观察，施以辅助性干预措施即可。

```
1 dataSC[['y0','y1']]=pd.DataFrame(Straining.predict_proba(SemiX))
2 dataSC[dataSC['自闭倾向 y']==-1]['y1']\
                             .sort_values(ascending=False)[0:20]
```

半监督模型的预测输出中可以看到编号为 344 的儿童有自闭倾向的概率非常高。观察原始数据，该儿童是"女生"，不是"独生子女"，也不是"单亲家庭"等特征为辅助性干预提供了必要的信息基础。

为什么该个案的自闭倾向会这么高？个案归因性解释可以回答这类问题——LIME 和 XGBoost（pred_contribs=True）。LIME 用于个案的局部归因解释（侧重行），而 XGBoost 用于个案的特征重要性解释（侧重列），这是两个角度的归因。在个案解释时这两类模型是必要的，模型中的特征决定了如何展开预防性干预措施及相关措施是否能够应用于实践。

第 11 章　深度学习模型：混合专家

强集成学习实现了模型间的纵向协整功能，如果一种模型能够垂直协调不同模型，并可以有效缓解数据分析问题，那么该模型一定会成为强集成学习中的"明星"方法。与此相对的是弱集成学习与混合专家，这两类模型有些类似。相较于纵向协整，弱集成学习强调对弱分类器的横向整合，并且整合是单层的，而混合专家实际上是一种多层级关系的整合。

集成学习分类如表 11-1-1 所示，强集成学习与弱集成学习属于端对端训练。端对端训练是指每个子分类器可以独立训练，并且可以有自己的目标函数或损失函数，容易产生局部问题，但端对端模型是指将所有的子分类器集成为一个大的模型，强调模型的整体效果。

（1）强集成学习与弱集成学习和混合专家为纵向与横向的关系。

（2）强集成学习和弱集成学习与混合专家为端对端训练与端对端模型的关系。

表 11-1-1　集成学习分类

集 成 学 习	模 型 特 征	应 用 特 征
弱集成学习	端对端训练 （End-to-end Training）	弱分类器选择→集成算法→结合策略
强集成学习	端对端训练 （End-to-end Training）	特征工程→强分类器→多阶段模型关系管理
混合专家	端对端模型 （End-to-end Models）	神经网络→网络结构设计→GPU 加速
共同特征：分类器选择→模型关系管理→监督输出		

深度学习应用及方法如表 11-1-2 所示，从应用者的角度来看，弱集成学习的重点是弱分类器与集成算法的选择，强集成学习的重点在于特征工程的数据管理与多阶段模型关系管理，而混合专家强调复杂网络结构的设计与运算加速问题。模型探讨的内容对应不同的模型功能，尤其是混合专家（或深度学习）模型，可以有效地应对数值、图像和自然语言处理问题，但实际上，图像处理和自然语言才是混合专家的主要应用方向。针对数值问题，机器学习已足以应对，不需要使用混合专家，从混合专家的典型特征中可以一窥究竟。

表 11-1-2　深度学习应用及方法

深 度 学 习	应 用 场 景	典型特征及代码
全连接神经网络	数值	感知器→多层感知器→全连接神经网络 from keras import Sequential from keras.layers import Dense

续表

深度学习	应用场景	典型特征及代码
卷积神经网络	图像	卷积核→卷积网络→1 维、2 维、3 维 from keras import Sequential from keras.layers import Conv1D,Conv2D, Conv3D
循环神经网络	自然语言	概率语言→循环网络→记忆网络 from keras import Sequential from keras.layers import SimpleRNN,LSTM
共同特征：数据"粉碎机"→层级抽象主题→监督输出		

注：下面深度学习的代码均以 keras 为主。

下面将从三种典型神经网络开始阐述不同种类的神经网络算法的典型应用和应用实操。

11.1 全连接神经网络：数值分析

传统机器学习的强项是数值分析，而深度学习的全连接网络也用于数值分析，但两者之间存在巨大的应用鸿沟。传统机器学习采用分而自制的方式，可以建立自己的监督目标或误差，有利于对局部数据进行分段操作，如衍生特征、标签库建设、复杂归因等。而深度学习是一种端对端的模型技术，很难处理上述问题，但优势在于加速运算（GPU、分布式、多线程）、模型持久化、实时预测等。

11.1.1 全连接神经网络规则

全连接神经网络来自多层感知器，前者属于深层网络结构，侧重网络结构设计；后者属于浅层结构，强调特征工程技术的辅助。当隐含层数大于 2 时，习惯称之为深度学习。

针对一般的数值分析问题，多层感知器或机器学习模型足以应付，无需深度网络的参与，否则可能适得其反。深度网络的结构设计极为专业，甚至绝大多数场景都依靠于数据分析师的直觉和大量试误。网络层数通常设置为五至数十，主要用于处理复杂的超高维数据问题。

全连接网络结构如图 11-1-1 所示，全连接神经网络的特点是层与层之间相互连接，相邻层的神经元需要全部连接，这也是全连接之意，但同层单元之间不产生连接，这种特点与循环神经网络等模型存在显著差异。另外，数据从左侧流向右侧会经过多条路径，而且路径间的数值通过乘法运算传递下去，即采用"同层加法异层相乘"的方式传递数据，这就是前向传播技术。

全连接神经网络也因此具有区别于多层感知器的显著特点：

（1）全连接神经网络的隐含层数大于 2，而且单元数逐层减少。

（2）全连接神经网络设计的指导思想是加深网络结构，意味着更少超参数的高效运行。深度网络还能学习数据更复杂的高级模式。

（3）全连接神经网络采用 relu 函数作为核心激活函数。

（4）全连接神经网络需要高性能的运算加速技术，否则极容易出现速度灾难问题。

（5）全连接神经网络适用于超高维的结构化数据，而普通的结构化数据通常使用浅层神经网络。

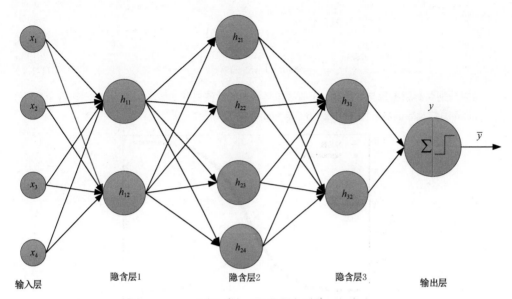

图 11-1-1　全连接网络结构

除此之外，大部分全连接神经网络的基础技术可以参阅 5.2 节，如基本概念、网络结构理解、前向传播、反向传播等。尤其是反向传播技术，这是深度学习的算法基础，也是难以理解的部分。

由此可见，全连接神经网络的核心问题是隐含层数的增加，基于此才衍生出区别于多层感知器的各种特点。而异层相乘的直接后果是超长路径系数相乘后的数值爆炸和数值消失现象——若数值都偏大，如大于 1，则会导致数值呈指数级增加；若数值均偏小，如小于 1，则会导致数值呈指数级减少。神经网络更加关注梯度问题，因此将数值换为梯度就是梯度爆炸和梯度消失现象。

那么为什么梯度会剧烈变化呢？

11.1.2　梯度爆炸与梯度消失

如果神经网络的梯度在传递过程中衰减，那么神经网络的权重更新也将大幅减弱，即神经网络在持续运行，但权重系数的更新极为缓慢甚至停止。相反，如果信息传递的过程中梯度增强，那么会导致数值呈指数级膨胀。计算机的数值必须控制在有限数据宽度内，针对超出有限数据宽度的数值，Python 会以溢出现象加以处理（nan 或 inf），势必会导致神经网络无法运算。

在神经网络分析中，单层神经网络（如感知器模型）的激活函数往往为 sigmoid 函数，浅层神经网络（如多层感知器）则习惯使用 tanh 函数，而深层神经网络（如全连接网络）建议使用 relu 函数。下面将以 sigmoid 函数、tanh 函数、softmax 函数为例说明在指数 e 变换后产生的梯度爆炸和梯度消失现象。

sigmoid 函数与 tanh 函数可以表示为

$$S(x)_{\text{sigmoid}} = \frac{1}{1+e^{-x}} \tag{11-1-1}$$

$$S(x)_{\text{tanh}} = \frac{e^{x}-e^{-x}}{e^{x}+e^{-x}} \tag{11-1-2}$$

对原函数求导后表示为

$$\frac{\partial S(x)_{\text{sigmoid}}}{\partial x} = S(x)\big(1 - S(x)\big) \qquad\qquad (11\text{-}1\text{-}3)$$

$$\frac{\partial S(x)_{\text{tanh}}}{\partial x} = \big(1 - S(x)^2\big) \qquad\qquad (11\text{-}1\text{-}4)$$

可以分别绘制原函数与导函数，S 曲线与导函数的数值变化如图 11-1-2 所示，图 11-1-2（a）是 sigmoid 函数及导函数，图 11-1-2（b）是 tanh 函数及导函数。

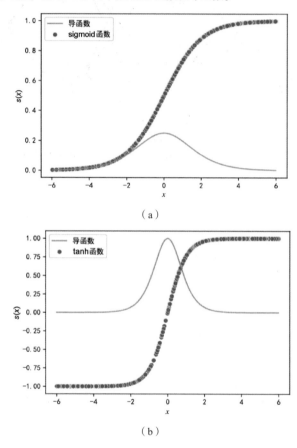

（a）

（b）

图 11-1-2　S 曲线与导函数的数值变化

图 11-1-2（a）中 x 的取值范围为[-6, 6]（取值范围可以任意），对应原函数 $S(x)$ 的取值范围为[0, 1]。可见，x 的取值在 0 附近时对应着 S 曲线的上、下端拐点，此时导函数取值相对较大。当 x 的取值向两端延伸时，$S(x)$ 的取值逐渐趋于更小的值，导函数无限变小，从而在连续相乘的关系中导致梯度急剧变化。

图 11-1-2（b）与此类似，不再赘述。

解决这类数值问题的最主要方法是使用 relu 函数：

$$S(x)_{\text{relu}} = \begin{cases} x & (x > 0) \\ 0 & (x \leqslant 0) \end{cases} \qquad\qquad (11\text{-}1\text{-}5)$$

其导函数可以表示为

$$\frac{\partial S(x)_{\text{relu}}}{\partial x} = \begin{cases} 1 & (x > 0) \\ 0 & (x \leqslant 0) \end{cases} \tag{11-1-6}$$

结合 relu 函数图形（见图 11-1-3）可以发现，小于 0 的区域，通过导函数可以消除信息传递。其实在深度学习中，这是引入随机性产生的抑制作用。而另一侧大于 0 的区域实际上是将原信息原封不动地传递下去，这样可以一并解决梯度爆炸和梯度消失问题。

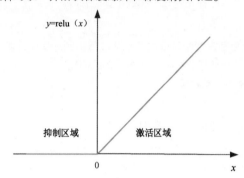

图 11-1-3　relu 函数

此外，除了隐含层的 sigmoid 函数和 tanh 函数外，在输出层还经常使用 softmax 函数。它也借助了 e 变换实现数据的 0 至 1 的约束，可以表示为

$$\hat{y}_j = \frac{\exp(C_j)}{\sum_i \exp(C_i)} \tag{11-1-7 a}$$

$$= \frac{\lambda \exp(C_j)}{\lambda \sum_i \exp(C_i)} \tag{11-1-7 b}$$

$$= \frac{\exp(C_j + \log\lambda)}{\sum_i \exp(C_i + \log\lambda)} \tag{11-1-7 c}$$

式中，C_j 表示因变量的第 j 个取值。softmax 函数加或减一个常数（$\log\lambda$）并不影响运算结果，因此在没有加入修正因子 λ 之前，$\exp(C_i)$ 也容易导致数值膨胀而无法计算，所以建议 λ 取 C 的最大值并执行相减，这样既可以缓解数值膨胀问题，又不影响模型的概率转换，这就是梯度爆炸与梯度消失的应对方法。

softmax 函数依然应用于输出层，并使用 relu 函数代替 sigmoid 函数应用于隐含层。为了应对梯度爆炸和梯度消失带来的过拟合和信息流失问题，深度学习经常使用以下技术来缓解或消除梯度传递问题。

（1）通过"自编码器+更浅的网络结构"设计抑制梯度爆炸与梯度消失。

（2）使用门限约束的梯度裁剪方法抑制梯度爆炸。

（3）使用正则化约束抑制梯度爆炸与梯度消失。

（4）使用层标准化（Batch Normalization）技术抑制梯度爆炸与梯度消失。

（5）使用随机化方法（随机初始权重、随机删除路径）抑制梯度爆炸与梯度消失。

综上所述，全连接神经网络作为一种模型可以灵活调用 sigmoid、tanh、relu、softmax 等函数实现数值激活，而作为一种算法也可以灵活地应用于不同网络结构中，如适用于半结构化数据的卷积网络等。

11.1.3 全连接层：正则化

前面的机器学习中已经提到了正则化的 L1 和 L2 方法，这是参数正则化方法，是比较经典的正则化方法。正则化还可以分为经验正则化、参数正则化和隐式正则化三种方法。

1. 经验正则化

比较常见的经验化功能包括深度学习中的随机化及随机删除功能、多项式线性模型中的正则线性模型功能、贝叶斯回归的先验条件约束功能等，以经验化模型约束为主要特征。

使用 keras 深度学习的随机删除功能，代码如下。

```
tf.keras.layers.Dropout(rate=0.5)
```

其中，tf 表示 TensorFlow，随机删除的比例为 50%。

2. 参数正则化

机器学习和深度学习都经常使用 L1 和 L2 方法对模型进行正则化约束。除此之外，还有信息准则，如 AIC、BIC 等的参数约束功能。详情请见 4.2.2 节和 10.2.6 节的相关内容。

使用 keras 的深度学习参考代码如下。

```
1 keras.regularizers.l1(0.01)                      # L1 方法
2 keras.regularizers.l2(0.03)                      # L2 方法
3 keras.regularizers.l1_l2(l1=0.06, l2=0.01)       # 同时使用做 L1 和 L2 方法
```

3. 隐式正则化

keras 深度学习中的特征增强技术属于隐式正则化的范畴，如 preprocessing.image 中的图像增强技术。

```
1 ImageDataGenerator(featurewise_center=True,
                     featurewise_std_normalization=True,
                     rotation_range=20)            #图像旋转角度
```

11.1.4 构建全连接神经网络

下面第 1、2 行代码用于载入 TensorFlow 中的 keras 功能。第 8 行代码用于添加贯序模型，在此基础上可以构建输入层（第 9 行代码）、隐含层（第 10、11 行代码）和输出层（第 12 行代码）。构建网络后，可以通过 summary 功能查看全连接神经网络的输出。另外，模型需要编译和训练（第 16、17 行代码），才能进行最终评估（第 18 行代码）。

```
1 from tensorflow import keras
2 from tensorflow.keras import layers
3 from sklearn.model_selection import train_test_split
4
5 xtrian,xtest,ytrian,ytest=train_test_split(data_mbd.iloc[:,1:13],
                                           data_mbd.iloc[:,13],
```

```
                                            test_size=0.2,
                                            random_state=123)
6  xtrian.shape
7
8  model = keras.Sequential()                    #加入贯序模型
9  model.add(keras.Input(shape=(12,)))           #第 1 层中需要包括输入层
10 model.add(layers.Dense(128, activation="relu"))
                                      #第 2 层是隐含层，包括 256 个单元，激活函数是 relu
11 model.add(layers.Dense(64, activation="relu"))     #第 3 层是隐含层
12 model.add(layers.Dense(1, activation="sigmoid"))   #第 4 层是输出层
13 print('\033[1m')
14 model.summary()
15
16 model.compile(optimizer="rmsprop",
                 loss='binary_crossentropy',
                 metrics=['accuracy'])              #编译模型
17 print('\033[1m',model.fit(x=xtrian,y=ytrian,batch_size=32))
                                                    #训练模型
18 print('\033[1m',
        '准确度=',
        model.evaluate(x=xtest,y=ytest,batch_size=32))  #评估模型
```

全连接神经网络的输出如图 11-1-4 所示，模型的 summary 功能提供网络结构的具体设计，在复杂的深层网络中非常有用，可以清楚地看到模型构建细节。上面的网络结构层数并不算复杂，但是仍需要估计 9985 个参数，经过短暂运行之后，模型的最终准确度约为 80.5%。

```
Model: "sequential_15"

Layer (type)              Output Shape          Param #
=================================================================
dense_45 (Dense)          (None, 128)           1664

dense_46 (Dense)          (None, 64)            8256

dense_47 (Dense)          (None, 1)             65

=================================================================
Total params: 9,985
Trainable params: 9,985
Non-trainable params: 0

1500/1500 [==============================] - 2s 1ms/step - loss: nan - accuracy: 0.8015
<keras.callbacks.History object at 0x000001E20A9F2CA0>
375/375 [==============================] - 1s 1ms/step - loss: nan - accuracy: 0.8055
准确度= [nan, 0.8054999709129333]
```

图 11-1-4　全连接神经网络的输出

11.2　卷积神经网络：图像识别

区别于全连接神经网络，卷积神经网络更擅长半结构化数据的特征学习，如果使用全连接网络

处理面部图像，那么需要将图像像素平铺成一维数据，但容易破坏图像的多维性（三维，即高、宽、通道），如局部特征损坏等，而卷积网络允许图像保持原始的输入特征，这在非结构化数据学习中非常重要，因此图像（二维或三维）、视频（三维或四维）、文本序列（一维）、时间序列（一维）等数据都可以使用卷积神经网络进行学习。

卷积神经网络示意图如图 11-2-1 所示。

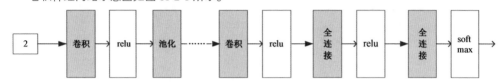

图 11-2-1　卷积神经网络示意图

第一步为卷积、激活、池化。

假设图片"2"[①]是三维（高，宽，通道）的，原始图片以多维数据的方式对应卷积神经网络的输入层[input_shape=(4,4,3)，其中，两个 4 对应高和宽，3 是通道数，如 RGB。卷积神经网络仍然使用 relu 函数，并且通过池化效应（本质上是标准化效应），提取或表征图片的典型特征，并且卷积层可以灵活构建卷积结构，设计不同种类的网络结构。

第二步为卷积、激活。

这一步没有池化作用，一般只构建一层，负责主题概念的提取。

第三步为全连接、激活。

卷积层相当于执行了非结构主题的结构化转换，并通过全连接层将结构化数据的复杂信息准确传递下去。全连接层的复杂度需要根据结构化主题进行设计。

第四步为全连接、激活。

上一个全连接层 x 对应下一个全连接层 y，负责连接监督指标。输出层的取值个数是任意的，并通过 softmax 函数约束为概率输出。

11.2.1　卷积层：核运算

下面将从一维、二维、三维来介绍卷积神经网络模型，并从最经典的二维卷积神经网络入手，逐步拓展对一维和三维卷积神经网络的理解。在重点介绍二维卷积网络的同时，还将讨论卷积运算和卷积核的数学理解。

1. 二维卷积网络

以图片"2"为例，二维卷积网络结构如图 11-2-2 所示，图中的数值是通过库 scipy 中的 signal.convolve2d 及超参数 mode='valid',boundary='symm'计算的。

---

① 像素组成的形状是"2"。

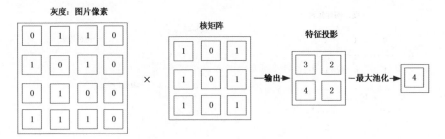

图 11-2-2　二维卷积网络结构

首先，将图片数据转化为灰度图片，也就是三维图片压缩为二维图片，但此处需要注意深度学习可以直接利用原始数据的多维性。灰色图片的像素大幅减少，使卷积网络的输入层节点与每个像素一一对应。

然后，核矩阵的作用包括图片权重和图片相似度两个方面。例如，能否成功提取图片的主要特征是由相似性功能提供的，图片权重由核矩阵表达，原始图片与核矩阵通过相乘的方式完成卷积运算。如果原始图片与核矩阵的维度完全相同，那么直接进行内积运算即可，但通常原始图片的矩阵非常庞大，远远大于核矩阵，因此需要卷积运算。

最后，特征投影表示通过卷积运算后从转换图片中提取明显特征，特征投影的取值越大表示提取的特征越明显。池化作用是指提取特征投影的最大取值（最大池化），取值越大表示提取的特征越明显。

2. 二维卷积运算

二维卷积运算如图 11-2-3 所示，原始图片是巨大的像素矩阵，但卷积核非常小，常见于 2×2、3×3 等形式的有限矩阵。为了满足矩阵的乘法运算规则，需要对像素矩阵做相应的切片处理。例如，首先将 3×3 像素矩阵与 3×3 卷积核相乘，然后切片通过滑动的方式完成逐步卷积过程。切片在像素矩阵中滑动四次就可以完成全部卷积运算。

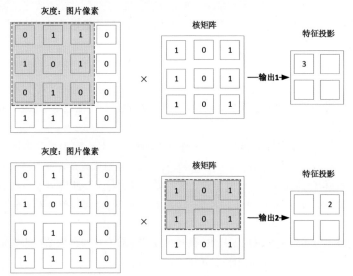

图 11-2-3　二维卷积运算

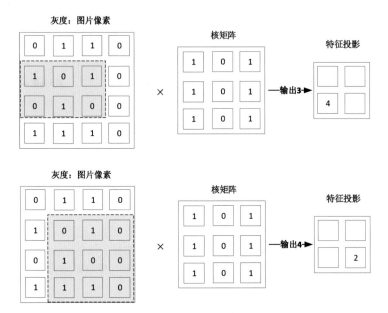

图 11-2-3 二维卷积运算（续）

矩阵的运算过程中可能会碰到两类问题：一是运算无法取整，二是卷积神经网络的层数较多，多次运算后产生的特征映射矩阵会逐渐变小。这两类问题都可以通过矩阵扩容或者填充技术处理。填充技术实际上就是在像素矩阵的周围填充零，使矩阵变大，既可以缓解矩阵运算中的行、列问题，也可以对矩阵进行扩容，避免特征矩阵变得越来越小。

图片的像素矩阵与核矩阵相乘计算出第一个数值"3"，这相当于用核矩阵的形状"11"去学习图片"2"的局部特征，而这个像素矩阵需要移动四次，所以存在四个局部，即核矩阵的形状"11"在像素矩阵"身上"学了四次，学习的结果分别为"3"、"2"、"4"、"2"，代表了矩阵相乘的四个相似度数值。如果进一步取其中的最大值"4"（最大池化），那么表示第三次移动时的图片形状与核矩阵的形状最相像，相关性最高。

3. 卷积核的数学理解

卷积神经网络的运算过程中像素矩阵与核矩阵是相乘的关系，而乘法赋予了核矩阵相似度效应。具体而言，卷积神经网络在运算中如何发挥核矩阵的作用，又能达到何种效果呢？

1）相似度效应

核矩阵的相似性特征如图 11-2-4 所示，左侧的像素矩阵分别为 RGB 的三种通道，并且保证像素矩阵的数值相同。通过使用不同的卷积核计算特征矩阵，通过最大池化提取最大值。可以发现像素矩阵 G 对应的卷积核数值最大，也就是说，像素矩阵 G 对应的核矩阵设计相对于其他核矩阵而言，更能提取原始图片中"2"的特征。因此，灵活的核矩阵设计可以有效地提取图片主题。

2）权重效应

在矩阵运算中，假设红色区域的 p 代表原始像素矩阵，红色区域的数值代表核矩阵，通过矩阵乘法得到特征矩阵 t，核矩阵的权重效应如图 11-2-5 所示。

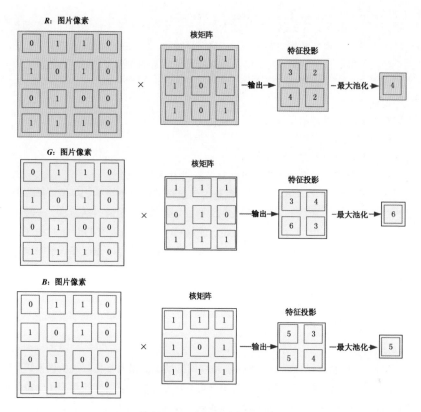

图 11-2-4　核矩阵的相似性特征

矩阵相乘可以得到输出的特征矩阵中每个元素的计算过程：

$$t1 = p1\times(-1) + p2\times(-2) + p3\times(-1)$$
$$t2 = p1\times0 + p2\times0 + p3\times0$$
$$t3 = p1\times1 + p2\times2 + p3\times1$$
$$t4 = p4\times(-1) + p5\times(-2) + p6\times(-1)$$
$$t5 = p4\times0 + p5\times0 + p6\times0$$
$$t6 = p4\times1 + p5\times2 + p6\times1$$
$$t7 = p7\times(-1) + p8\times(-2) + p9\times(-1)$$
$$t8 = p7\times0 + p8\times0 + p9\times0$$
$$t9 = p7\times1 + p8\times2 + p9\times1$$

图 11-2-5　核矩阵的权重效应

其中，将横向上的 $t3$ 与 $t1$ 相减、$t6$ 与 $t4$ 相减、$t9$ 与 $t7$ 相减，分别可以得到

$$t3 - t1 = 2\times p1 + 4\times p2 + 2\times p3$$
$$= p1 + 2\times p2 + p3$$
$$t6 - t4 = 2\times p4 + 4\times p5 + 2\times p6$$
$$= p4 + 2\times p5 + p6$$
$$t9 - t7 = 2\times p7 + 4\times p8 + 2\times p9$$
$$= p7 + 2\times p8 + p9$$

可见，$p2$、$p5$、$p8$ 像素的权重高于相邻像素的权重，从而赋予并增加了中间像素的权重，即卷积核的设计对应于像素及近邻像素的权重设计，这一点很重要，如瞳孔周围的像素在描述眼睛时的权重需要大于额头周围的像素权重，而眼睛与额头的界限就是图像梯度，可以通过特征矩阵相减来完成，用于描述图像特征的边界是否清晰。

核矩阵的设计要点：

（1）卷积核以方阵为主，常见设计为 3×3、5×5 的结构。

（2）卷积核越大，图像越容易失真。

（3）卷积核中的数值以圆形、十字等常规形状为主。

（4）卷积核不必相同，如多通道可以分别对应不同的卷积核设计。

综上所述，二维卷积神经网络是最经典也是应用最频繁的网络结构。从像素矩阵来看，这是一个非常巨大的多维矩阵（张量），因此运算量很大，主要应用于图像识别领域。一般不建议使用 CPU 架构的机器学习（擅长低维运算），而是建议使用 GPU 或更高级的 TPU 架构的深度学习（超高维运算），这是因为 GPU 的运算性能是 CPU 的数十倍。另外，可以通过卷积核的设计来提取图片特征。

4．一维和三维卷积运算

了解二维卷积运算后，一维和三维卷积运算相当于将二维分别减少和增加一个维度的运算，运算中的乘法和加法意义均相同。

1）一维卷积运算

一维卷积运算如图 11-2-6 所示，一维卷积神经网络的运算相当于将二维的像素矩阵降维成一维向量，也可以称为一维张量。与此对应的卷积核也应该是一维的。这样便形成了向量间的乘法运算。通过卷积核的平行滑动，每次步幅是 2，四步就可以完成一维的卷积运算。

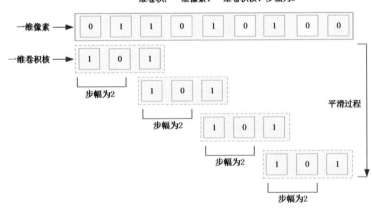

图 11-2-6　一维卷积运算

2）三维卷积运算

三维卷积运算如图 11-2-7 所示，与一维卷积神经网络的描述相同，三维卷积神经网络的运算相当于将二维升维成三维，也可以称为三维张量。卷积核也是三维的。这样便形成了矩阵间的乘法运算。卷积核的平行滑动可以完成三维卷积运算。此外，图片像素是三维的，核矩阵也是三维的，池化层同样是三维的，即不同层的维度需要保持相同，但不同层的结构可以不同。例如，核矩阵的形状可以设计为 3×3、5×5 等不同结构，池化层的结构也可以相应发生变化。

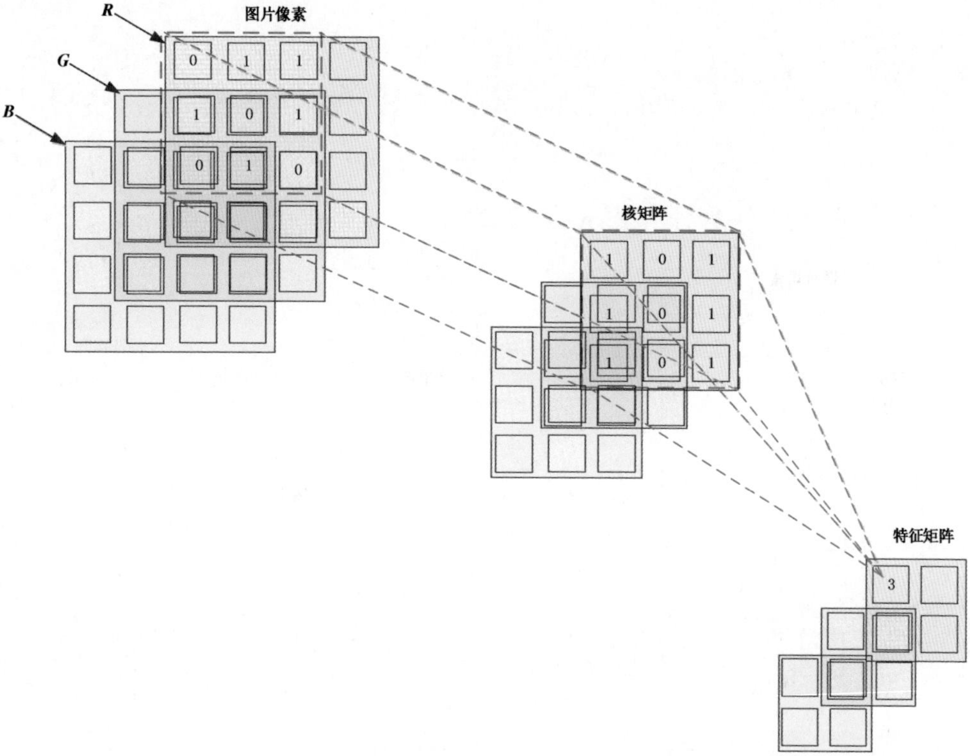

图 11-2-7　三维卷积运算

知识拓展 （重要性★★★★☆）

特征矩阵的维度计算

卷积运算后输出的特征矩阵形状受到步幅、填充和原始矩阵三个要素的影响。即可以通过这三个要素来控制输出矩阵的形状。

假设输入矩阵的形状为（ H,W ）、卷积核形状为（ FH,FW ）、输出矩阵的形状为（ OH,OW ）、填充值为 P、步幅为 S，输出矩阵的形状为[1]

$$OH = \frac{H - FH + 2P}{S} + 1 \tag{11-2-1 a}$$

$$OW = \frac{W - FW + 2P}{S} + 1 \tag{11-2-1 b}$$

填充值（分子）越大，输出矩阵越大，而步幅（分母）越大，输出矩阵越小。卷积核位于分子，是减法运算，表示矩阵乘法运算的压缩过程。

以图 11-2-8 为例，输入矩阵（红色区域）的形状为（4,4）、卷积核的形状为（3,3），填充值为 0，步幅为 1，输出矩阵的形状为

---

[1] 斋藤康毅. 深度学习入门：基于 Python 的理论与实现[M]. 北京：人民邮电出版社，2018.

$$OH = \frac{4 + 2 \times 0 - 3}{1} + 1 = 2$$

$$OW = \frac{4 + 2 \times 0 - 3}{1} + 1 = 2$$

将填充设为 1，步幅仍为 1，卷积核不变，代入输出大小的关系式：

$$OH = \frac{4 + 2 \times 1 - 3}{1} + 1 = 4$$

$$OW = \frac{4 + 2 \times 1 - 3}{1} + 1 = 4$$

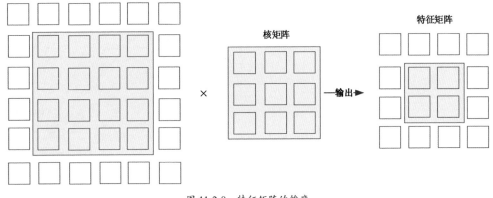

图 11-2-8　特征矩阵的维度

11.2.2　池化层：标准化

卷积运算中，通过像素矩阵和卷积核的运算产生特征矩阵，特征矩阵取最大值的动作就是最大池化。这样一个非常简单的动作在卷积运算中能起到什么作用呢？可以通过实验来说明，在构建卷积神经网络时，故意删除池化层，观察有何差异。

卷积神经网络相对于全连接神经网络而言具有非常重要的平移不变性，能够固化图像的空间层次，广泛应用于各种应用场景，并且不需要重新训练数据。删除池化层相当于模糊化平移不变性功能。

多次测试还会发现池化层将影响后续的全连接层。如果没有池化层的参与，那么全连接层的正则化功能也无法发挥相应的作用。这种现象在数据量较少、图片结构不清晰等情况下尤为突出。

最大池化过程如图 11-2-9 所示，红色区域的图片像素矩阵与核矩阵相乘产生特征矩阵，并通过最大池化产生输出。但特征矩阵需要通过上采样或下采样应对不同场景对特征矩阵的形状要求，因此填充后的矩阵形状（红色区域加白色区域）变大，相当于上采样。如果在特征矩阵中直接取最大值，那么显然会忽略数据中的其他特征。因此，可以按步幅为 2 进行 2×2 的最大池化过程，执行下采样（绿色虚线对应的输出）。

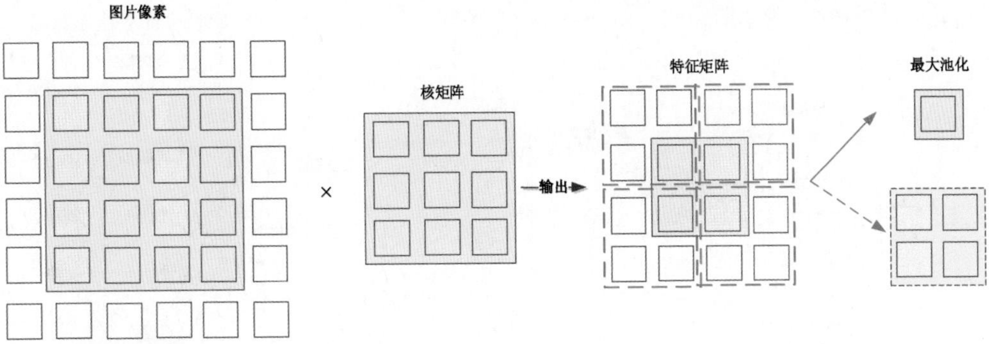

图 11-2-9　最大池化过程

知识拓展（重要性★★☆☆☆）

池化层

除了最大池化之外，还有平均池化，相当于在特征矩阵中将取最大值改为取平均值，这就是平均池化。经验认为，这种池化层设计的应用场景比较少见。在大多数的图像识别领域，平均池化功能均逊色于最大池化。

通过最大池化过程，可以发现池化层具有以下典型特征。

（1）没有参数需要学习。

（2）通道数可以不发生变化。

（3）图像误差具有稳健性。

（4）最大池化有利于减少运算量。

（5）可以缓解过拟合问题。

（6）可以协调和丰富正则化功能。

11.2.3　全连接层：信息传递

卷积神经网络具有平移不变性，这个特点可以将图片中学习到的典型特征或层次结构保存下来或模型持久化。下一次分析类似数据时，可以在此基础上修改，无需重复训练原始数据，甚至直接调用即可。但是卷积神经网络的后端需要构建全连接层，该网络需要平铺数据，好处是可以将卷积神经网络的信息传递下去，缺点是容易破坏平移不变性。直接删除全连接层会带来破坏卷积层与输出层的接口、弱化正则化功能等后果。

全连接神经网络的连接示意图如图 11-2-10 所示，原始图片首先以多维形式对接输入层，然后经过卷积层运算后与全连接层连接。全连接层的单元通常较多，因此看起来头轻脚重，但这可以保证信息的完整传递。同时，因为全连接层的最后连接输出层，因此输出层需要特定的激活函数才能保障信息的完整性。

全连接层的激活函数如表 11-2-1 所示，激活函数，尤其是最后一层的激活函数的选择，根据实际情况选择固定搭配方式即可。此外，深度学习区别于机器学习，比较关注多分类问题，以单标签类问题为主，其次是多标签类问题，如果涉及准确度问题，那么首先需要考虑回归至无穷区间，这也是比较常见的分析任务。

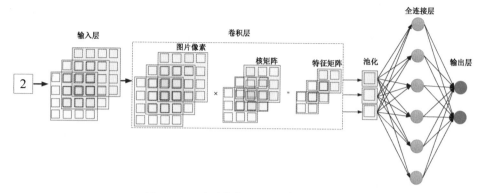

图 11-2-10 全连接神经网络的连接示意图

表 11-2-1 全连接层的激活函数

输 出 类 型	激 活 函 数	损 失 函 数
二分类	sigmoid	binary_crossentropy
多分类、单标签问题	softmax	categorical_crossentropy
多分类、多标签问题	sigmoid	binary_crossentropy
回归至[$-\infty,+\infty$]	无（恒等函数）	mse
回归至[0,1]	sigmoid	mse 或 binary_crossentropy

11.2.4 构建卷积神经网络

尽管原始图片格式的准备过程看似复杂，但学习 7.5 节的图像分类案例后会发现两部分的代码相同，只是删除了灰度变换和 hog 变换。另外，为了节省运算时间，本节将图片的形状修改为 600 像素×600 像素，参考代码如下。但请注意，深度学习允许图片具有原始属性。

```
1  import numpy as np
2  import pandas as pd
3  import seaborn as sns
4  import matplotlib.pyplot as plt
5  from skimage import feature,io
6  from skimage.transform import rotate,resize
7  import cv2
8  import os
9  %matplotlib inline
10
11 from tensorflow import keras
12 from tensorflow.keras import layers
13 import tensorflow as tf
14
15 # ---导入有汽车（正）样本数据---
```

```
16  path=r'C:\Users\Administrator\Desktop\案例\data'
17  fileName1='\\exist\\'                              #有汽车的图片文件夹
18  fileName2='\\empty\\'                              #无汽车的图片文件夹
19  reSize=(600,600,3)
20
21  path1='%s%s' %(path,fileName1)
22  samplex=[]
23  for pathfile in os.listdir(path1):
24      filename1='%s%s' %(path1,pathfile)            #遍历文件夹中的所有图片
25      sample=io.imread(filename1)
26      sample= resize(sample,reSize)
27      samplex.append(sample)
28  x_pos=np.array(samplex,dtype=np.float64)
29  y_pos=np.ones(x_pos.shape[0],dtype=np.int64)       #数值精度控制
30
31  # ---导入无汽车（负）样本数据---
32  path2='%s%s' %(path,fileName2)
33  samplex2=[]
34  for pathfile2 in os.listdir(path2):
35      filename2='%s%s' %(path2,pathfile2)           #遍历文件夹中的所有图片
36      sample2=io.imread(filename2)
37      sample2= resize(sample2,reSize)
38      samplex2.append(sample2)
39  x_neg=np.array(samplex2,dtype=np.float64)
40  y_neg=np.ones(x_neg.shape[0],dtype=np.int64)       #数值精度控制
41
42  # --------------合并数据----------------
43  x=np.concatenate((x_pos,x_neg))
44  y=np.concatenate((y_pos,y_neg))
```

　　需要注意的是，首先，输入层的形状必须与图片形状保持一致，然后，下面第 6、7 行代码用于构建第一个卷积层，这样的网络层可以重复多次，此处仅构建三层（第 6~11 行代码）。最后通过第 12 行代码平铺数据，将其与全连接层拼接，并使用 softmax 作为输出层的激活函数。

　　卷积神经网络与全连接神经网络一样需要编译和训练（第 16、17 行代码），最后进行评估（第 19 行代码）。

```
1  from sklearn.model_selection import train_test_split
2  xtrain,xtest,ytrain,ytest=train_test_split(x,y,test_size=0.1)
3
4  model = keras.Sequential(
5      [  keras.Input(shape= (600, 600, 3)),          #图片的 3 个维度
6          layers.Conv2D(64, kernel_size=(3, 3), activation="relu"),
7          layers.MaxPooling2D(pool_size=(2, 2)),
```

```
8          layers.Conv2D(32, kernel_size=(3, 3), activation="relu"),
9          layers.MaxPooling2D(pool_size=(2, 2)),
10         layers.Conv2D(64, kernel_size=(3, 3), activation="relu"),
11         layers.MaxPooling2D(pool_size=(2, 2)),
12         layers.Flatten(),
13         layers.Dense(1, activation="softmax"),
14     ]
15  )
16  print('\033[1m',
       model.compile(loss="categorical_crossentropy",
                  optimizer="adam",
                   metrics=["accuracy"]))
17  model.fit(xtrain,ytrain, batch_size=2, epochs=6)
18
19  score = model.evaluate(xtest,ytest, verbose=0)
20  print('\033[1m',"Test accuracy:", score[1])
```

　　卷积神经网络的输出如图 11-2-11 所示，在卷积神经网络的输出中可见，首先，每次池化都可以减少维度，这本质上也是下采样功能，然后模型经过了 6 轮运算后，最终测试集的准确度是 100%，而且每次迭代的准确度也是 100%。我们使用的图片数非常少，所以出现过拟合问题也在所难免。

```
Layer (type)                   Output Shape          Param #
=================================================================
conv2d_3 (Conv2D)              (None, 598, 598, 64)  1792

max_pooling2d_3 (MaxPooling    (None, 299, 299, 64)  0
2D)

conv2d_4 (Conv2D)              (None, 297, 297, 32)  18464

max_pooling2d_4 (MaxPooling    (None, 148, 148, 32)  0
2D)

conv2d_5 (Conv2D)              (None, 146, 146, 64)  18496

max_pooling2d_5 (MaxPooling    (None, 73, 73, 64)    0
2D)

flatten_1 (Flatten)            (None, 341056)        0

dense_49 (Dense)               (None, 1)             341057
=================================================================
Total params: 379,809
Trainable params: 379,809
Non-trainable params: 0
_____
Epoch 1/6
10/10 [==============================] - 5s 506ms/step - loss: 0.0000e+00 - accuracy: 1.0000
Epoch 2/6
10/10 [==============================] - 5s 502ms/step - loss: 0.0000e+00 - accuracy: 1.0000
Epoch 3/6
10/10 [==============================] - 5s 513ms/step - loss: 0.0000e+00 - accuracy: 1.0000
Epoch 4/6
10/10 [==============================] - 5s 512ms/step - loss: 0.0000e+00 - accuracy: 1.0000
Epoch 5/6
10/10 [==============================] - 5s 515ms/step - loss: 0.0000e+00 - accuracy: 1.0000
Epoch 6/6
10/10 [==============================] - 5s 512ms/step - loss: 0.0000e+00 - accuracy: 1.0000
 Test accuracy: 1.0
```

图 11-2-11　卷积神经网络的输出

11.3 循环神经网络：自然语言处理

自然语言区别于计算机语言。计算机语言（如 Python、Java 等）主要以机械操作和执行为特点。而自然语言是我们交流用的语言，如中文、英文等，它表现出的形式与复杂语境有关。目前在深度学习中，自然语言的处理技术以循环神经网络等记忆类网络为主。

为了在更宏观的层面上观察自然语言的处理过程，此处罗列了循环神经网络的"低级"算法——概率模型和"高级"算法——长短期记忆模型。此外，考虑到模型的连续性，需要粗略了解自然语言处理方法——基于同义词词典方法、基于计数的方法、基于推理的方法（见图 11-3-1）。

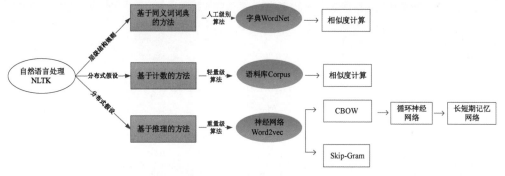

图 11-3-1　自然语言处理方法

1）基于同义词词典的方法

基于同义词词典的方法需要大量的人工参与，通过收集和制定同义词规则，可以计算单词间的相似度。这也是比较传统的字典方法，可以安装 NLTK 库通过 WordNet 方法来计算单词间的相似度。

2）基于计数的方法

基于计数的方法主要根据分布式假设，即单词的含义由其周围单词的特性形成。可以安装 NLTK 库执行语料库功能，并完成单词的相似度计算。

3）基于推理的方法

基于推理的方法是目前自然语言处理最主要的技术。推理其实与模型预测（Word2vec）有关，包括机器学习领域中的概率语言模型（如 CBOW，注意是近似概率语言模型）和深度学习领域中的神经网络（如循环神经网络）。其中，CBOW 常用于机器学习，并用于浅层自然语言处理，而循环神经网络和长短期记忆网络常用于深度学习，并用于更细颗粒的深层自然语言处理。

下面将从概率语言模型、循环神经网络、长短期记忆网络三个模型入手，阐述概率语言模型在时序上的短板，并使用替代方法——循环神经网络，但自然语言的超高维性质带来的梯度爆炸和梯度消失现象需要借助长短期记忆网络予以消除。

11.3.1　概率语言模型

假设语料库中单词 $w_1, w_2, \cdots, w_m$，将中间对应的单词作为目标词 w_t，其左、右对应的词作为上、下文语境词 w_{t-1} 和 w_{t+1}。上下文语境词对目标词的概率关系可以表示为 $P(w_t \mid w_{t-1}, w_{t+1})$，表示在上下文语境词 w_{t-1} 和 w_{t+1} 的前提下，预测目标词发生的可能性。以模型方程式（线性模式）的形式，

可以表示为

$$w_t = \lambda_0 + \lambda_{t-1} w_{t-1} + \lambda_{t+1} w_{t+1} \tag{11-3-1}$$

式中，λ 是需要估计的参数；λ_0 是截距项。这也是比较经典的 CBOW 模型。

当然，上下文也可以以左右不对称的方式表示，如左侧 2 个单词，右侧无单词的情况：

$$P(w_t \mid w_{t-1}, w_{t-2}) \tag{11-3-2}$$

时序窗口可以任意放大，也就是目标词前面的序列词可以更多。还有一种特殊的形式：

$$P(w_{t-1}, w_{t-2} \mid w_t) \tag{11-3-3}$$

这其实是 Skip-Gram 模型。此处的中间词 w_t 不是目标词而是条件，w_{t-1} 和 w_{t-2} 才是目标词。

可见，概率模型将词语顺序间的关系模型化，从而完成推理运算。可以将概率模型作为语言模型的一部分，用于语音翻译等场景。由于语言模型强调语境的作用，因此文档语义发生的概率是多个词句同时发生的概率，即联合概率：

$$P(w_1, w_2, \cdots, w_m) \tag{11-3-4}$$

$w_1 \sim w_m$ 具有语境上的时序性。概率的乘法定理可以表示为

$$P(A, B) = P(A \mid B) P(B) \tag{11-3-5}$$

因此，代入 $B = w_1, w_2, \cdots, w_{m-1}$，得到

$$P(w_1, w_2, \cdots, w_m) = P(w_m \mid w_1, w_2, \cdots, w_{m-1}) P(w_1, w_2, \cdots, w_{m-1}) \tag{11-3-6}$$

分解最后一项 $P(B)$ 或 $P(w_1, w_2, \cdots, w_{m-1})$，或者持续分解最后一项，最终可以表示为

$$\begin{aligned} P(w_1, w_2, \cdots, w_m) &= P(w_m \mid w_1, w_2, \cdots, w_{m-1}) P(w_1, w_2, \cdots, w_{m-1}) \\ &= P(w_m \mid w_1, w_2, \cdots, w_{m-1}) P(w_{m-1} \mid w_1, w_2, \cdots, w_{m-2}) \cdots \\ &\quad P(w_3 \mid w_1, w_2) P(w_2 \mid w_1) P(w_1 \mid w_0) \end{aligned} \tag{11-3-7 a}$$

$$= \prod_{t=1}^{m} P(w_t \mid w_1, w_2, \cdots, w_{t-1}) \tag{11-3-7 b}$$

联合概率可以表示为后验概率的乘积形式，而该后验概率是以目标词左侧的全部单词为上下文语境的概率。

神经概率语言模型（Neural Probabilistic Language Model，NPLM）以全连接神经网络来替代概率语言模型的形式，可能是概率语言模型与神经网络之间最好的概念上的过渡。假设编码一串文本："大地归于平静，朝阳伴我随行"，并用于神经网络。

神经概率语言模型示意图如图 11-3-2 所示，假设每个汉字是一个分词，通过输入层连接分词，每组 12 个节点，一共有 12 组，共有 144 个输出层节点。每组隐含层中有 3 个节点，一共有 12 组，共 36 个节点。输入层至隐含层以组内的形式构建全连接神经网络，而隐含层至输出层则忽略组内结构（图中忽略了这部分的连线）。隐含层的主要作用是语义序列编码、文本结构提取、语义抽象等语境解读功能。最后，通过输出层转化（如 softmax）使分词以概率的方式输出，这种概率可以用于文本生成，也可以用于语音翻译等场景。

可见，神经概率语言模型也会随着分词数目的增加而规模性增长，这必然会加剧神经网络的运算问题。如果我们希望目标词周围提供更多的语义顺序，或复杂语境的解码，那么隐含层的网络结构将会更加复杂，包括层结构和单元数目的增加。因此，对于超高维的自然语言处理而言，该模型主要用于具有浅层结构的机器学习领域。

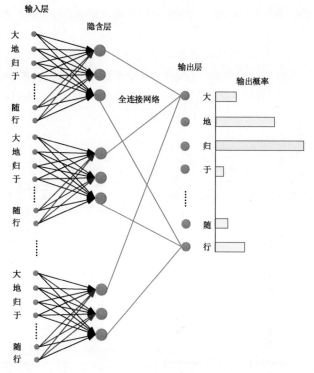

图 11-3-2　神经概率语言模型示意图

11.3.2　循环神经网络

循环神经网络（Recurrent Neural Network，RNN）区别于卷积神经网络（CNN），CNN 强调对图像局部关注点的提取。但是自然语言强调上下文语境间的关系，RNN 也恰好适用于上下文语境（反复学习）对目标词的信息提取。

循环神经网络示意图如图 11-3-3 所示，RNN 由四层主体结构组成。第一层连接原始数据，第二层是自然语言的循环过程，第三层借助全连接神经网络传递信息，第四层是输出层。整体上，除了第二层区别于传统的网络结构之外，其他结构的形式近似相同。

1. 第一层：输入层

输入层主要负责将自然语言转化为深度学习能够处理的数据格式，尤其是将原始数据转化为分布式假设的共现矩阵形式或独热编码形式。详情请参阅 1.1 节数据源。

2. 第二层：循环层

第二层是循环神经网络的主体部分。首先，x_0（"大"）通过输入层将信息传递至循环层，通过第一个循环神经网络 RNN1 接收信息，并进行信息加工。

$$h_0 = \tanh(x_0 W_x + b) \tag{11-3-8}$$

式中，h_0 是隐含层或循环层的第一个输出函数；x_0 是输入分词；W_x 是权重或估计参数；b 是截距项。可见，循环神经网络 RNN1 编码了上下文中的上文信息，并经过循环层的加工和过滤进一步传递给同层的另一个循环神经网络 RNN2，但 RNN2 除了接收 RNN1 的输出 h_0 外，还接收来自 x_1 的输入：

$$h_1 = \tanh\left(x_1 W_x + h_0 W_h + b\right) \tag{11-3-9}$$

因此，需要估计两个参数 W_x 和 W_h，目前大部分软件都遵循数据的分开传输（x 和 h）形式。这样重新加工信息后，传递给下一单元，如此反复即为循环。循环层的方程式可以表示为

$$h_t = \tanh\left(x_t W_x + h_{t-1} W_h + b\right) \tag{11-3-10}$$

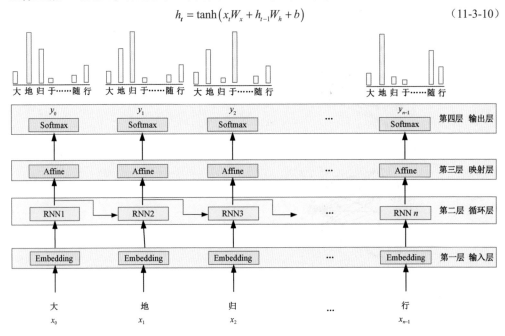

图 11-3-3 循环神经网络示意图

3. 第三层：映射层

映射层可以选择全连接神经网络，主要作用是将循环神经网络的信息传递下去。

4. 第四层：输出层

第四层仍然选择 Softmax 将分词以概率的形式输出，概率最大的输出对应着最终的预测结果或生成的文本信息。例如，输入"大"时，经过循环层第一个单元序列加工后输出"地"的最大概率，并将"地"作为最终的循环输出结果。第二个单元序列输入的是"地"，但 RNN2 在加工"地"时，需要同时考虑上一个单元序列"大"的加工及信息综合。因此，借助"大""地"的综合信息进而预测"归"产生的最大概率（图 11-3-3 中的红色条形柱对应最大预测概率）。

可见，RNN 的结构层次可以在两个方向上延伸，通过添加纵向复杂层执行结构层次分析，通过添加横向复杂层执行语境结构分析，两个方向上的梯度爆炸和梯度消失现象都不容忽视。当然，循环神经网络有自己的处理方法，如裁剪、正则化等技术，但无论何时，如果为了消除梯度爆炸与梯度消失现象需要消耗太多资源，那么长短期记忆网络（LSTM）往往是个不错的替代算法。

11.3.3　长短期记忆网络

1. 序列与网络记忆

Gated-RNN 门限模型包括 LSTM 和 GRU 等主要的神经网络模型。

RNN 模型由于存在长序列语境问题，因此循环神经网络的路径可能会比较长，因此矩阵的乘法运算势必会导致梯度爆炸和梯度消失现象。为了缓解这个问题，可行的方案是在 RNN 中添加加法运算，主要负责序列信息的处理，包括记忆、记忆程度、遗忘等内容，这也是 LSTM 模型的主要形式。

图 11-3-4（b）中的记忆单元 c_t 由三部分组成，分别为 c_{t-1}、h_{t-1}、x_t。记忆单元 c_t 有两个主要特征，一是记忆单元只在同层间传递，即序列信息在隐含层中被编码，由 h_t 传递至下一层；二是引入了加法机制，从而缓解梯度爆炸和梯度消失现象。对比图 11-3-4（a）可见，记忆元素 c 是 RNN 与 LSTM 的核心区别。

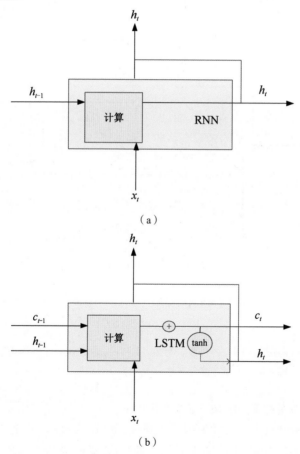

（a）

（b）

图 11-3-4　RNN 与 LSTM 的区别

2. 三门分流：记忆与遗忘

LTSM 模型由三个门限控制——输出门、遗忘门和输入门。通过控制数据分流实现数据的记忆、遗忘、信息筛选等功能，输出门示意图如图 11-3-5 所示。

1）输出门

观察图形，可见输出门实际上依赖于当前状态 x_t 和上一时刻 h_{t-1}：

$$O = \sigma\left(x_t W_x^{(o)} + h_{t-1} W_h^{(o)} + b^{(o)}\right) \tag{11-3-11}$$

式中，$W_x^{(o)}$ 和 $W_h^{(o)}$ 分别是 x_t 和 h_{t-1} 的权重。数据从分流到合流，h_t 的计算需要分流中的 O 和记忆单元 c_t。c_t 一方面将记忆信息继续传递至下一时刻的网络中，另一方面通过 tanh 函数混流到 h_t 中。

$$h_t = O \odot \tanh(c_t) \tag{11-3-12}$$

式中，$\odot$ 表示矩阵元素相乘；O 表示 x_t 和 h_{t-1} 的开合程度（sigmoid 函数）；$\tanh(c_t)$ 提供近似原始记忆，并通过开合程度控制输出，即记忆中的元素受到新信息的影响。

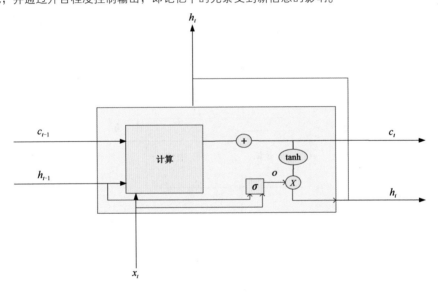

图 11-3-5　输出门示意图

2）遗忘门

遗忘门示意图如图 11-3-6 所示，遗忘门实际上也依赖于当前状态 x_t 和上一时刻 h_{t-1}：

$$f = \sigma\left(x_t W_x^{(f)} + h_{t-1} W_h^{(f)} + b^{(f)}\right) \tag{11-3-13}$$

式中，$W_x^{(f)}$ 和 $W_h^{(f)}$ 分别是 x_t 和 h_{t-1} 的权重。可见，f 和 c_{t-1} 合流到一处，并通过乘法相连（暂时先忽略路径上的 "+"），即 c_t 由 f 和 c_{t-1} 综合表达：

$$c_t = f \odot c_{t-1} \tag{11-3-14}$$

式中，c_{t-1} 负责记忆某些信息，而 f 负责遗忘某些信息。

综合来看，从输出门到遗忘门的路径上全部使用了乘法，尤其是遗忘门，通过记忆单元 c_{t-1} 可以记住上一时刻的信息，但遗忘门会选择性遗忘。如果继续参与后续乘法运算，那么这种记忆单元只会一直被遗忘，记住的信息将越来越少。在数值上体现为梯度消失问题，因此在遗忘门的后面添加新的记忆单元（注意，这不是门）非常必要。新的记忆单元与上一时刻的信息是加法关系，并依赖当前状态 x_t 和上一时刻 h_{t-1}：

$$g = \sigma\left(x_t W_x^{(g)} + h_{t-1} W_h^{(g)} + b^{(g)}\right) \tag{11-3-15}$$

新单元的主要作用是增加对新信息的加工和存储功能。

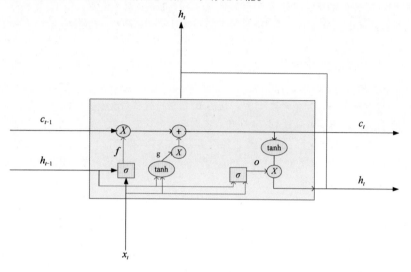

图 11-3-6　遗忘门示意图

3）输入门

输入门示意图如图 11-3-7 所示，输入门通过乘法关系控制着新的记忆单元 g，并且同样依赖于 x_t 和 h_{t-1}：

$$i = \sigma\left(x_t W_x^{(i)} + h_{t-1} W_h^{(i)} + b^{(i)}\right) \tag{11-3-16}$$

式中，$W_x^{(i)}$ 和 $W_h^{(i)}$ 分别是 x_t 和 h_{t-1} 的权重。输入门用以判断 g 的价值，即对新信息进行信息筛选。

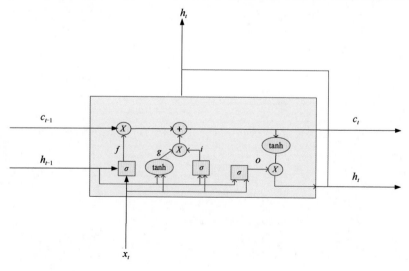

图 11-3-7　输入门示意图

综上所述，LTSM 模型相当于拥有记忆的 RNN，可以通过引入记忆单元缓解梯度爆炸和梯度消失现象，但记忆单元并不是一个元素，而是一个群组。其中，输出门控制记忆的开合程度，遗忘门对记忆选择性遗忘，新的记忆单元增加新信息，输入门判断新信息的价值。三门各司其职，循环反复，这个过程有点像小儿背唐诗，虽熟于背诵，但不知其意，只是感觉韵味绵绕。

11.3.4 构建循环神经网络

下面案例将加载电影评论的数据（imdb），考虑到时间问题，仅使用排名靠前的 2000 个词和每篇影评的前 20 个词作为分析对象（第 5、6 行代码）。第 7 行代码对数据进行拆分。第 11 行代码用于控制输入维度，None 用于控制其中一个维度，否则数据形状无法满足矩阵运算。第 12 行代码使用 Embedding 方法将数据转化为 32 维向量，并构建 2 层 LSTM 模型，不过在实际工作中，超参数的通常设置是层数为 3～9，单元数为 128、256。第 16 行代码是输出层设置。其他代码与前面几乎相同，仍需要编译、训练和评估。

```
1  from tensorflow import keras
2  from tensorflow.keras import layers
3  from keras.preprocessing.sequence import pad_sequences
4
5  max_features = 2000        #仅使用排名靠前的 2000 个词
6  maxlen = 20                #仅使用每篇影评的前 20 个词
7  (x_train, y_train), (x_test, y_test) = keras.\
                          datasets.\
                          imdb.\
                          load_data(num_words=max_features)
8  x_train = pad_sequences(x_train, maxlen=maxlen)
9  x_test = pad_sequences(x_test, maxlen=maxlen)
10
11 inputs = keras.Input(shape=(None,))                    # 输入维度
12 x = layers.Embedding(max_features,32)(inputs)          # 32 维向量
13 x = layers.Bidirectional(layers.LSTM(32, return_sequences=True))(x)
                                                          # 添加 2 层 LSTM
14 x = layers.Bidirectional(layers.LSTM(16))(x)
15
16 outputs = layers.Dense(1, activation="softmax")(x)     #添加 1 个分类输出
17 model = keras.Model(inputs, outputs)
18 print('\033[1m')
19 model.summary()
20
21 model.compile("adam", "binary_crossentropy", metrics=["acc"])
                                                          #编译
22 print('\033[1m',model.fit(x_train,
                          y_train,
                          batch_size=16,
```

```
                              epochs=3))                    #训练
23 score = model.evaluate(x_test,y_test, verbose=0)         #评估
24 print('\033[1m',"测试评分:", score[1])
```

　　LSTM 模型的输出如图 11-3-8 所示，从 LSTM 模型的网络结构来看，需要估计的参数数量只有 9 万多，这在实际应用中并不常见，大多数自然语言处理的参数数量为百万级，甚至千万级以上，因此经过 3 轮运算后，模型的准确度只是 0.5，这个准确度是很低的。因此，读者可以在上述代码的基础上，通过提取更多词频和更复杂的网络结构设计，观察评估的准确度。

```
Layer (type)                Output Shape          Param #
=================================================================
input_9 (InputLayer)        [(None, None)]         0

embedding_14 (Embedding)    (None, None, 32)       64000

bidirectional_15 (Bidirecti (None, None, 64)       16640
onal)

bidirectional_16 (Bidirecti (None, 32)             10368
onal)

dense_21 (Dense)            (None, 1)              33

=================================================================
Total params: 91,041
Trainable params: 91,041
Non-trainable params: 0
_____
Epoch 1/3
1563/1563 [==============================] - 19s 9ms/step - loss: 0.5329 - acc: 0.5000
Epoch 2/3
1563/1563 [==============================] - 15s 9ms/step - loss: 0.4568 - acc: 0.5000
Epoch 3/3
1563/1563 [==============================] - 15s 9ms/step - loss: 0.4222 - acc: 0.5000
<keras.callbacks.History object at 0x0000021879867E20>
测试评分: 0.5
```

图 11-3-8　LSTM 模型的输出

第 12 章　自动化机器学习

在数据挖掘分析的早期，从机器学习开始就已经出现了两个重要的发展方向：自动化机器学习和深度学习。它们解决的问题不尽相同，如自动化机器学习强调对结构化数据的处理，是一种端对端的训练，而深度学习的强项在于非结构化数据，是一种端对端的模型。两者的共同之处是集成了机器学习算法，尤其是将特征工程技术集成到模型中以完成自动化。

此处涉及的自动化一方面强调经典自动化机器学习及库的使用，尤其是超参数的优化过程，另一方面阐述自动化与集成学习的整个思路，包括数据分析流及模型关系管理。

（1）自动化机器学习关注自动化。

优点：无需行业知识参与、不省时但省力、学习流程规范、适合初学者。

缺点：附属包众多、运算时间长、干预流程复杂。

（2）超参数优化关注超参数的组合设计。

优点：可以遍历所有模型以更好地拟合数据。

缺点：超参数组合的指数级增长带来的运算性能问题。

（3）数据分析流关注模型关系管理。

优点：借助强集成学习的优点实现与项目需求的"完美"契合。

缺点：创建复杂流水线需要模型的长周期管理，专业壁垒相对较高。

12.1　自动化与集成学习

本节首先介绍自动化集成的整体思路，然后介绍实现自动化的可用库 TPOT 配置，最后通过案例来介绍模型复杂度评估。

12.1.1　自动化集成

机器学习面对的数据质量参差不齐，甚至可以说，数据库自带"污染"数据。因此，在构建模型时，需要在模型关系管理中设计并执行数据清理、特征工程及模型修正等一系列工作。自动化机器学习则努力尝试将模型外的序列操作组合成一个序列，即将多个端对端的训练组合成一个端对端的模型。

简言之，将数据分析流涉及的所有环节全部打包集成，完成数据分析自动化。该操作的好处是软件包的使用要求较低，可以是专业技术人员，也可以是非专业的业务人员等，能够进行简单操作和执行运算即可。

　　自动化与集成设计如图 12-1-1 所示，自动化集成综合了弱集成学习和强集成学习两大功能。这样既可以借助弱集成学习完成模型对准确度和稳定性的要求，又可以借助强集成学习对特征工程及数据清理的综合优势。其中，强集成学习包括以下阶段性设计与建模过程：数据收集、模型关系、特征工程、超参数优化、数据清理、模型选择、模型评估、模型设计等，这些过程也恰好存在于自动化集成。其中，超参数优化是机器学习领域重点关注的、为数不多的领域之一。

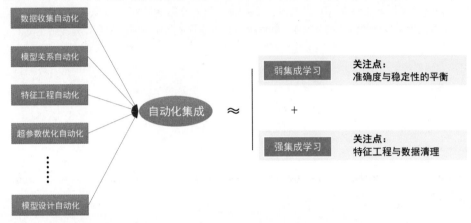

图 12-1-1　自动化与集成设计

　　一般而言，模型关系管理设计需要数据分析的全息视角。其中，数据清理最为复杂，工作量大但不难。特征工程需要数据挖掘思维，超参数优化最耗时，模型评估看似简单，但最能体现业务逻辑如何契合统计逻辑。

12.1.2　TPOT 配置

　　自动化机器学习库普遍具有复杂的管道集成系统，而管道集成系统在数据分析流上表现为软件特点和功能上的近似，但也存在诸多区别，如运算性能和附属包的安装。在软件包的评价标准中，是否便于使用者操作已成为重要标准。基于此，读者可以选择如 TPOT、Auto-Sklearn、Hyperopt、MLBox 等库实现自动化机器学习，它们大多提供了与 Sklearn 类似的 API 接口，或者只需要改动少许代码，下面将重点介绍 TPOT。

　　（1）Auto-Sklearn：与 Sklearn 语法高度一致，功能齐全（包括分类、回归、特征工程、分布式），但附属包众多，安装较为烦琐；

　　（2）Hyperopt：与 Sklearn 的语法高度一致，综合借助 Hyperopt 优化库和 Sklearn 实现数据分析流的封装。

　　（3）MLBox：支持分布式数据清理和特征工程功能，除了分类、回归等经典机器学习之外，还提供了模型堆叠功能和最新算法，如 XGBoost 等。

　　TPOT（Tree-Based Pipeline Optimization Tool）基于遗传编程技术，通过全局随机搜索发现最优模型管道，同时拓展了 Sklearn 的数据分析流框架。从分类器 TPOTClassifier 来看，构建自动化流水线的顺序为访问数据、训练模型、评估模型。TPOT 除了源码外，与 Sklearn 相似，因此只需要关注分类器的常用超参数即可，将在 12.1.3 节中介绍。

　　TPOT 自动化管道示例如图 12-1-2 所示，原始数据及数据清理需要借助外部软件，如果你已经习惯使用 Sklearn，当然最好，这也是不二之选。从特征工程开始就能体现 TPOT 软件的功能特色，它首先可以执行特征筛选、特征预分析和特征结构化（如特征组合）等一系列功能，然后执行模型选择和超参数优化，最终导出最优的数据分析流水线，以便后期模型调用、修改和存储。可见，并不建议独立使用 TPOT，TPOT 适用于以下场景。

　　（1）对原始数据没有太多的业务逻辑指导，旨在探索数据。

　　（2）如果你拥有一台大功率的计算机，且可以使用分布式机器学习，那么可以使用 TPOT。

　　（3）首先使用抽样数据运行 TPOT，然后导出算法建议的流水线，以便后期修改或借鉴。

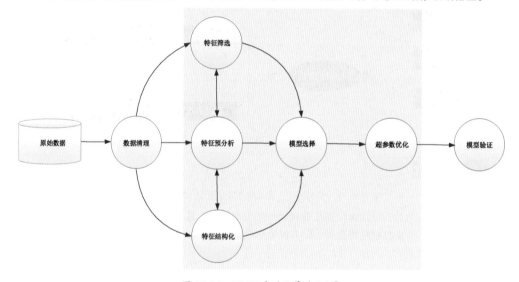

图 12-1-2　TPOT 自动化管道示例[①]

12.1.3　案例：模型复杂度评估

　　自动化机器学习是高度自动化的过程，大幅降低了复杂数据分析流程的使用门槛，也可以完成个性化的定制分析。下面将使用 Sklearn 的官方案例 load_digits 数据集来演示图片分类的自动化数据分析流程。

　　这里使用 TPOT 包执行预测分类（TPOTClassifier）。由于自动化机器学习是高度自动化的过程，因此改善和优化流程需要知道每个步骤的耗时，这样才能有针对性地修改估计器及超参数，也可以为自定义建模留有足够的参考信息。因此，我们使用了 Dask[②]（第 5 行代码），它是一个灵活的 Python 动态调度的优化计算库，可以实时共享运算的基层信息，包括 GPU 和 CPU 资源消耗、估计器耗时等。

```
1  import tpot
```

---

① 详情请参阅 TPOT 官网。

② 详情请参阅 Dask 官网。

```
2  from tpot import TPOTClassifier
3  from sklearn.datasets import load_digits
4  from sklearn.model_selection import train_test_split
5  from dask.distributed import Client
```

Client 输出如图 12-1-3 所示，可以点击 Dashboard 链接运行自动机器学习代码，查看运算细节。

图 12-1-3 Client 输出

数据加载（第 1 行代码）和数据分区（第 2 行代码）后，通过 TPOTClassifier 执行自动化机器学习，其分类器的 API 接口与 Sklearn 类似，这里不再赘述。下面介绍第 4 行代码中的超参数设置。

（1）generations 表示管道优化过程的迭代次数，迭代次数越多越耗时，但有助于模型稳定性的判断，建议将迭代次数设置为 20。

（2）population_size 表示每代遗传编程中的个体数量，个体数量越多，模型准确度越高，但也比较耗时。

（3）offspring_size 表示每代遗传编程中的后代数量，通常与 population_size 数量保持一致。

（4）config_dict 表示字典配置，用于定义 TPOT 流水线，包括估计器及超参数选择、特征工程设计、稀疏数据与加速、GPU 运算等流程定制化功能[①]。

基于遗传算法的性质，TPOT 需要估计模型数量（population_size + generations×offspring_size），实际运行起来效率不高，而且每次的运行结果都存在些许差异，这是正常的现象。这不是否定模型的稳定性，而是提示我们应该把注意力放在模型推荐的流水线和局部耗时问题上，从而为正式部署模型提供各种优化建议。

```
1  digits = load_digits()
2  X_train, X_test, y_train, y_test = train_test_split(digits.data,
                                                       digits.target,
                                                       train_size=0.8)
3
4  tp = TPOTClassifier(generations=20,
                       population_size=20,
                       n_jobs=-1,
                       random_state=123,
                       verbosity=2,
                       config_dict=tpot.config.classifier_config_dict_light,
                       use_dask=True)           #安装 Dask-ML
```

---

① 可以通过 TPOT 官网搜索 built-in-tpot-configurations 查看相关内容。

```
5 tp.fit(X_train, y_train)
6 tp.score(X_test, y_test)
```

通过测试集评估模型的准确度可以达到 96.8%，这个准确度较高，说明自动化机器学习推荐的流程规划或流水线设计是比较合理的。关于模型的局部信息，图 12-1-4 ~ 图 12-1-7 四幅图形是通过 dask 功能自动输出的，有助于判断运算细节。

（1）图 12-1-4 是火焰图，它记录了模型运行的整体时间及每个流程对应的具体时间，在图中无法直接看到，需要将鼠标光标置于图形元素上才能看到具体细节，如最近邻模型完成的步骤及耗时等信息。

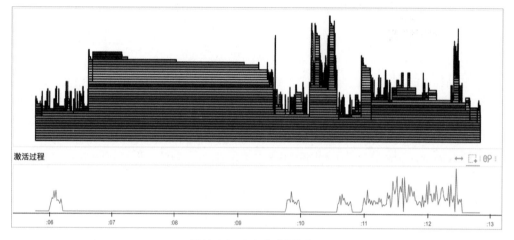

图 12-1-4 dask 自动化输出 1

（2）图 12-1-5 记录了内存运行情况，包括内存、线程、警告等信息。

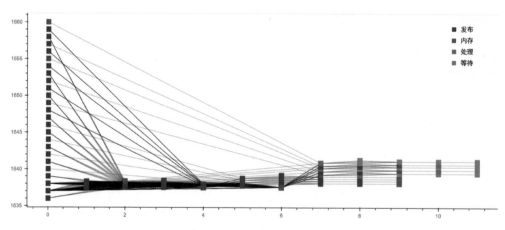

图 12-1-5 dask 自动化输出 2

（3）图 12-1-6 记录了流水线节点的耗时情况，可以将鼠标光标放在小方格上查看具体细节，如堆叠器转换节点的耗时是 205.24 ms。

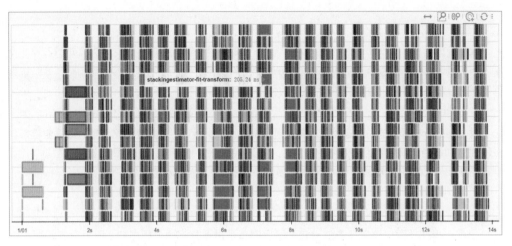

图 12-1-6 dask 自动化输出 3

（4）图 12-1-7 是整体运行情况，耗时最多的两项分别是 score（评分）和 stackingestimator-fit-transform（堆叠器转换节点）。

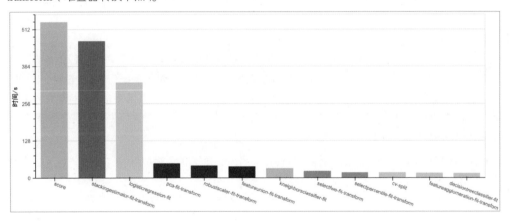

图 12-1-7 dask 自动化输出 4

最后，如果想要查看设计的自动化流水线，那么可以使用 tp.fitted_pipeline_ 或 tp.export(r'...\tpot_pipeline.py')查看具体设计步骤和流水线的封装情况。

12.2 数据分析流水线

本节不沿着 TPOT 的方向介绍自动化流水线，而是从更广义的角度来说明自动化流水线涉及的阶段功能和整体流程，可以更灵活地调整流水线，以实现不同的项目契合需求。下面将介绍标准的数据分析流，以及如何管理模型关系及生命周期，最后说明流水线管道规则和创建复杂流水线的技术。

12.2.1 数据分析流

数据分析流可以是数据分析指南，也可以是模型关系管理的建设方案。数据分析流如图 12-2-1 所示，下面将按照 12 个步骤来简要阐述数据分析流中的注意事项，将体系化的建模思路和非系统化的经验指导融为一体，从而多维度描述数据分析流和建模过程。

1. 数据源

对于初级分析师而言，数据源的重要性远不及中高级分析师，大多数场景面对的数据源都来自 SQL 抽取和问卷，以简单的结构化数据为主；对于中高级的分析师而言，需要掌握批次数据、流数据甚至是分布式的高性能处理，还需要掌握如何协同发挥大数据与小数据的综合价值。

2. 数据源与需求

数据源与需求包括痛点和量化。

数据分析初期可以踩着业务痛点走，但后期还是需要自己的分析框架，因为业务问题会将数据分析引向一个无章法的框架中，即点与点无法连接。因此，建议将痛点问题作为切入点，切入点的背后是数据分析架构。一个没有建模框架指导的数据分析如同没有芯片的手机，可以使用但没有"灵魂"，所以在模型框架下契合业务的上下文，并辅以专家知识的规则自洽，就已是"上上策"。

3. 因变量 y 量化

如果已经搭建了数据分析框架，那么可以将具体的痛点问题转化为数据分析问题，这就是所谓的量化，对应着方程式中的指标 y。量化方式有多种，如分类与连续、显变量与潜变量等。

值得一提的是，这部分的量化标准通常以行业标准为主，以对潜变量概念的结构量化技术为辅。行业量化标准可以参阅银行的滚动率分析、账龄分析、电商客户流失的生命周期分析等。

4. 产品设计与自变量

在建模过程中，特征筛选极其重要，特征筛选的优劣直接限定了模型的天花板。产品设计代表一种机理模型，是特征筛选的一部分，也是一种业务规范。

特征筛选的常见步骤：经验选择→相关筛选→特征整合→模型选择→特征压缩→工具变量。

5. 数据描述与数据管理

数据描述是分析师了解数据的切入点，具体内容包括数据的分布、异常、拐点等统计信息。其中，尽管对分布的要求出自统计学，但机器学习同样也会借助分布信息对模型进行参数调整和模型假设修正，并在此基础上寻求业务的合理解释，执行数据清理等常务性工作。

6. 数据预分析

数据预分析或特征工程在机器学习领域中的建模、数据管理、数据治理方面非常重要，它的重要性俨然已超越建模本身，数据预分析的对象包括缺失值、异常值、特征筛选、特征变换、共线性、特征编码。此处将数据预分析分为轻量级算法和重量级算法。

以缺失值为例，如果选择中位数填补缺失值，不涉及模型，那么可以视为轻量级（单变量）。而使用随机森林填补缺失值，涉及模型（多变量），可以视为重量级。区分轻、重量级的标准是模型元素、运算量、准确度、工程量。

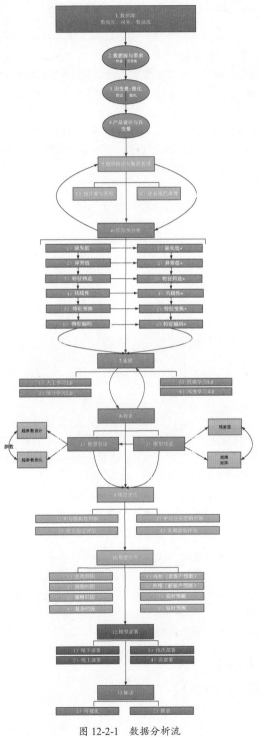

图 12-2-1 数据分析流

7. 建模

建模犹如烹饪，为了做一道好菜，选、切、洗、配等环节花费的时间已远远超过炒菜本身。随着数据分析场景的变化，建模过程需要的时间也不尽相同。一般来说，统计学的小数据自带优秀的数据治理，因此可以将更多的精力花在模型本身上。但机器学习领域的大数据恰恰与此相反，机器学习更强调特征工程的辅助作用，并不是因为特征工程很重要，而是不得已而为之，因为数据质量很差会花费大量精力。

数据分析场景不但影响模型的运算时间，随着时间的推移，也使得模型不断进化，从模型 1.0 过渡到模型 4.0，以应对完全不同的数据分析场景，感兴趣的读者可以进一步阅读《统计分析：从小数据到大数据》。

（1）模型 1.0：人工阶段。

（2）模型 2.0：小数据阶段。

（3）模型 3.0：大数据之结构化数据阶段。

（4）模型 4.0：大数据之非结构化数据阶段。

（5）模型 5.0：大数据之结构与半结构化数据的融合阶段。

8. 修正

统计学模型和机器学习模型的维度都可以称为高维。据此检查模型假设将十分复杂，但因为残差是单维的，所以模型残差可以用于判断模型优劣，这也是修正模型最重要的判断依据。机器学习拥有丰富的超参数，可以通过超参数的组合设计优化和改善模型。

（1）残差：假设是否成立。

（2）修正：超参数和特征工程。

9. 模型评估

统计学模型的评估往往以静态的统计指标为主，如 R^2，机器学习模型则以动态评估为主。例如，构建模型后，优先通过静态指标判断模型是否高于随机性，并在此基础上进行业务解释。如果以上两种方式都能够顺利通过，那么后期的交叉验证和多期滚动都属于动态评估。

（1）静态指标：判断模型是否高于随机性，强调准确度；

（2）伪动态指标：交叉验证和多期滚动用于判断模型的稳定性；

（3）未知数据评估：平衡准确度和稳定性。

10. 模型应用

归因与预测是模型应用的两大主要方向。

归因问题需要区分监督和非监督两类概念，监督模式对应于主次归因、规则归因、复杂归因、个案归因，而非监督模式是模糊归因。在监督模式中，如果自变量可以转变为具有监督的角色，那么可以产生复杂归因模式。

根据时间性质的不同将预测问题分为四种类型——内延、外推、延时、实时。其中，内延、外推、延时预测对模型性能没有要求，但实时预测需要高性能的支持。

（1）归因：强调对数据原有规律的学习。

（2）预测：强调对近期未来的预测。

11. 模型部署

模型部署是模型训练完成后实现应用的重要环节。其中，线下部署是最常用的方式，将训练后的模型直接应用于实践场景——归因或预测，对时间和运算没有要求。线上部署往往需要与外部系统协作，以 web 呈现的形式展示数据自动化。批次部署和流部署对运算性能和分布式架构有特别严格的要求。

（1）下线部署是传统的模型部署方式。

（2）线上部署采用 web 呈现，往往伴有报表系统和可视化系统。

（3）批次部署是实时性、无间断（间隔宽）的流运算。

（4）流部署是实时性、无间断（间隔窄）的流运算。

12．输出

在早期统计学领域，如果模型伴有通俗易懂的可视化输出，那么该模型往往在实际应用中的频率较高，这种现象同样也体现在机器学习中。大多数模型的输出都过于专业，将专业转化为非专业载体主要采用可视化和报表两种方式。

（1）可视化：可视化图形的种类繁多，而一种软件不可能穷尽所有图形。但 Python 的生态环境提供了 100 多种可视化库，用于各种场景的图形制作，几乎可以实现任意种类的图形[①]。作者推荐使用 Matplotlib、Seaborn、Plotly 三款软件包。

（2）报表：报表系统不是 Python 的强项，但是足以应对常规性工作。需要注意的是，"报表系统+可视化"也是报表的一部分，作者更喜欢使用 pandas 实现这些功能。

由此可见，数据分析流以模型逻辑为主线，辅以业务逻辑的解释。数据分析流中的每个节点都对应着不同的方法，如轻量级和重量级方法。如何使用这些方法及在何种场景下使用这些方法需要了解模型失效周期管理。

12.2.2　模型失效周期

构建并执行数据分析流并不能一蹴而就，建模不是一次完成的，因此，模型的构建阶段包括两个主要的阶段：一是训练阶段，二是应用阶段。两个阶段分别对应着三个象征性节点。模型失效周期示意图如图 12-2-2 所示。

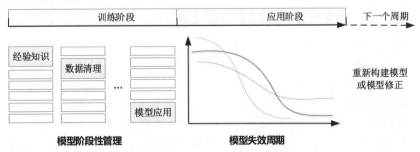

图 12-2-2　模型失效周期示意图

第一个节点是项目论证并开始实施建模，第二个节点是模型落地实施，第三个节点是模型下架、重新训练。模型失效周期实际上与这三个点一一对应、持续发生。

模型的重要价值是从数据的随机性中发现固有规律，但随机性往往伴有扰动，并伴随模型

---

① 可以在 Anaconda 官网中搜索 pyviz 的 tool 了解相关内容。

从始至终。一旦发现异常，可能意味着即将出现重要的偏差，如果偏差没有形成聚集效应，那么就是异常值分析；如果偏差呈现规模性，那么意味着新数据模式的开始。但原有模型及参数往往不能应对异常值分析和新的数据模式，此时就需要构建新的模型，这样就进入了模型失效周期的下一个阶段。

第一阶段的数据分析流为训练阶段——模型阶段性管理。

第二阶段的数据分析流为应用阶段——模型失效周期。

1. 模型阶段性管理

模型需要慢慢变好，否则会瞬间变坏。

医生对病灶的处理是先对症下药，再依据整体思维进行全面的休养和治疗。这与痛点问题的数据处理类似，优先处理最严重的问题，可以有效地缓解及时营销、促销季仓储预测等短期问题。但大多数场景面对的数据源"千疮百孔"，按照痛点问题来处理数据显然不是最佳选择，此时需要工程化思维的建模过程，即模型阶段性管理。

模型阶段性管理如图 12-2-3 所示，构建模型时需要综合考虑工程和时间两个维度。时间维度需要与项目优先级进行矩阵评估，以协调整个项目进度。而工程维度需要将数据分析流细化到每个步骤，每个定向问题都可以通过技术、资金或时间等因素来解决。

图 12-2-3　模型阶段性管理

从模型进化的角度来描述，管理第一版模型时重点关注经验知识，以规则化的触发关系推进已有知识的边界，绘制项目工程的知识图谱，从而为项目工程化积累经验。而后续的模型在数据抽取、清理、模型修正等环节上可以粗略完成。管理第二版模型时，因为第一版模型存在很多问题，按照数据分析流的顺序执行修正通常可以改善模型。后续模型版本的发布以此类推。

数据分析流的六个部分对应每版模型，每版模型都强调一个重点。异常值轻量级方法、异常值重量级方法如表 12-2-1、表 12-2-2 所示，以特征工程中的异常值处理为例，异常值处理需要按照"经验法→描述法→模型法"的顺序将对应方法布置在不同版本的模型中。

表 12-2-1　异常值轻量级方法

类　　别	轻 量 级	方　　法
描述法	平均数类	3 倍 IQR、标准差、缩尾、截尾、置信区间
经验法	单点异常判断	单个问题的经验总结

表 12-2-2　异常值重量级方法

类　　别	重 量 级	方　　法
模型法	统计与机器学习	回归类（如杠杆值）、聚类法（如非监督）、时序类（如时域法）、分类法（如孤立森林）、近邻类（如核密度、近邻）、稳健法（如 Huber 回归）等
经验法	规则异常判断	专家规则、案例库档案

知识拓展（重要性★★★★☆）

规则集的触发关系

规则集的触发关系可以用于项目论点的研究中，也可以用于模型的归因研究。一般而言，不管是项目论证还是模型解释，归因问题总伴随建模始终，因此，规则集的触发关系有利于经验知识的沙盘推演及经验积累（包括专家规则的形成）。

规则集沙盘推演如图 12-2-4 所示。

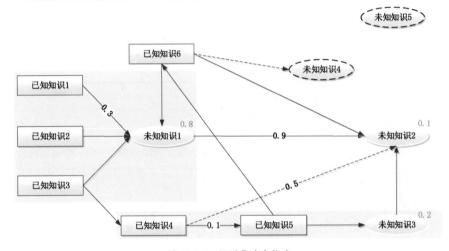

图 12-2-4　规则集沙盘推演

（1）路径指向表示归属关系，如已知知识 1~3 是并联关系（由 1~6 个单元组成，路径系数间为相加关系），用于确定未知知识 1，其置信度为 0.8，这个数值意味着很有把握。若没有数值则表示不确定。

（2）已知知识 4、5 是串联关系（由 1、2 个单元组成，路径系数间为相乘关系），用于确定未知知识 3，其置信度为 0.2，表示不确定。置信度不一定是由路径系数计算而来的，多借助于定性度量。

（3）虚线路径表示不确定是否存在关系，虚线椭圆（如未知知识 4）表示未来需要确定的知识，其与已知知识 6 可能存在关系。

（4）未知知识 2 可以同时得到未知知识 1、未知知识 3 和已知知识 6 的支持。

（5）未知知识 5"孤悬海外"，用距离表示远期需要确定的知识，目前尚无可确定的知识。

2. 模型失效周期

模型失效周期如图 12-2-5 所示，模型失效周期由二维坐标组成，随着时间的变化，模型失效的可能性变得越来越大，纵坐标是稳定性和准确度的乘积，取值范围为 0 ~ 1。我们将模型失效周期分为三部分——发布模型并实施、模型修正、模型失效与主题变更。其中，虚线部分表示不同模型的失效周期不同，即下降坡度不同。

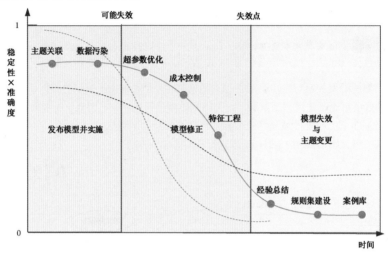

图 12-2-5　模型失效周期

1）发布模型并实施

模型发布与研究主题的契合最为紧密，但威胁因素是数据污染问题。此时，数据以批次或数据流的方式流入模型，需要从多个角度判断数据源的污染程度，如模型性能指标中的稳定性和准确度、月报的风险提示等。

2）模型修正

模型修正的重点是超参数优化和特征工程技术，但任何技术都需要在综合项目框架下考虑成本问题，如资金投入、运算时间、人力分配等。模型与人体机理一样，一段时间内总会产生一些问题，初始不会引发并发问题，点对点针对性处理即可，后期的并发问题往往预示着模型主题即将变更。

3）模型失效与主题变更

模型失效的原因有很多，其中最主要的是主题变更，包括研究主题变更和模型主题变更。研究主题变更是项目需求问题，我们重点关注模型主题的变更。如果模型持续出现参数变化，并发多个特征工程问题，那么模型也需要持续的修补，但模型修补应该只是辅助功能，主次颠倒可能意味着数据模式的变化。若数据模式发生变化，则模型主题更需要发生变化，而不仅仅是修补的问题。

12.2.3　知识发现与模型

数据分析流的分步执行很容易造成误解，即按步骤、点对点执行。就像走在森林中，每棵树清晰可见，但很容易迷失方向。解决这个问题的办法是区分建模的两个维度：知识层级和模型层级。

知识对应四个层级——数据，信息，知识，智慧[1]，并逐级提高。模型同样对应四个层级——案例总结，设计规则，统计模型，专家知识，并逐级提高。

知识层级与模型层级关系如图 12-2-6 所示，图中数字表示该层次在应用场景中的权重。

低知识层级较少需要模型和专家知识，大多依赖于行业经验和数据描述。知识层级越高越抽象，并常常伴有高价值的知识发现，因此更加依赖于模型和专家知识。

图 12-2-6　知识层级与模型层级关系

可见，在二维空间中的位置决定了构建数据分析流时所能调用的知识体系，如同森林中的指南针。

12.2.4　流水线技术准备

介绍数据分析流之前，请先分析下面 pandas 语法的用意。

```
df.pipe(函数 1)
.pipe(函数 2)
.pipe(函数 3)
.pipe(函数 4)
.pipe(函数 5)
```

这段代码的结构清晰，层次分明，可读性强，便于重复操作。事实上，它的优点还不仅如此，这段代码也不会产生临时变量，能够缓解大型数据的内存困扰，代码间看似串联的结构设计，实际上是嵌套结构，可以高效运行。在数据分析流中存在着一种分析功能，即 sklearn.pipeline.Pipeline[2]管道功能。

pandas 中管道 pipe 具有的功能优势与类 pipeline 相似，但它在管道集成的过程中，不仅可以集成各种功能函数，还可以集成特征工程的估计器，包括对模型估计器进行系统性整合，可以将其视为集数据清理、特征工程、建模于一体的大型管道集成技术。

pipline 示意图如图 12-2-7 所示，$T_1 \sim T_3$ 是子估计器，clf 是最终估计器，x' 和 y' 分别表示预测值。

将原始数据 x 和 y 输入第一个估计器 T_1 时，T_1 将对原始数据执行 fit 拟合和 transform 转换，并将所得参数和数据传递给 T_2。T_2 再做同样的事情，一直传递下去，直到最终估计器 clf 执行预测。在此过程中，顺序和步骤极为重要，因为数据上、下游间的算法协调需要序列模式的支持。理论上，

---

① 可以搜索题名为"DIKW：数据、信息、知识、智慧的金字塔层次体系"的博文，了解相关内容。

② 可以搜索 Scikit-learn 官网的模块 pipeline，了解相关内容。

对流水线上、下游的阶段数并没有严格要求，但实际上，经典的数据分析过程仍然分为数据清理、特征工程和建模三阶段，这也是强集成学习的最核心环节。

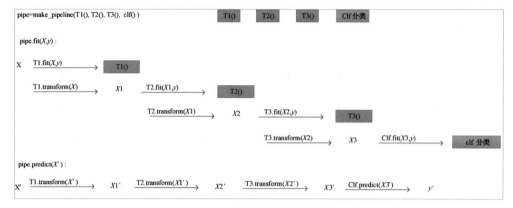

图 12-2-7　pipline 示意图

不过，数据分析流管道分析也会存在很多场景局限。例如，在数据分析的初始阶段，强归因和业务知识往往比预测更加重要，而管道集成对于归因其实并不友好。

下面是管道分析的典型场景：

（1）自动化的数据分析。

（2）预测问题（不关注归因问题）。

（3）集成包或流程封装。

（4）避免数据分区产生的数据污染。

（5）多条数据分析流方案的测试。

下面介绍一个简单的管道例子。第 5 行代码用于生成二分类的因变量和 30 个自变量的模拟数据集。第 13 行代码通过 make_pipeline 进行数据标准化，通过 SGD 回归组成管道流水线。此外，第 1 行代码和第 12 行代码执行管道流水线的可视化（注意：set_config 在 Jupyter Notebook 中运行一次即可，无需重复运行）。

```
1  from sklearn import set_config
2  from sklearn.datasets import make_classification
3  from sklearn.model_selection import train_test_split
4
5  X, y = make_classification(n_features=30,
                              n_classes=2,
                              n_clusters_per_class=2,
                              random_state=123,)
6  X_train, X_test, y_train, y_test = train_test_split(X,
                                                       y,
                                                       random_state=42)
7
8  from sklearn.linear_model import SGDClassifier
9  from sklearn.preprocessing import StandardScaler
```

```
10 from sklearn.pipeline import make_pipeline
11
12 set_config(display="diagram")
13 clf = make_pipeline(StandardScaler(),
14                     SGDClassifier())
15 clf.fit(X_train, y_train)
```

　　管道流水线输出如图 12-2-8 所示，该图是折叠图，通过单击左上角的三角形可以在缩略图和详细图之间进行切换。这里记录了管道流程和每个步骤执行估计器的相对位置。

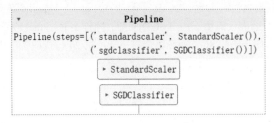

图 12-2-8　管道流水线输出

12.2.5　创建复杂流水线

　　使用"残耗（分类）"数据，在读入数据时借助 dtype 对数据中的分类型变量进行类型设置。正确的变量类型定义一方面有利于优化存储空间，另一方面可以批量地、便利地预处理数据，尤其对于大型列维的数据。参考代码如下。

```
1 data_dic={"污染标注":'category',
          "v2 样品序列":'category',
          "v1 合成剂":'category',
          "v3 燃料类型":'category',
          "v2 添加渠道":'category',
          "v1 执勤时效 1":'category',}
2 dataR=pd.read_excel(r"……\残耗（分类）.xlsx",dtype=data_dic)
3 dataR.info()
```

　　除了分类型变量（category）和连续型变量（float）外，整数（int）和字符串（str）也是经常设置的变量类型。

　　下面第 1 行代码中的 make_column_selector 通过选择列来定义局部变量；第 3、4 行代码分别选择分类型变量和连续型变量，在大型列维中可以快速选择字段；第 5、6 行代码用于查看选择的变量标签，这是管道流水线常用的列维控制功能。当然，使用代码 data.columns[data.dtypes=='category']也可以实现类似功能。

```
1 from sklearn.compose import make_column_selector
2
3 cat_selector = make_column_selector(dtype_include='category')
4 num_selector = make_column_selector(dtype_include='float64')
5 num_selector(dataR)
```

```
6 cat_selector(dataR)
```

1. 管道流水线：SGD 回归

下面第 9、10 行代码将分类型变量和连续型变量分开，针对所有变量都使用中位数填补法（strategy="median"），其中，对分类型变量进行独热编码（第 9 行代码），对连续型变量进行标准化处理（第 10 行代码）。最后，使用数据处理过程（num_processor）和变量特征选择（num_selector）将两类变量合在一起（第 12 行代码），转换功能对应的数据格式是一个集合。

第 14～20 行代码对应着特征筛选功能，其中，第 14～18 行代码用于定义筛选架构，选择随机森林作为特征筛选的基础估计器，并通过第 19 行代码中的 make_pipeline 连接预分析阶段和特征筛选阶段，产生合并项。后面的代码用于构建 SGD 回归，同样是通过 make_pipeline 将上一步骤的合并项 select_pipeline 和当前步骤的 SGD 回归组合在一起（第 24 行代码）。

```
1  from sklearn.preprocessing import OneHotEncoder
2  from sklearn.preprocessing import StandardScaler
3  from sklearn.compose import make_column_transformer
4  from sklearn.impute import SimpleImputer
5
6  X_train, X_test, y_train, y_test = train_test_split(
                                                 dataR.iloc[:,2:33],
                                                 dataR['污染标注'],
                                                 random_state=123)
7
8  #----------分类型变量和连续型变量--------------
9  cat_processor = make_pipeline(SimpleImputer(strategy="median"),
                           OneHotEncoder())
10 num_processor = make_pipeline(SimpleImputer(strategy="median"),
                           StandardScaler())
11
12 preprocessor = make_column_transformer((num_processor,num_selector),
                                      (cat_processor,cat_selector))
13 #-----------特征筛选--------------
14 from sklearn.feature_selection import RFE
15 from sklearn.ensemble import RandomForestClassifier
16
17 rfr=RandomForestClassifier(n_estimators=10,
                           min_samples_leaf=10000)
18 selector=RFE(rfr,n_features_to_select=10)
19 select_pipeline = make_pipeline(preprocessor, selector)
20 select_pipeline
21
22 #-----------构建 SGD 模型--------------
23 from sklearn.linear_model import SGDClassifier
24 sgd_pipeline = make_pipeline(select_pipeline,
```

```
                                    SGDClassifier(loss='log',
                                    penalty='l1'))
25 sgd_pipeline.fit(X_train,y_train)
26 # sgd_pipeline.score(X_test,y_test)
```

　　SGD 回归管道流水线如图 12-2-9 所示，在多阶段管道定制的过程中，只需将每个阶段的定制结果转化为合并项，并通过 make_pipeline 将当前的合并项与下一个阶段的定制结果组合为管道，其模式可以总结为以下伪代码。

```
        预估计器 1
   →    make_pipeline 产生合并项 1
   →    预估计器 2
   →    make_pipeline 产生合并项 2
        ...
        ...
        ...
   →    make_pipeline(合并项 n，模型估计器)
```

在此规则上，可以定义任意复杂的纵向管道流水线，依然很清晰。

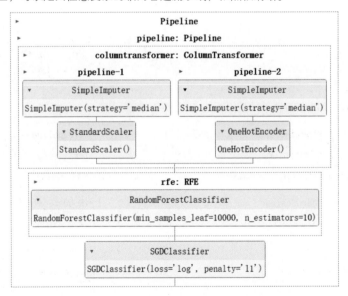

图 12-2-9　SGD 回归管道流水线

　　2．管道流水线：SVM 与 MLP

　　为了介绍管道流水线的横向整合策略，对同一组数据建立 SVM 和 MLP，预分析的模式分别是"缺失值填补→标准化→SVM"（第 1～9 行代码）、"缺失值填补→稳健化→MLP"（第 11～20 行代码）。上文中的 SGD 回归具有大量的特征工程辅助，最终堆叠为三个模型（SGD、SVM、MLP），并使用逻辑回归执行预测，既可以进行模型准确度的对比，又可以利用多模型的集成性质。

```
1 #-----------缺失值填补---------------
2 from sklearn.impute import SimpleImputer
```

```
3  Imputer_processor=SimpleImputer(strategy="median")
4
5  #-----------构建 SVM 模型---------------
6  from sklearn.svm import SVC
7  svc_pipeline = make_pipeline(Imputer_processor,
                                 StandardScaler(),
                                 SVC(kernel='poly',degree=4))
8  svc_pipeline.fit(X_train,y_train)
9  # svc_pipeline.score(X_test,y_test)
10
11 #-----------缺失值填补---------------
12 from sklearn.experimental import enable_iterative_imputer
13 from sklearn.impute import IterativeImputer
14 from sklearn.preprocessing import RobustScaler
15
16 #-----------构建 MLP 模型---------------
17 from sklearn.neural_network import MLPClassifier
18 mlp_pipeline = make_pipeline(IterativeImputer(),
                                 RobustScaler(),
                                 MLPClassifier(hidden_layer_sizes=(60,20)))
19 mlp_pipeline.fit(X_train,y_train)
20 mlp_pipeline.score(X_test,y_test)
```

输出结果：SVM 和 MLP 的管道流水线如图 12-2-10 所示。

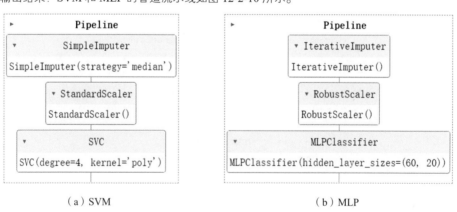

（a）SVM   （b）MLP

图 12-2-10　SVM 和 MLP 的管道流水线

3. 管道流水线：堆叠模型

第 4~7 行代码定义了三个估计器和最终估计器的逻辑回归，其中，逻辑回归选择了超参数 liblinear，主要归因于数据量偏小和准确度要求。对比三个模型的准确度，做了充分特征工程准备的 SGD 回归的准确度仍然最低。因为即使有特征工程辅助，SGD 回归在多数场景下仍然无法与这些高精度模型相比。此外，堆叠模型的准确度并不比任何一个基础估计器差，这也印证了集成学习的性质。

```
1 from sklearn.ensemble import StackingClassifier
2 from sklearn.linear_model import LogisticRegression
3
4 estimators = [("随机梯度下降", sgd_pipeline),     #SGD 的准确度:96.5%
5              ("支持向量机", svc_pipeline),        #SVM 的准确度:97.6%
6              ("神经网络", mlp_pipeline)]          #MLP 的准确度:97.1%
7 stacking_clf= StackingClassifier(estimators=estimators,
               final_estimator=LogisticRegression(solver="liblinear")
               )
8 stacking_clf.fit(X_train,y_train)
9 stacking_clf.score(X_test,y_test)        #堆叠模型的准确度:97.6%
```

　　数据分析流尤其是纵向流程，涉及复杂的模型关系管理，这种复杂度即使对于经验丰富的数据分析师而言，也会存在理解上的困难，但流水线可以将其可视化，因此简单了不少。堆叠模型流水线如图 12-2-11 所示，三流汇集于一处，管道流水线使得流程高度可视化，清晰明了。

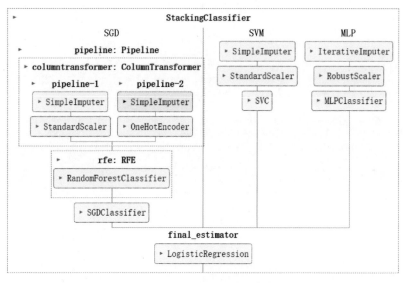

图 12-2-11　堆叠模型流水线

12.3　超参数与高效运行

　　模型运行中涉及两处比较耗时的环节，一是使用了复杂算法的特征工程，二是模型超参数优化。如果特征工程的运算量是线性倍数增加的，那么超参数组合就是指数级增长的。尽管有很多高效运行的方法，但实践起来最便利的还是两个最基础的函数，即提取最近数据功能 head 和采样功能 sample，这是解决数据运算最直接的方法。

　　如果上述问题一直困扰着你，那么热启动、随机搜索和贝叶斯搜索功能是不错的解决方法。如果在构建模型时，把太多的精力放在特征工程上，尤其是建立了复杂的管道流水线，那么增量学习是最便捷的应对方式。除此之外，任何运算问题都可以使用分布式运算，它可以应对超大型数据集的数据处理问题，包括工程级别的实时运算项目。

12.3.1 热启动

下面的案例仍然使用模拟数据（第 5 行代码），主模型使用随机森林分类器。热启动的代码设置要注意：在第一次主模型时需要启动超参数 warm_start=True（第 8 行代码）；在第二次运算时，可以使用 set_params 功能直接修改主模型的超参数（第 14 行代码），此时使用的模型就是热启动模型。

```
1  from time import time
2  from sklearn.ensemble import RandomForestClassifier
3  from sklearn.datasets import make_classification
4
5  X, y = make_classification(n_classes=2,
                               n_samples=1000,
                               n_features=40,random_state=123)
6  X_train, X_test, y_train, y_test = train_test_split(X, y,
                                       train_size=0.7,
                                       test_size=.3,
                                       random_state=123)
7
8  RF_clf = RandomForestClassifier(max_depth=2,
                                   random_state=123,
                                   warm_start=True)
9  start=time()
10 RF_clf.fit(X_train, y_train)
11 end=time()
12 print('\033[1m',"正常运行—运行时间：{:.3f}".format(end-start))
13
14 RF_clf.set_params(max_depth=10,criterion="entropy")
15 start=time()
16 RF_clf.fit(X_train, y_train)
17 end=time()
18 print('\033[1m',"热启动—运行时间：{:.3f}".format(end-start))
```

代码运行后对比运行时间，可以发现正常运行时间是 0.12s，而热启动的运行时间是 0.001s，热启动大幅缩短了运行时间。

12.3.2 随机搜索

网格搜索（GridSearchCV）是指在网中计算每个节点对应的模型，因此网节点数和步长都将导致组合模型数呈指数级增加，这对于大数据而言，很容易失去应用价值。而随机搜索功能[①]（RandomizedSearchCV）可以从分布中采样，分析固定数量的超参数。随机搜索功能在样本量足够大时，同样可以找到全局最优值或近似最优值，因此速度显著快于网格搜索。

随机搜索功能与网格搜索功能的代码设置几乎相同，只需要在参数搜索的范围中加入 randint 函数（第 5 行代码），可以有效地支持高性能的分布搜索。如果选择跳过 randint 功能，RandomizedSearchCV 同样会执行某种随机搜索，可以使用 verbose=3 查看输出详情。下面将执行 RandomizedSearchCV 功能与 HalvingRandomSearchCV 功能（第 8～10 行代码）。

```
1  from sklearn.model_selection import GridSearchCV
2  from sklearn.model_selection import RandomizedSearchCV
3  from sklearn.experimental import enable_halving_search_cv
4  from sklearn.model_selection import HalvingRandomSearchCV
5  from scipy.stats import randint
6
7  search_space={'C': randint(1,10),
                'gamma': randint(1,10),
                'degree': randint(1,3),
                'kernel': ['linear', 'poly', 'rbf']}
8  RGSOpt= RandomizedSearchCV(SVC(),search_space,cv=2)
9  HRGSOpt= HalvingRandomSearchCV(SVC(),search_space,cv=2)
10 for i in [RGSOpt,HRGSOpt]:
    start=time()
    i.fit(X_train, y_train)
    end=time()
print('\033[1m',"搜索方法{}—测试评估：{:.3f}，运行时间：{:.3f}"\
        .format(i,i.score(X_test, y_test),end-start))
```

随机搜索性能对比如图 12-3-1 所示。常用的搜索功能包括网格搜索、随机搜索、连续减半搜索、贝叶斯搜索，随机减半搜索和随机搜索的运行速度最快，但准确度较差。

```
搜索方法RandomizedSearchCV(cv=2, estimator=SVC(),
            param_distributions={'C': <scipy.stats._distn_infrastructure.rv_frozen object at 0x000002162B272B80>,
                                'degree': <scipy.stats._distn_infrastructure.rv_frozen object at 0x000002162B272460
>,
                                'gamma': <scipy.stats._distn_infrastructure.rv_frozen object at 0x000002162CED9BB0
>,
                                'kernel': ['linear', 'poly', 'rbf']})—测试评估: 0.927, 运行时间: 0.333
搜索方法HalvingRandomSearchCV(cv=2, estimator=SVC(),
            param_distributions={'C': <scipy.stats._distn_infrastructure.rv_frozen object at 0x000002162B272B80>,
                                'degree': <scipy.stats._distn_infrastructure.rv_frozen object at 0x000002162B272
460>,
                                'gamma': <scipy.stats._distn_infrastructure.rv_frozen object at 0x000002162CED9B
B0>,
                                'kernel': ['linear', 'poly', 'rbf']})—测试评估: 0.923, 运行时间: 0.364
```

图 12-3-1 随机搜索性能对比

---

① Sklearn 的最新版本提供了连续减半搜索算法 HalvingGridSearchCV，可以视为搜索功能的高性能版本。同样，随机搜索功能也对应了 HalvingRandomSearchCV 功能。

12.3.3 贝叶斯搜索

随机搜索功能未能充分利用搜索前的参数信息，不像热启动那样充分借助已训练数据的信息为后续训练提供依据，因此会影响准确度，在非凸问题、采样不均、样本量不足等场景中尤为突出。改善和缓解这一问题的方法包括贝叶斯优化（安装 scikit-optimize 库），它通过持续增加样本来更新目标函数的后验分布，即充分利用训练早期参数的方法来调整当前参数，它是一个在速度、稳定性和全局优化方面略胜一筹的算法。

你有可能接触过 smac, smac-nni, pysmac 等贝叶斯优化库，这里选择 scikit-optimize 库的主要理由是代码简洁，"scikit"表示它与 sklearn 拥有相似的 API 接口，使用起来也更加便捷。

这里使用 sklearn 的官方案例数据 load_digits，并使用 skopt 库中的贝叶斯搜索功能 BayesSearchCV 来执行超参数的搜索，因为涉及图片数据的高维性，所以使用了是支持向量机（第 4 行代码），并设置了测量时间功能（第 1 行代码）。可以使用第 11 行的代码执行贝叶斯搜索，这个 API 接口并不陌生，重点是搜索空间的定义（第 10 行代码），它可以针对性地定义数据类型（Real、Categorical 等）、控制搜索范围和先验分布类型（prior）。

```
1  from time import time
2  from sklearn.datasets import load_digits
3  from skopt import BayesSearchCV
4  from sklearn.svm import SVC
5  from sklearn.model_selection import train_test_split
6
7  X, y = load_digits(n_class=10, return_X_y=True)
8  X_train, X_test, y_train, y_test = train_test_split(X, y,
                                        train_size=0.7, test_size=.3,
                                        random_state=123)
9  start=time()
10 search_space={'C': Real(1e+0, 1e+2, prior='uniform'),
              'gamma': Real(1e+0, 1e+2, prior='uniform'),
              'degree': Integer(1,3,prior='uniform'),
              'kernel': Categorical(['linear', 'poly', 'rbf'])}
11 BayOpt=BayesSearchCV(estimator=SVC(),
                    search_spaces=search_space,
                    cv=2)
12 BayOpt.fit(X_train, y_train)
13 end=time()
14 print('\033[1m', "贝叶斯—测试评估: {:.3f}, 运行时间: {:.3f}"\
                            .format(BayOpt.score(X_test,
                             y_test),
                            end-start))
```

模型输出的准确度是 98.3%，运行时间为 32.798s。读者可以结合 12.3.2 节随机搜索的结果综合评估模型。

经验认为，如果数据量有限，且搜索空间很小，那么网格搜索（GridSearchCV）更符合实际场景，它与贝叶斯搜索的准确度相差无几。而当搜索空间巨大时，贝叶斯搜索在准确度和运行时间上取得了较好的平衡。不过在常规性搜索中，贝叶斯搜索的运行速度往往不及随机性搜索和连续减半搜索，但贝叶斯搜索的准确度通常较高。

12.3.4 增量学习

增量学习（Incremental Learning）是指从新的批次样本中不断更新学习系统，它不像贝叶斯那么复杂，是 SGD 算法的高级定制版，并且拥有更强的内存控制功能。目前 Sklearn 中提供了部分增量学习算法（见图 12-3-2），增量学习算法包括五个方面——分类、回归、聚类、主成分、预分析，具体内容还在不断更新中[①]。读者可以通过查看学习器是否提供 partial_fit 函数来判断是否可以使用增量学习算法。

- **Classification**
  - sklearn.naive_bayes.MultinomialNB
  - sklearn.naive_bayes.BernoulliNB
  - sklearn.linear_model.Perceptron
  - sklearn.linear_model.SGDClassifier
  - sklearn.linear_model.PassiveAggressiveClassifier
  - sklearn.neural_network.MLPClassifier

- **Regression**
  - sklearn.linear_model.SGDRegressor
  - sklearn.linear_model.PassiveAggressiveRegressor
  - sklearn.neural_network.MLPRegressor

- **Clustering**
  - sklearn.cluster.MiniBatchKMeans
  - sklearn.cluster.Birch

- **Decomposition / feature Extraction**
  - sklearn.decomposition.MiniBatchDictionaryLearning
  - sklearn.decomposition.IncrementalPCA
  - sklearn.decomposition.LatentDirichletAllocation
  - sklearn.decomposition.MiniBatchNMF

- **Preprocessing**
  - sklearn.preprocessing.StandardScaler
  - sklearn.preprocessing.MinMaxScaler
  - sklearn.preprocessing.MaxAbsScaler

图 12-3-2 增量学习算法

下面将介绍回归模型和主成分的增量学习。

首先，使用模拟数据来测试普通的 SGD 回归，并检查其准确度和运行时间。然后，执行增量式运算，分别按不同批次（2，10，50，100，1000）并配合第 19 行代码实现数据分组，观察相应的准确度和运行时间。增量学习需要 partial_fit 函数的参与才能完成（第 20 行代码）。

```
1  from sklearn.datasets import make_regression
2  from sklearn.linear_model import SGDRegressor
```

[①] 可以在 Sklearn 官网中搜索 Strategies to scale computationally: bigger data，了解相关内容。

```
3   from time import time
4
5   #----------模拟回归数据--------------
6   xMake,yMake=make_regression(n_samples=100000,
                                n_features=3,
                                noise=30,random_state=123)
7
8   print('----------普通运算--------------')
9   begin=time()
10  regModel=SGDRegressor().fit(xMake,yMake)
11  print('准确度: %s' %regModel.score(xMake,yMake).round(3))
12  end=time()
13  print('普通回归运行时间:%s 秒'%(round((end-begin),3)))
14
15  print('----------增量运算--------------')
16  for count in [2,10,50,100,1000]:
17      begin=time()
18      regM=SGDRegressor()
19      for (xbatch,ybatch) in zip(np.array_split(xMake,count),
                                 np.array_split(yMake,count)):
20          regM.partial_fit(xbatch,ybatch)
21      print('准确度: %s' %regM.score(xbatch,ybatch).round(3))
22      end=time()
23      print('批次%s, 运行时间%s 秒' %(count,round((end-begin),3)))
```

　　运算时间对比如图 12-3-3 所示，在准确度上，增量运算与普通运算相差无几，但增量运算的运算时间大幅缩短，尤其当批次设置较小时，这也意味着批次更新速度更快，更容易找到全局最优解。

```
----------普通运算--------------
准确度: 0.935
普通回归的运行时间: 0.141s
----------增量运算--------------
准确度: 0.935
批次2的运行时间: 0.01s
准确度: 0.934
批次10的运行时间: 0.01s
准确度: 0.935
批次50的运行时间: 0.013s
准确度: 0.941
批次100的运行时间: 0.019s
准确度: 0.939
批次1000的运行时间: 0.112s
```

图 12-3-3　运算时间对比

　　下面的代码是增量式主成分的代码，其主体结构与监督模型类似。

```
1   from sklearn.decomposition import IncrementalPCA
2   IPCA=IncrementalPCA()
3   for xbatch in np.array_split(xMake,count):
```

```
4    IPCA.partial_fit(xbatch)
5    IPCA.transform(xMake)
```

　　综上所述，数据运算问题一直备受关注，随着数据量的增加，运算问题愈发凸显。在实际工作中，即使数据量很大，也常常将其控制在一定范围内，因为涉及大数据技术是比较耗时、费力的，所以轻量级的大数据技术（如热启动、高效搜索、多线程、增量学习等）已成为数据分析的常用工具。

总结与展望

　　数据分析实践之路经历了从小数据到大数据的过渡，这个过程发生了一系列的方法创新，从数据治理到特征工程、从特征工程到模型进化等，其典型特征如下。

　　（1）角色工程的自动化。

　　（2）特征工程的由繁入简。

　　（3）从模型 1.0 到模型 4.0。

　　（4）从集成到超级集成。

　　（5）从因果到工具因果。

　　（6）从规则归纳到人工智能。

　　数据分析师在面对大、小数据时，需要在不同模型关系中切换身份。对于小数据而言，数据分析师需要借助小数据技术完成归纳推理，并通过大数据技术进行知识探索和知识发现。对于大数据而言，数据分析师需要善于利用小数据来控制成本。

　　很多人会对频繁的身份切换感到困惑，不知道哪个方向才是正确的。这种疑惑是"后视镜"视角，而向前看的思路是模型有何价值，答案显然是应用。

　　任何模型及模型关系管理都需要特定的应用场景。对于算法的"消费者"而言，场景化可以切入实务，这样不仅可以省去思索方向的麻烦，而且可以快速地接触需求端的变化。